普通高等教育计算机类专业"十三五"规划教材

Java语言程序设计教程

主　编　魏永红

副主编　张中伟　宋志卿

西安交通大学出版社

XI'AN JIAOTONG UNIVERSITY PRESS

内容简介

Java 语言是一种纯面向对象的高级编程语言,具有面向对象、跨平台、安全、多线程等特征,是目前软件开发中主流的编程语言。Java 语言可以开发桌面级应用、大型企业级的分布式应用以及小型嵌入式设备应用。Java 语言在 Web 编程方面所表现出的强大优势,使其成为 Web 开发的主流技术。

本书从初学者的角度出发,采用循序渐进的方式全面详细地介绍 Java 语言的基本语法、面向对象的编程思想以及 Java 的核心技术。通过丰富的实例和课后习题,引导读者快速理解、掌握 Java 语言的核心内容和编程方法,培养学生利用 Java 技术解决实际问题的能力。全书共分 12 章,内容包括 Java 语言概述、Java 的基本语法、面向对象编程、面向对象高级特征、常用类库、异常处理、输入/输出、Swing 图形用户界面编程、Applet 程序设计、多线程、数据库编程技术以及网络编程。书中所有程序都在 JDK 1.8 中经过验证,并给出运行结果以及结果的重点解释。

本书可作为高等院校计算机相关专业的教材,也可作为非计算机专业的培训和自学教材。

图书在版编目(CIP)数据

Java 语言程序设计教程/魏永红主编. —西安:
西安交通大学出版社,2016.5(2018.1 重印)
ISBN 978 - 7 - 5605 - 8477 - 5

Ⅰ.①J… Ⅱ.①魏… Ⅲ.①JAVA 语言-程序设计-教材 Ⅳ.①TP312

中国版本图书馆 CIP 数据核字(2016)第 102149 号

书　　名	Java 语言程序设计教程	
主　　编	魏永红	
责任编辑	张　梁　宁晓蓉	
出版发行	西安交通大学出版社	
	(西安市兴庆南路 10 号　邮政编码 710049)	
网　　址	http://www.xjtupress.com	
电　　话	(029)82668357　82667874(发行中心)	
	(029)82668315(总编办)	
传　　真	(029)82668280	
印　　刷	陕西奇彩印务有限责任公司	
开　　本	787mm×1092mm　1/16　印张 24.75　字数 594 千字	
版次印次	2016 年 8 月第 1 版　2018 年 1 月第 2 次印刷	
书　　号	ISBN 978 - 7 - 5605 - 8477 - 5	
定　　价	45.00 元	

读者购书、书店添货、发现印装质量问题,请与本社发行中心联系、调换。
订购热线:(029)82665248　(029)82665249
投稿热线:(029)82665370

前　言

  Java 语言是一种纯面向对象的高级编程语言。相比 C＋＋,Java 语言更全面地体现面向对象的编程思想。Java 语言诞生于 1995 年,短短二十余载,Java 语言已经遍布软件编程的各个领域。在 TIOBE 编程语言排行榜中,Java 语言也名列前茅。随着互联网技术的飞速发展,Web 应用更加广泛,而 Java 语言在开发 Web 应用方面所表现出的强大优势,使其成为 Web 开发的主流技术。

  本书不仅介绍了 Java 语言的基本语法机制,还系统地分析了 Java 语言机制的基本原理,注重知识点之间的内在联系,强调整体性和系统性,从而层次清晰地展示了最新的 Java 语言知识体系,使读者能够对 Java 语言深入理解。本书对内容的安排、例程的选择、习题的编写都进行了严格的审核,确保难度适中,注重实用,保证本书的先进性、科学性和实用性。作为一本 Java 初、中级学习教材,本书具有如下特点。

  (1)不要求读者具备专门的计算机专业的基础知识和编程经验,通过本书的学习,读者可以进行 Java 程序的编写。

  (2)结构层次清晰,内容由浅入深,基本上按照读者的学习习惯来安排每章的内容结构。

  (3)对重点、难点知识都以具体实例以及相关解释进行讲述,使读者能够从具体应用中掌握知识,易于将所学的知识应用于实践。

  (4)每章后面都有习题和上机测试题。读者通过习题巩固所学 Java 基本知识和原理,通过上机练习提高运用所学知识分析问题和解决问题能力,增强编程能力,做到理论联系实践。

  全书共分12章。第1章讲述 Java 语言的产生和发展、Java 语言的特点和 Java 运行系统,并对 Java 开发过程和开发工具作了详细介绍。第 2 章讲述 Java 的基本语法知识,包括标识符、数据类型、表达式、语句、程序控制流和数组。第 3 章讲述面向对象的程序设计方法,类和对象的定义和使用,并介绍了 Java 对封装、继承和多态三大特征的支持。第 4 章在第 3 章的基础上进一步讲述 Java 的面向对象的高级特征,包括类方法、抽象类、接口、内部类、泛型等。第 5 章讲述 Java 编程中常用类库,包括包装类、Scanner 类、String 和 StringBuffer、日期类、集合类等。熟悉这些类库,有利于提高编程效率、节省开发时间。第 6 章讲述 Java 中的异常处理机制。包括 Java 编程中的错误、异常概念、异常处理、自定义异常和断言。第 7 章讲述输入/输出流的实现,包括文件类、I/O 流概念和分类、字节流、字符流、随机文件读写类、字节字符转换流等。第 8 章讲述基于 Swing 组件的 GUI 图形用户程序开发。包括 Swing 顶层容器、中间容器、基本组件、布局管理器、事件处理模式以及 Swing 高级组件。第 9 章讲述 Java Applet 概念、Applet 编写方法、Applet 多媒体编程以及基于 Swing 的 JApplet 图形化界面。第 10 章讲述多线程概念、线程生命周期、线程创建方法、线程的控制以及线程同步等技术。第 11

章讲述基于 JDBC 技术数据库编程，包括 JDBC API、基于 JDBC 开发数据库应用步骤和方法以及 JDBC 高级特征即预编译接口、存储过程调用、事务处理等。第 12 章讲述 Java 网络编程，包括基于 URL 的 Web 资源的访问、面向连接的 Socket 编程和面向无连接的 Socket 编程等。

本书第 1、2、3、4 章由张中伟编写，第 5、6、7、8、12 章由魏永红编写，第 9、10、11 章由宋志卿编写，全书最后由魏永红统稿。本书所有程序都在 Oracle 提供的最新版本 JDK 1.8 下测试通过。熊聪聪教授和李孝忠教授在百忙之中认真审阅了书稿，并提出了宝贵的意见，在此表示深深的感谢。本书在编写过程中参阅了一些优秀的同类教材和大量网上资源，在此一并表示感谢。

最后感谢读者选择本书，书稿虽然经过多次精心修改，但由于时间仓促和作者的水平有限，难免还存在一些疏漏之处，请读者不吝指出。

编　者
2016 年 3 月

目　录

第1章 概 述

Java 语言作为当今流行的网络编程语言,以其开放、自由、创新的设计思想,将面向对象、跨平台、安全性、健壮性、多线程和异常处理等特性集于一身,为开发者提供了一个良好的开发环境,受到众多编程人员的青睐。本章详细介绍了 Java 产生与发展、Java 特点、Java 运行系统以及 Java 程序的开发过程和开发工具等。

1.1 Java 简介

1.1.1 Java 的产生与发展

Java 语言来自于 1991 年 Sun 公司成立的一个由 James Gosling 领导的 Green 项目组,该项目组研究和开发用于消费电子产品的分布式软件系统,以使其更加智能化。项目组起初准备采用 C++语言,但考虑到 C++太复杂,而且安全性差,于是 James Gosling 开始设计一种基于 C++语言基础与面向对象编程思想的新型语言——Oak 语言(即 Java 语言的前身)。Oak 是一种适用于网络编程的精巧而安全的语言,它保留了许多 C++语言的语法,但去除了指针、多继承和运算符重载等潜在的危险特性,并且具有与硬件无关的特性。制造商只需要更改芯片,就可以将不同电器上的程序代码进行移植,而不必改变软件,这就大大降低了系统开发成本。但是,此项目在商业上却未获成功,而由该项目组成立的公司也最终解体。

恰逢此时全球 Internet 正在迅速发展,WWW 已经从字符界面发展到图形界面,但传输的还只是静态信息,不具有动态性和交互性。这启发了项目组成员,他们认识到 Oak 非常适合于 Internet 编程,用 Oak 开发的小程序不但能够传送动态信息,而且可以实现用户与 WWW 的交互,正好可以弥补这些不足。James Gosling 和 Patrick Naughton 完成了 Oak 的新版本,并基于它开发了一个早期的 Web 浏览器——WebRunner,展示了 Oak 作为 Internet 开发工具的能力。1995 年,Oak 语言更名为 Java 语言(以下简称为 Java),WebRunner 也更名为 HotJava,它也是第一个支持 Java 的第二代 WWW 浏览器。Sun 公司将 Java 和 HotJava 免费发布到 Internet 上,计算机产业的各大公司看到了 Java 在 Internet 上的巨大发展潜力,纷纷宣布支持 Java,IBM、Apple、DEC、Adobe、HP、Oracle 和 Microsoft 等相继从 Sun 公司购买了 Java 技术许可证,开发相应的产品,从此 Java 走上了快速发展的轨道。

1996 年 1 月,Sun 公司发布了第一个 Java 开发工具 JDK 1.0。1997 年 1 月发布了 JDK 1.1。1998 年 12 月,Sun 公司发布了 JDK 1.2,从这个版本开始的 Java 技术都称为 Java 2。Java 2 是一个"分水岭",标志着 Java 技术发展新阶段的开始。

1999 年 6 月,Sun 公司重新定义了 Java 技术的架构,把 Java 2 技术分成 J2SE(标准版)、J2EE(企业版)和 J2ME(微缩版)。其中 J2SE 就是指从 1.2 版本开始的 JDK,它为创建和运行

Java 程序提供了最基本的环境，主要用于桌面开发和低端商务应用。J2EE 和 J2ME 建立在 J2SE 的基础上，J2EE 为分布式的企业应用提供了解决方案，J2ME 为嵌入式应用（如手机里的 Java 游戏）提供开发和运行环境。

其后，Sun 公司又陆续发布了 JDK 1.3、JDK 1.4 等，它们仍与 JDK 1.2 并称为 Java 2。2004 年 Sun 公司发布 JDK 1.5，这是 Java 语言发展史上的又一里程碑。为了表示该版本的重要性，Sun 将其改名为 JDK 5，并将 Java 的各种版本更名，取消其中的数字"2"：J2EE 更名为 Java EE，J2SE 更名为 Java SE，J2ME 更名为 Java ME。2006 年 Sun 发布 JDK 6（即 JDK 1.6），其运行效率得到了非常大的提高，尤其是在桌面应用方面。

2010 年甲骨文（Oracle）公司收购了 Sun 公司，2011 年 7 月 Oracle 正式发布了 JDK 7，在虚拟机、语言形式、核心类库、I/O 和网络、图形用户界面和安全等重要模块上有了改进。2014 年 3 月发布了 JDK 8，新版本最大的改进就是 Lambda 表达式，其目的是使 Java 更易于为多核处理器编写代码；此外，新的日期时间 API、GC 及并发的改进也相当令人期待。而今，Java 已成为最为流行的网络编程语言，并且在移动计算和智能制造等领域得到了广泛的应用。

1.1.2　Java 语言

大多数程序设计语言要么采用编译方式执行，要么采用解释方式执行，而 Java 语言则是采用"半编译，半解释"的方式执行。如图 1.1 所示，C++ 语言是编译型语言，它的源文件被编译成与操作平台相关的机器码，并生成在操作平台上可直接执行的 EXE 文件。而 Java 源文件由编译器编译成与操作平台无关的中间代码，称为字节码文件（.class 文件），字节码是一种由 Java 虚拟机（Java Virtual Machine，JVM）执行的高度优化的指令集，它与运行平台无关，因此不能在各种操作平台上直接运行，必须在 JVM 上运行。

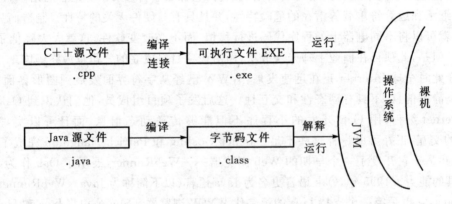

图 1.1　C++ 与 Java 运行方式的比较

Java 的字节码机制实现了 Java 程序"一次编译，处处运行"。一个 Java 程序在它所处的任何平台下，由 Java 编译器编译生成字节码文件后，就可以在装有 JVM 的不同的平台如 Windows、Unix 或 Macintosh 等上运行。这也意味着，无论在哪种平台上，只要装有 JVM，就可以执行 Java 程序，如图 1.2 所示。

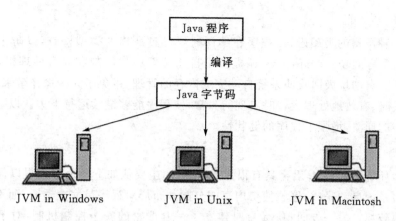

图 1.2 Java 的"一次编译,处处运行"

1.1.3 Java 特点

Sun 公司在 Java"白皮书"中指出:Java 是一种"简单、面向对象、分布式、解释型、健壮、安全、体系结构中立、可移植、高性能、多线程和动态"的编程语言。充分理解 Java 的这些特点有助于我们对 Java 语言的掌握。

1. 简单性

Java 语言的基本语法与 C++很相似,使得大多数程序员很容易学习和使用。此外,Java 略去了 C++中很少使用、很难理解、令人迷惑的那些特性,如运算符重载、多重继承等,特别是 Java 语言不使用指针,并提供了自动垃圾回收机制,使得程序员不必头痛内存管理的问题。此外,Java 还提供了功能强大、内容丰富的类库,这也大大降低了 Java 的学习难度。

2. 面向对象

Java 是一门面向对象的语言,在 Java 中所有的事物都是对象。由于 Java 不必考虑兼容问题,所以相对于 C++来说,它是更为标准的面向对象语言。Java 语言中的类可以实现面向对象的抽象与封装。Java 支持面向对象的继承性,且只能单继承,复杂的多继承功能则由接口来实现。而面向对象的多态性则是由 Java 抽象类和动态的接口模型来支持。

3. 分布性

Java 是面向网络的语言,它有两种分布方式:数据分布和操作分布。数据分布是指应用系统所操作的数据分散地存储在网络的不同主机上,通过 Java 提供的 URL 类,用户可以像访问本地系统一样访问网络上的各种资源。操作分布是指把一个应用系统的计算分散在网络中的不同节点上处理,Java 的 Applet 小程序可以从服务器下载到客户端,使部分计算在客户端进行,提高系统执行效率。

4. 半编译、半解释性

我们知道,Java 是半编译、半解释型语言。它先把源程序编译成一种中间代码——字节码,而不是能直接执行的机器码,它的编译并没有彻底完成,因此是"半编译"。字节码由 Java 虚拟机解释成机器码再执行,由于解释器解释的并不是源代码,它的解释工作也并不完全,因此是"半解释"。Java 半编译、半解释的工作方式是 Java 语言的核心,也是其他许多特性的基础。

5. 健壮性

Java 是一种严格的类型语言,程序在编译时要经过严格的类型检查,以防止程序运行时出现类型不匹配等问题。此外,Java 还提供了自动垃圾回收机制和异常处理机制,以保证程序的正常运行。自动垃圾回收使系统自动完成内存的管理,避免了人为操作带来的错误;而异常处理能够及时、有效地处理运行时出现的异常,使程序能够继续运行下去。以上这些都有效地防止了程序的崩溃,增强了程序的健壮性。

6. 安全性

用于网络环境下的 Java 语言具有很强的安全性,主要从如下两个方面得以保证:一方面,内存的管理由系统自动完成,这就使得内存的分配和布局对程序员完全透明,而不必担心内存空间被人为地破坏。另一方面,Java 自身建立了一套严密的安全控制机制,对于网络上传输的 Java 应用程序尤其是 Applet 程序进行全面的监控,通过代码认证、字节码校验、代码访问权限控制等方式来保证 Java 程序在终端机上的安全执行。

7. 体系结构中立

Java 语言在设计之初就不是针对具体平台结构的。它为了做到与机器平台无关,让编译器将源文件编译成了与机器无关的字节码,并且制定了严格统一的语言规范,如 Java 对数据类型有严格的规定,不会随着运行平台的变化而变化,整型数据永远是 32 位,长整型数据必须是 64 位。而且为了避免过于依赖底层平台,Java 还提供了丰富的系统类库,用户通过调用这些类库,可以很好地屏蔽掉平台的区别。

8. 可移植性

Java 是公认的可移植性最好的编程语言之一,这主要源于 Java 两个方面的特性:一是其半编译、半解释的特性,这使得 Java 程序可以"一次编译,处处执行",即 Java 源程序经过一次编译成字节码后,就可以在任何安装了 Java 虚拟机的机器平台上执行;二是 Java 与平台无关的特性,无论是独立于平台的数据类型限制,还是实现了与不同平台接口的 Java 类库,都保证了 Java 的可移植性。

9. 高性能

和其他解释型高级语言不同,Java 虽然采用字节码解释运行的方式,但由于字节码非常接近机器码,因此字节码与机器码之间转换的速度仍然是很快的。另外,Java 还提供了即时编译(Just-In-Time,JIT)技术,即将字节码直接转换成对应于特定 CPU 的机器码,从而得到较高的性能。事实上,Java 的运行速度随着 JIT 的发展已越来越接近于 C++。

10. 多线程

现代操作系统都是多任务的,线程机制是实现多任务并发的重要基础。线程是处理机独立调度和分配的基本单位,但是它本身并不拥有系统资源,而是与同属一个进程的其他线程共享进程所拥有的全部资源。所以线程是轻量级的任务,线程之间的通信和转换只需要较小的系统开销。Java 的设计思想建立在操作系统广泛使用线程调度的基础上,它实现了语言级的多线程机制,支持程序的并发执行。从程序设计的角度看,一个程序被分成了多个执行流,一个线程对应一个执行流,通过 Thread 类和 Runnable 接口来实现多线程控制,利用 JVM 实现多线程的调度。如果底层操作系统支持多线程,Java 的线程会被映射到操作系统的内核线程中,实现多任务的并发,如果是多核处理机,那么就可以实现真正的并行执行。因此用 Java 编写的应用程序可以同时执行多个任务,为用户带来更好的交互能力和实时行为。

11. 动态性

Java 语言具有动态特性,这是其面向对象设计方法的扩展。Java 允许程序动态地加载运行过程中所需的类,这就不需要全部重新编译而能够更新系统,在不停止主程序运行的情况下,除去系统中原有的 bug,或者是增加原本不具备的新功能。这是 C++语言无法实现的,C++程序中的类如果被修改更新,那么相应的应用程序必须重新编译,否则就会出错。

1.1.4　Java 技术体系

随着 Java 语言的不断发展完善,Java 的技术体系也越来越庞大复杂,它的三个主要分支分别是适用于桌面系统的标准版 Java SE(Java Platform Standard Edition)、适用于创建服务器应用程序和服务的企业版 Java EE(Java Platform Enterprise Edition),以及适用于小型设备和智能卡的微缩版 Java ME(Java Platform Micro Edition)。

1. Java 平台标准版 Java SE

JavaSE 是 Java 桌面和工作组级应用的开发和运行环境,它由 Java 开发包 JDK 和 Java 运行环境 JRE 组成,提供了开发与运行 Java Applet 和 Application 的编译器、开发工具、API 类库和 Java 虚拟机。此外,Java SE 还是 Java EE 和 Java Web Services 技术基础。

2. Java 平台企业版 Java EE

Java EE 是使用 Java 技术开发企业级应用的一种事实上的工业标准,能够开发和部署可移植、健壮、可伸缩且安全的服务器端 Java 应用程序。Java EE 是在 Java SE 的基础上构建的,它提供 Web 服务、组件模型、管理和通信 API,可以用来实现企业级的面向服务体系结构(Service-Oriented Architecture,SOA)和 Web 2.0 应用程序。随着 Java 技术的发展,Java EE 平台得到了迅速发展,成为 Java 语言中最活跃的体系之一。现如今,Java EE 不仅指一种便捷平台(Platform),它更多地表达着一种软件架构和设计思想。

3. Java 平台微缩版 Java ME

Java ME 是针对消费类电子设备,如电视机顶盒、移动电话和 PDA 等嵌入式计算的一组技术和规范,目前已被广泛应用。Java ME 在 Java SE 的基础上,结合以上设备计算资源的限制,对 Java SE 进行了语言精简,并对运行环境进行了高度优化。

1.2　Java 语法机制概述

Java 语言是以 C++为基础设计的,因此它的基本语法机制,如数据类型、表达式、程序流控制等都与 C++相同,但 Java 又有许多明显区别于 C++的语法机制,如类(class)、接口(interface)、包、多线程、内存自动管理等。

1. 类

类是 Java 语言的基本元素,它的定义与继承机制都与 C++类似,但也存在明显的区别。

(1)Java 只支持单继承,不允许一个类同时继承多个父类。Java 中的多继承要通过接口来实现。

（2）Java 类定义提供了更丰富的修饰符，除了表示访问权限的修饰符 public 之外，还引进了 abstract 和 final 修饰符。用 abstract 修饰的类为抽象类，它只能作为其他类的父类使用，而不能实例化自己的对象。用 final 修饰的类为最终类，它只能继承其他类但不能被其他的类继承。

2. 接口

Java 不支持多继承，引入接口的主要目的就是实现多继承的功能。接口不是类，它只是一些静态常量和抽象方法的集合，只声明能够完成的功能，但并不具体实现这些功能，只有当一个类实现了该接口时，才根据类的具体情况实现接口中的功能。虽然类是单继承的，只能有一个父类，但一个类可以实现多个接口，而且接口也可以继承多个父接口，这样 Java 既可以实现多重继承的功能，又能避免 C++中多重继承的复杂性。

3. 包

包是 Java 系统提供的用于组织与管理类和接口的机制。将一些功能相关的类和接口组织在一起形成一个包，例如 java.io 包中存放着与系统输入/输出相关的所有类和接口，java.net 则提供实现网络应用所需要的类和接口。除了系统提供的标准类包，开发人员还可以自定义类包用于组织管理自己编写的类和接口。在程序中，这些标准类包和自定义类包都可以通过 import 语句引入。

4. 多线程

多线程处理可以使程序的多个任务并发执行，增强程序的处理能力。C++中的多线程是利用操作系统提供的线程管理 API 函数来实现的，因此它依赖于操作系统。而 Java 语言实现了语言级的多线程，开发人员可以忽略不同操作系统中多线程机制的差异，使应用软件具有更好的可靠性和可移植性。

5. 内存自动管理

Java 采用自动内存管理方式，内存的分配与回收完全由系统自动完成，开发人员无须再考虑内存问题。Java 取消了 C++中争议最大的指针，因为它虽然使用灵活，但允许程序员直接访问内存的方式容易引发程序错误和内存泄露。Java 中所有内存的申请都要通过 new 关键词来进行，连数组内存空间的申请也不例外，申请后得到的也不是指针，而是引用（reference），通过该引用就能访问已申请的内存空间。Java 中的引用只能通过赋值的方式指向另一引用所指的内存空间，而不能像 C++中的指针那样通过修改引用的值来指向任意一个内存区。此外 Java 中的内存回收也是由垃圾回收机制自动完成的，程序员不必在程序中进行删除操作。内存的自动管理避免了程序员对内存的直接操作，这样不但可以减轻程序员的编程负担和复杂度，更重要的是保护了内存，避免了因人为操作不当而给程序带来的危害。

1.3　Java 运行系统与 Java 虚拟机

1.3.1　Java 运行系统

Java 运行系统是支持 Java 程序运行的环境，是各平台厂商对 JVM 的具体实现。对于

Java的两种应用程序,存在两种不同类型的运行系统。对于独立运行的 Java Application 应用程序,运行系统就是 Java 的解释器;而对于嵌入在网页中的 Java Applet 小程序,运行系统则是包含了 Java Applet 运行环境且兼容 Java 的 Web 浏览器。

Java 运行系统一般包括五个主要部分:类装配器,字节码验证器、解释器、代码生成器和运行支持库,如图 1.3 所示。

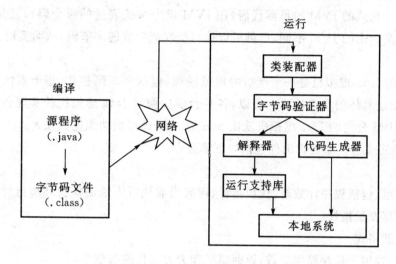

图 1.3 Java 运行系统的构成

Java 源程序经过编译生成字节码文件即. class 文件,class 文件通过网络传输到达客户端,Java 运行系统执行 class 代码的具体过程如下:

(1)代码的装入。由类装配器将程序运行时需要的所有代码(包括程序代码中调用到的所有类)装入内存,装入后,运行系统就可以确定整个可执行程序的内存布局了。

(2)代码的验证。由字节码验证器对代码进行安全检查,以确保代码符合 Java 的安全性规则,同时字节码验证器还能检查出非法数据类型转换、非法调用等问题。

(3)代码的执行。Java 字节码的运行有两种方式:

即时编译(Just-in-Time)方式——由代码生成器先将字节码编译为本机代码,然后再全速执行本机代码,这种运行方式效率极高。

解释执行方式——解释器每次把一小段代码转换成本地机代码并执行,如此往复完成Java 字节码的所有操作。

1.3.2 Java 虚拟机(JVM)

Java 的字节码文件在具体操作系统平台上执行时需要 Java 运行系统的支持,因此 Java 运行系统是建立在操作系统上的,是与具体平台有关的。为了实现 Java 程序的可移植性,就要求各个平台上的 Java 运行系统具有统一的功能要求,为此引入了 Java 虚拟机。

Java 虚拟机是在真实计算机上通过软件仿真模拟的虚拟计算机。它屏蔽了与具体操作系统平台相关的信息,使得 Java 程序只需要生成在 Java 虚拟机上运行的目标代码(字节码),就可以在多种平台上不加修改地运行。

Java 虚拟机为 Java 程序运行提供必要的环境。Java 程序的"一次编译,处处运行"就是靠不同平台上的 Java 虚拟机来实现的。虽然各平台上虚拟机的具体实现方式不同,但是它们的功能要求是统一的,都严格遵循 Sun 定义的 JVM 规范,包括指令系统、字节码格式等。JVM 进一步可用软件在不同的计算机上实现或用硬件实现。正是因为有了这样严格的虚拟机规范,才能使 Java 应用真正实现平台无关:不同平台上的 Java 编译器把 Java 源代码按照 JVM 规范编译成统一格式的 JVM 的目标代码(用 JVM 指令系统表达的指令码),就是 class 字节码。虽然不同平台上的 JVM 不同,但都可以执行按规范生成的字节码,从而实现 Java 程序的跨平台应用。

Sun 提供的 Java 虚拟机是一个严格的规范说明,包括字节码格式、指令系统和逻辑组件等,它并没有指定具体的实现技术。所以,各平台供应商对 Java 虚拟机的实现各有不同并且各具特色,如 IBM 公司的 Java 虚拟机就比 Sun 的 Java 虚拟机功能还要强大。

JVM 规范定义的抽象逻辑组件包括如下部分:

· 指令集。

· 寄存器组:包括程序计数器、栈顶指针、指向当前执行方法的执行环境指针和指向当前执行方法的局部变量指针。

· 类文件的格式。

· 栈结构:栈用于保存操作参数、返回结果和为方法传递参数等。

· 垃圾回收程序:用来回收不用的数据堆,使内存有效利用。

· 存储区:用于存放字节码的方法代码、符号表等。

JVM 对这些组件进行了严格的规定,尤其对字节码的格式做了明确的规定,但它没有规定这些组件的具体实现技术,可以采用软件或芯片等任意技术实现。但是不论采用什么技术实现,Java 虚拟机的功能必须是统一的,并且只能执行 JVM 规范中规定的统一格式的字节码。

1.4 Java 程序开发

1.4.1 Java API

Java API 即 Java 应用程序编程接口,是 Sun 提供的一个预定义好的 Java 类库集合,是 Java 平台重要的组成部分。Java API 中的类以包的形式组织,每个包都可以包含若干个相关的类,这些类为程序员提供了丰富的功能。在编写 Java 应用程序时,可以直接利用这些类,从而提高软件开发的效率。表 1.1 列出了常用的几个重要的 API 类包。

随着 Java 应用领域的扩大,Java 所涉及的类库也越来越大,Java 程序员不可能了解类库中所有类的方法和属性,为此 Sun 在发布 Java SE 的每个版本时,都要发布一个 Java API 文档。利用这些 API 文档,程序员就可以快速查找和获取 Java 类库的信息。

表 1.1 Java 核心 API

包名	功能
java. lang	Java 语言的核心类组成,包括了基本数据类型、异常处理、线程等,如 String、Math、Integer 和 Thread
java. io	Java 语言的标准 I/O 库,包含处理 I/O 文件的类
java. util	Java 工具包。这个包中包含了实用工具类和接口,例如日期和时间操作、各种随机数处理等
java. applet	支持 Applet 开发。包含了可执行 Applet 特殊行为的类
java. awt	用来构建和管理应用程序的图形用户界面
java. awt. event	用于图形化用户界面中的事件处理
java. net	包含执行与网络相关操作的类和处理接口
java. sql	支持 JDBC 的数据库访问操作

1.4.2 Java 开发环境构建

1. JDK 的下载与安装

要编写和运行 Java 程序,Java 开发工具包(Java Development Kit,JDK)是必不可少的。JDK 中包含了 Java 运行环境(Java Runtime Environment,JRE)、Java 工具和 Java 基础类库等。主流的 JDK 是 Oracle 公司发布的,除此之外,其他很多公司和组织也开发了自己的 JDK,如 IBM 公司的 JDK、GNU 组织开发的 JDK 等。本书使用的是 Oracle 公司的 JDK 8,可以从 Oracle 公司的官方网站(http://www. oracle. com/technetwork/java/javase/downloads)下载。在进入下载页面后,要注意选择 Accept License Agreement 和相应的操作系统,网页部分页面如图 1.4 所示,下载后就可以安装使用。

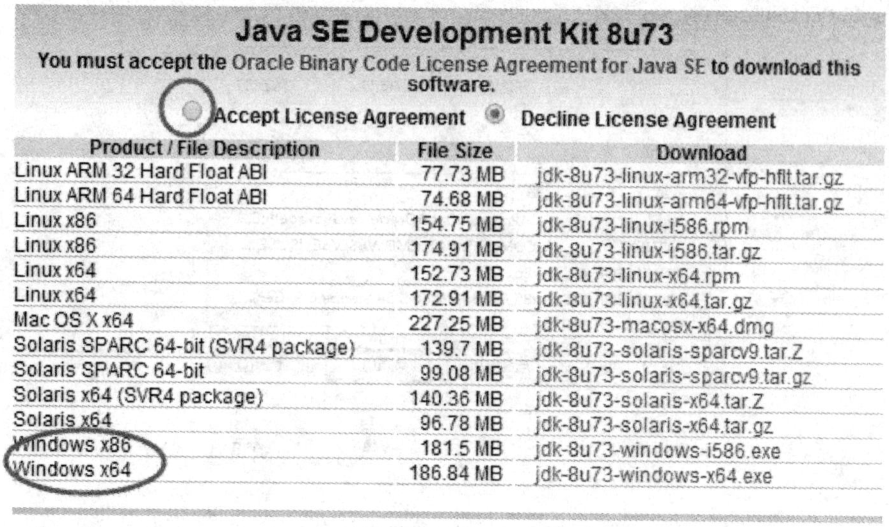

Java SE Development Kit 8u73

You must accept the Oracle Binary Code License Agreement for Java SE to download this software.

○ Accept License Agreement   ● Decline License Agreement

Product / File Description	File Size	Download
Linux ARM 32 Hard Float ABI	77.73 MB	jdk-8u73-linux-arm32-vfp-hflt.tar.gz
Linux ARM 64 Hard Float ABI	74.68 MB	jdk-8u73-linux-arm64-vfp-hflt.tar.gz
Linux x86	154.75 MB	jdk-8u73-linux-i586.rpm
Linux x86	174.91 MB	jdk-8u73-linux-i586.tar.gz
Linux x64	152.73 MB	jdk-8u73-linux-x64.rpm
Linux x64	172.91 MB	jdk-8u73-linux-x64.tar.gz
Mac OS X x64	227.25 MB	jdk-8u73-macosx-x64.dmg
Solaris SPARC 64-bit (SVR4 package)	139.7 MB	jdk-8u73-solaris-sparcv9.tar.Z
Solaris SPARC 64-bit	99.08 MB	jdk-8u73-solaris-sparcv9.tar.gz
Solaris x64 (SVR4 package)	140.36 MB	jdk-8u73-solaris-x64.tar.Z
Solaris x64	96.78 MB	jdk-8u73-solaris-x64.tar.gz
Windows x86	181.5 MB	jdk-8u73-windows-i586.exe
Windows x64	186.84 MB	jdk-8u73-windows-x64.exe

图 1.4 Java SE JDK 下载部分页面

安装完 JDK 后,在其安装路径下包含了存放不同内容的子目录和不同功能的文件,如表 1.2 所示。同时在操作系统的开始菜单中,也添加了 Java 和 Java Development Kit 菜单,提供了访问 java.com、配置 Java、检测更新、获取帮助、参考文档等功能。

表 1.2　JDK 的目录和文件

目录/文件	描述
bin 子目录	存放 JDK 开发工具的执行文件,如 javac.exe、java.exe 等
lib 子目录	存放 Java 开发工具要用的一些类库文件,如 tool.jar、dt.jar 等
demo 子目录	存放 JDK 提供的演示程序代码,初学者可以阅读参考
jre 子目录	JDK 使用的 Java 运行环境(JRE)的根目录,这个运行环境实现了 Java 平台
db 子目录	纯 Java 开发的开源关系数据库
sample 子目录	存放 JDK 提供的一些简单示例代码,初学者可以阅读参考
src.zip	存放 Java API 类的源代码压缩文件,可以查看 API 类中的各种功能是如何实现的

2. JDK 的配置

JDK 安装完成之后,还要注意配置环境变量。JDK 中主要有两个相关的环境变量:PATH 和 CLASSPATH。

(1)在 Windows 系统中,在桌面上右击【我的电脑】,从打开的快捷菜单中选择【属性】,选中【系统属性】中的【高级】选项卡,单击【环境变量】按钮,进入【环境变量】窗口,如图 1.5 所示。

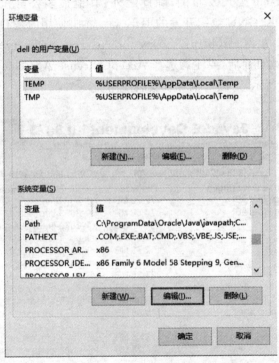

图 1.5　环境变量窗口

(2)在系统变量中,对 JAVA_HOME、Path 和 CLASSPATH 三个变量进行设置。若这些变量不存在,则单击【新建】按钮;若已经存在,则选中相应的变量后单击【编辑】按钮。

新建 JAVA_HOME 变量,变量名为 JAVA_HOME,变量值就是 JDK 安装路径,如图 1.6 (a)所示。

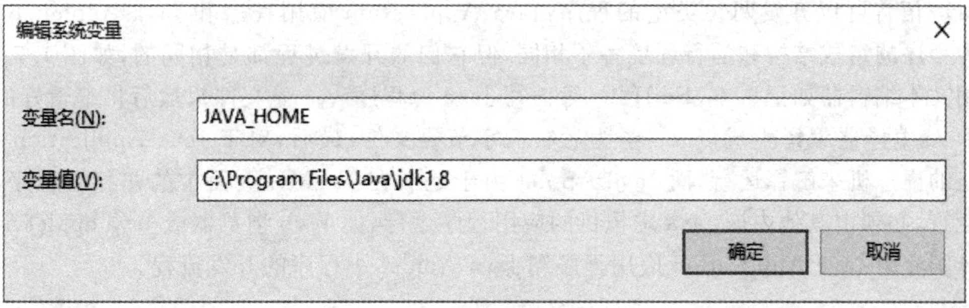

(a)JAVA_HOME 变量设置

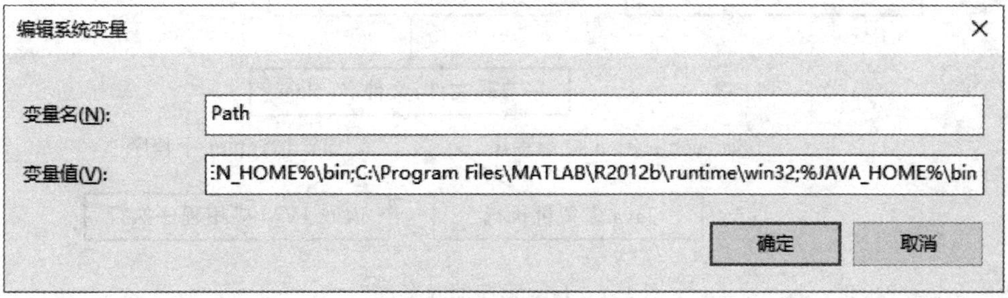

(b)Path 变量设置

(c)CLASSPATH 变量设置

图 1.6　环境变量设置

编辑 Path 变量,将";%JAVA_HOME%\bin"添加到该变量值中,如图 1.6(b)所示。Path 路径的设置主要是为了让系统找得到 Java SE 所提供的命令工具,而不用在每次使用时,都指定完整的路径名称。

新建 CLASSPATH 变量,将".;%JAVA_HOME%\lib;%JAVA_HOME%\lib\tools.jar"添加到该变量值中。注意"."是不能省略的,"."代表当前路径。CLASSPATH 路径的设置目的是程序运行时,Java 解释器可以在当前路径或 lib 路径下找到程序所使用的类库。

注意:在安装 JDK 1.8 及以上的版本时,安装程序会自动在 Path 变量值中添加路径"C:\ProgramData\Oracle\Java\javapath"(默认情况下该路径是被隐藏的),在该路径下有 java.

exe 命令,所以不能再在命令窗口执行"java -version"命令来判断环境变量配置是否成功。正确判断环境变量配置成功与否,是在命令行窗口下,看是否能正确编译和运行字节码文件。

1.4.3　Java 程序的开发过程

Java 语言可以开发两种类型的程序:Java Application 应用程序和 Java Applet 小程序。这两种程序的组成结构和运行环境各不相同,但它们的开发过程都是相同的,如图 1.7 所示。首先用文本编辑器如记事本、EditPlus 等编写 Java 源程序(.java 文件);然后将编辑好的源程序由 Java 编译器编译生成以.class 为后缀的字节码文件;最后,对于 Java Application 程序,用独立的虚拟机来解释运行,而 Java Applet 由于是嵌在 HTML 页面中的非独立程序,自身不能运行,必须由其他内嵌 Java 虚拟机的应用程序运行,如 Web 浏览器或 Java appletviewer。下面分别介绍 Java Application 应用程序和 Java Applet 小程序的开发流程。

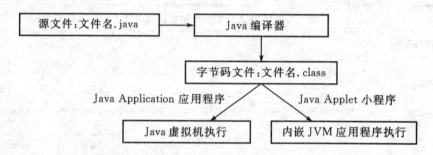

图 1.7　Java 程序的开发过程

1.4.4　Java Application 应用程序编写、编译和执行

1. 简单 Java Application 应用程序实例

【例 1.1】在控制台输出"第一个 Java Application 应用程序!"。

```java
public class FirstApplication{
    public static void main (String args[]){
        System.out.println("第一个 Java Application 应用程序!");
    }
}
```

上述程序运行结果如图 1.8 所示。

图 1.8　例 1.1 运行结果

2. Java Application 应用程序基本结构

Java Application 应用程序的一般结构如图 1.9 所示。

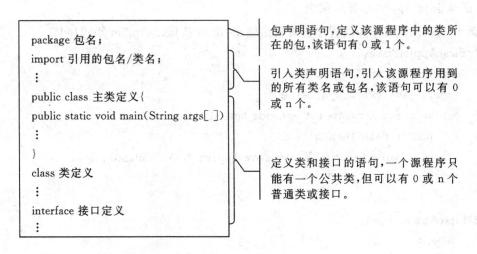

```
package 包名；
import 引用的包名/类名；
⋮

public class 主类定义{
public static void main(String args[])
⋮

}
class 类定义
⋮

interface 接口定义
⋮
```

包声明语句,定义该源程序中的类所在的包,该语句有 0 或 1 个。

引入类声明语句,引入该源程序用到的所有类名或包名,该语句可以有 0 或 n 个。

定义类和接口的语句,一个源程序只能有一个公共类,但可以有 0 或 n 个普通类或接口。

图 1.9　Java Application 应用程序结构

说明：

(1)源程序中包定义、引入类库声明、类和接口定义三部分必须如图所示的顺序出现。

(2)main()方法作为 Java 应用程序的入口点,其声明必须是 public static void main (String args[]),通常该方法放在源程序的 public 类中。

(3)一个源文件只能有一个 public 类,且源文件的名字与包含 main()方法的 public 类的类名相同(大小写保持一致)。如果源文件中没有 public 类型的类,则文件名可以与包含 main 方法的类名不同。

(4)一个源文件中可以包含 0 或若干个非 public 类或接口,且它们没有顺序要求。

3. Java Application 程序的编译与运行

在 Windows 的 DOS 命令窗口中通过命令方式进行 Java Application 程序的编译和运行。例如,将 FirstApplication. java 源程序使用 Java 编译器(javac)进行编译。在命令行中输入如下命令：

```
javac FirstApplication.java
```

在编译通过后,将在当前路径下生成 FirstApplication. class 文件。如果 Java 源程序中包含多个类定义,那么经过编译后,就会生成多个. class 字节码文件,且 class 文件名与类名相同。另外,如果对源文件做了修改,那么必须重新编译,再生成新的字节码文件。

运行时,由 Java 解释器(java)直接对字节码文件解释执行,注意 java 执行的是类名,不带 class 扩展名。例如运行 FirstApplication. class 文件在命令行中输入如下命令：

```
java FirstApplication
```

程序运行结果如图 1.8 所示。

1.4.5　Java Applet 小程序编写、编译和执行

1. 简单 Java Applet 小程序实例

【例 1.2】在网页或小应用程序查看器中输出"第一个 Java Applet 小程序！"。

(1)FirstApplet.java：

```java
import java.applet.Applet;
import java.awt.Graphics;
public class FirstApplet extends Applet{
    public paint(Graphics g){
        g.drawString("第一个 Java Applet 程序！",50,50);
    }
}
```

(2)FirstApplet.html：

```html
<HTML>
<HEAD>
<TITLE>FirstApplet</TITLE>
</HEAD>
<BODY>
<APPLET CODE = "FirstApplet.class" WIDTH = 300 HEIGHT = 300>
</APPLET>
</BODY>
</HTML>
```

运行上述 FirstApplet.html 后结果如图 1.10 所示。

图 1.10　例 1.2 运行结果

2. Java Applet 小程序基本结构

Java Applet 小程序的一般结构如图 1.11 所示。

说明：

(1)至少要引入一个 java.applet 包,根据需要还可以引入其他包。

(2)主类必须是 Applet 的子类,且是 public 类型的。源文件名与主类名保持一致。

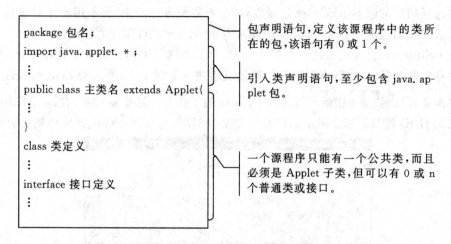

图 1.11　Java Applet 小程序结构

（3）必须嵌入 HTML 网页中运行，嵌入标记为<APPLET></APPLET>，嵌入的必须是 class 文件。

3. Java Applet 小程序的编译与运行

Java Applet 小程序编译过程与 Java Application 程序相同，但运行时要用浏览器或 JDK 的 appletviewer 命令打开包含 Applet 子类的网页。这两者的区别是 appletviewer 只显示 Applet 小程序的内容，过滤掉网页的成分。例 1.2 用浏览器打开包含 FirstApplet 类的 FirstApplet. html 网页，运行结果如图 1.10 所示。

```
appletviewer FirstApplet.html
```

1.5　Java IDE——Eclipse 简介

集成开发环境（Integrated Development Environment，IDE）是用于提供程序开发环境的应用程序，一般包括代码编辑器、编译器、调试器和图形用户界面工具。它是集成了代码编写功能、分析功能、编译功能和调试功能等的一体化开发服务软件。在实际应用中，程序员都是使用集成开发环境开发项目的，所以了解和掌握 IDE 工具的使用是必要的。

Eclipse 是一个开放源代码的、基于 Java 的可扩展开发平台。就其本身而言，它只是一个框架和一组服务，通过插件来构建开发环境。Eclipse 最初由 IBM 开发，2001 年 IBM 将价值 4,000 万美元的 Eclipse 源代码捐给了开源组织 Eclipse 联盟，并由该联盟负责这种工具的后续开发。由于 Eclipse 是一个开放源码项目，任何人都可以免费得到，并可以在此基础上开发各自的插件，因此其功能越来越强大，也越来越受到人们关注。经过多年的发展，Eclipse 已经成为目前最流行的 Java IDE。

1.5.1　Eclipse 的安装与配置

Eclipse 是一个免费的、开放源码的软件，用户可以到 Eclipse 的官方网站下载，具体下载地址为 http://www.eclipse.org/downloads/。不同运行平台下的版本不同，用户可以根据自己的需要选择相应的版本。Eclipse 是绿色软件,不需要进行安装,也不用向注册表写入信息,只要将下载的压缩包解压到某个路径下,双击 eclipse.exe 文件就能直接运行了。

　　启动 Eclipse 后,首先会出现一个如图 1.12 所示的选择工作空间路径的对话框,用户可以指定文件存放的路径,单击【OK】按钮后,系统就会进入如图 1.13 所示的 Eclipse 欢迎主界面,单击主界面最右面的 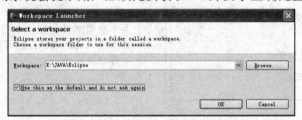 按钮就可以进入 Eclipse 的工作台。这里要注意,在运行 Eclipse 之前必须先安装 JDK,否则系统会提示用户必须先安装 JDK,并要求正确配置后再重新启动。

图 1.12　设定工作路径对话框

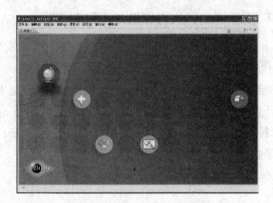

图 1.13　Eclipse 欢迎主界面

1.5.2　创建 Java 项目

　　Java 项目包含用于构建 Java 程序的源代码和相关文件,它有一个相关联的 Java 构建器,更改 Java 源文件时,Java 构建器可以对这些 Java 源文件进行增量编译。

　　Java 项目有两种组织方法:以项目作为源容器和以文件夹作为源容器。这可以通过选择菜单栏中的【Window】→【Preferences】→【Java】→【Build Path】来设定,如图 1.14 所示。以项目为源容器的方法中,所有的 Java 包是直接在项目内创建的,生成的.class 文件和.java 文件放在同一目录下,适合简单的项目。以文件夹为源容器的组织方法中,Java 包不是在项目而是在源文件夹中创建的,创建源文件夹作为项目的子目录,并在这些源文件夹中创建 Java 包,系统自动将.java 文件存放在 src 文件夹下,将.class 文件存放在 bin 文件夹下。

　　设定好 Java 项目的构建路径后,就可以创建 Java 项目了。在 Eclipse 平台的菜单栏中,选择【File】→【New】→【Java Project】,打开【New JavaProject】对话框,输入项目名称并选择内容和运行环境。单击【Next】按钮,进入【Java Settings】界面,进行 Java 构建设置,最后单击【Finish】按钮,完成项目创建。

　　创建完 Java 项目,接下来就要创建 Java 类。在 Eclipse 平台的菜单栏中选择【File】→

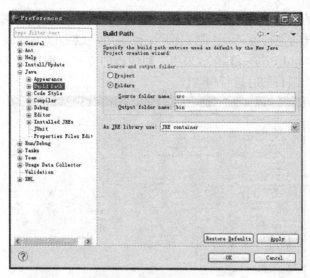

图 1.14　构建项目路径

【New】→【Class】命令,打开如图 1.15 所示的【New Java Class】对话框,输入包名和类名,并按提示设置该类相关的内容,如修饰符、接口、方法等,最后单击【Finish】,创建一个类 TestSample,并进入编辑窗口。

图 1.15　【New Java Class】对话框

1.5.3　运行 Java 项目

编辑完成 Java 源程序后,Eclipse 可以采用自动构建和手动构建两种方式进行编译,可以在菜单栏中选择【Window】→【Preferences】→【General】→【Workspace】,进入如图 1.16 所示的设置界面,在右侧的页面中选择"Build automatically"方式,这时不需用户自己操作,系统会在保存 Java 程序时自动进行编译,生成 .class 文件。用户也可以不选该方式,而是在菜单栏中选择【Project】→【Build Project】命令,采用手动构建的方式来编译源文件,这时可以构建一个项目,也可以对多个项目同时进行构建。

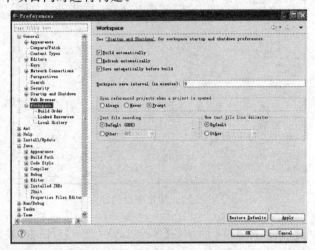

图 1.16　【Workspace】设置界面

　　项目构建完就可以启动了,系统会根据 Java 程序的类型,自动匹配相应的运行程序。用户选择菜单栏中的【Run】→【Run As】→【Java Application】或【Java Applet】命令,或者在包资源管理器、大纲视图、导航器中选择快捷菜单中的【Run As】→【Java Application】或【Java Applet】命令,这样就可以运行项目,并在控制台中显示输出结果。

1.5.4　Eclipse 中的导入与导出

　　在 Java 项目开发中,经常会用到一些已有的包、类和项目,有时也需要将设计好的项目导出,这时可以利用【File】菜单中的【Import】和【Export】命令来完成。

1. 导入包

　　Eclipse 生成的项目文件会自动将 JRE 系统库包含进来,如果该项目使用了其他 JRE 包中的类,则需要将其他 JRE 包的类先导入到该项目中。选择菜单栏中【Project】→【Properties】→【Java Build Path】命令,在右侧页面中选择【Libraries】选项卡,如图 1.17 所示,这里包含了该项目所使用的 JRE 系统库。如果需要导入第三方类库,可以单击【Add External JARs】按钮,在打开的对话框中选择要加入的包文件,在包资源管理器中会自动显示该包中的所有类。

2. 导入 Java 类

　　一个 Java 项目由若干个 Java 类构成,可以直接创建 Java 类文件,也可以将已创建的外部 Java 类导入到项目中。首先在包资源管理器中选中要导入类的包,在【File】菜单或快捷菜单中选择【Import】命令,打开如图 1.18 所示对话框,选择【General】→【File System】选项,单击【Next】按钮,打开图 1.19 所示的对话框,在该对话框中设置要导入的文件夹目录、导入到文件夹的类等,单击【Finish】按钮,即可把类导入到项目中。

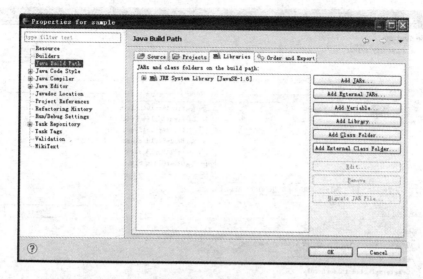

图 1.17　导入包

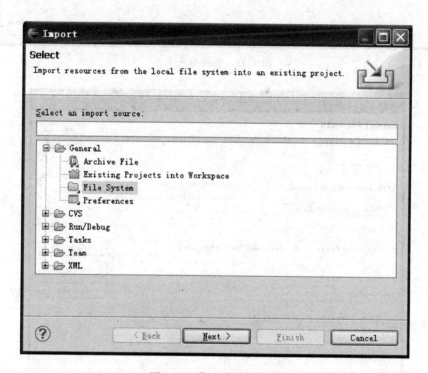

图 1.18　【Import】对话框

3. 导入 Java 项目

现有的 Java 项目也可以通过向导导入到工作空间中。在【File】菜单或快捷菜单中选择【Import】命令,打开如图 1.18 所示对话框,选择【General】→【Existing Projects into Workspace】选项,单击【Next】按钮,打开图 1.20 所示的对话框,选择要导入项目的根目录,选中要导入的项目,单击【Finish】按钮,即可把项目导入到工作空间中。

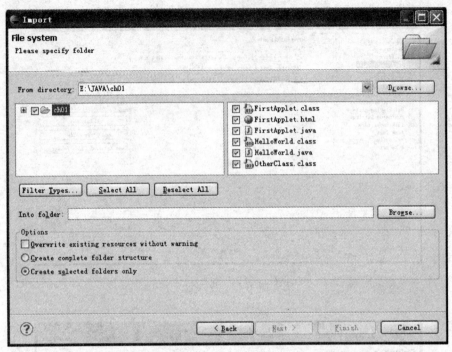

图 1.19　选择导入类

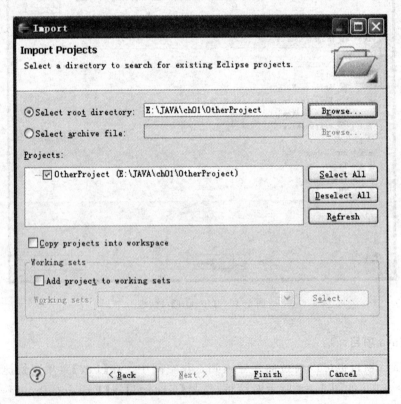

图 1.20　导入 Java 项目

4. 导出 Java 项目

设计好的 Java 项目也可以导出到其他地方,在菜单栏中选择【Export】→【General】→【File System】选项,单击【Next】按钮,打开如图 1.21 所示的对话框,在该对话框中选择要导出的项目,设置要导出到的目录位置,单击【Finish】按钮即可将文件导出。

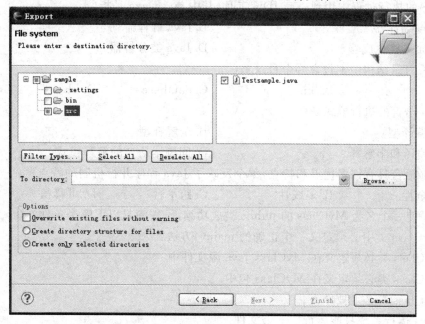

图 1.21　导出 Java 项目

小 结

本章概述了 Java 语言的发展历史与现状,介绍了 Java 语言机制、Java 语言的特点、Java 语法机制、Java 运行系统和 Java 虚拟机等,详细介绍了两种 Java 程序:Java Application 和 Java Applet 小程序的基本结构和开发过程,最后简要介绍了 Java 集成开发环境——Eclipse 的下载、安装与使用。通过本章的学习,读者会对 Java 技术有一个全面的了解,为后面深入学习 Java 语言奠定基础。

习 题

一、选择题

1. 在 Java 语言中,不允许使用指针体现出的 Java 特性是(　　)。

A. 可移植性　　　　　B. 解释执行　　　　　C. 健壮性　　　　　D. 动态性

2. 保证 Java 可移植性的特征是(　　)。

A. 面向对象　　　　　B. 安全性　　　　　C. 分布式计算　　　　D. 可跨平台

3. Java Application 中主类需要包含 main()方法,以下哪项是 main()方法的正确形参?(　　)

A. String args　　　　　B. String ar[]　　　　C. char arg　　　　D. StringBuffer args[]

4. 下列关于字节码的说法不正确的是（　　　）。

A. 字节码是一种二进制文件　　　　　　　B. 可以由虚拟机解释执行

C. 不可以直接在操作系统上运行　　　　　D. Java 程序首先由编译器转换为标准字节码

5. 程序的执行过程中用到一套 JDK 工具，其中 javac.exe 是指（　　　）。

A. Java 编译器　　　　　　　　　　　　B. Java 解释器

C. Java 文档生成器　　　　　　　　　　D. Java 类分解器

6. JDK 目录结构中不包含哪个目录？（　　　）

A. jre　　　　　　　　B. bin　　　　　　　　C. database　　　　D. lib

7. Java 语言的执行模式是（　　　）。

A. 全编译型　　　　　　　　　　　　　　B. 全解释型

C. 半编译和半解释　　　　　　　　　　　D. 同脚本语言的解释模式

8. Java 语言具有许多优点和特点，哪个反映了 Java 程序并行机制的特点？（　　　）

A. 安全性　　　　　　B. 多线性　　　　　　C. 跨平台　　　　　D. 可移植

9. 为了使一个名为 MyClass 的 public 类成功编译，需满足以下哪个条件？（　　　）

A. MyClass 类中必须定义一个正确的 main() 方法。

B. MyClass 类必须定义在 MyClass.java 源文件中。

C. MyClass 类必须定义在 MyClass 包中。

D. MyClass 类必须被导入。

10. Java 运行系统只能运行（　　　）文件。

A. java　　　　　　　B. 　jre　　　　　　　C. exe　　　　　　　D. class

11. Java 语言是在 1991 年由 Jame Gosling 在（　　　）创立的。

A. Apple　　　　　　B. IBM　　　　　　　C. Microsoft　　　　D. Sun

二、上机测试题

1. 在 Eclipse 平台上创建一个 Java Project 命名为 example1，编写一个名为 HelloJava 的类，并输出"这是我的第一个 Java 作业！"。

2. 在新打开的 Eclipse 平台上导入第 1 题中创建的 example1 项目。

3. 新建一个 Java Project 命名为 example2，并将第 1 题中编写好的 HelloJava 类添加到 example2 中。

第2章 Java基本语法知识

基本语法是所有编程语言的基础知识,也是程序代码不可或缺的重要组成部分。要想编写规范、可读性强的Java程序,就必须了解和掌握Java的基本语法知识。本章详细介绍了Java语言基本语法的各个组成部分,包括标识符、关键词、Java基本数据类型、运算符、控制语句和数组等。

2.1 标识符及关键字

2.1.1 标识符

用来表示类名、变量名、方法名、类型名、数组名和文件名等的有效字符序列称为标识符。简单地说标识符就是一个名字,它可以由编程者自由指定,但是需要遵循一定的语法规定。Java对于标识符的定义有如下的规定:

(1)标识符可以由字母、数字、下划线"_"和美元符号"$"组成。

(2)标识符必须以字母、"_"或"$"开头。

(3)标识符区分大小写,并且长度不受限制。

(4)不能把关键词和保留字作为标识符。

这里要注意两点:一是Java区分大小写,varname和Varname分别代表不同的标识符;二是Java语言使用Unicode国际标准字符集,故标识符中的字母还可能是汉字、日文片假名、平假名和朝鲜文等。

Java除了对标识符的语法规则作了定义,还对标识符的命名风格作了约定。

(1)"_"和"$"不作为变量名、方法名的开头,因为这两个字符对于内部类具有特殊意义。

(2)变量名、方法名首单词小写,其余单词只有首字母大写,例如myClass。而接口名、类名首单词第一个字母要大写,例如MyClass。

(3)常量名完全大写,并且用"_"作为标识符中各个单词的分隔符,例如MAXIMUM-SIZE。

(4)方法名应使用动词,类名与接口名应使用名词。例如:

```
class Account              //类名
interface AccountBook      //接口名
getBalance()               //方法名
```

(5)标识符应能一定程度上反映它所表示的变量、常量、对象或类的意义。因此变量名尽量不用单个字符,但临时变量如控制循环变量可以用i、j、k等。

2.1.2　关键字

关键字也称为保留字,是 Java 语言中被赋予特定含义的一些标识符,它们在程序中有着不同的用途,这些标识符不能当作自定义的标识符使用。关键字主要包括:

(1)数据类型:boolean、byte、short、int、long、double、char、float。

(2)包引入和包声明:import、package。

(3)用于类和接口的声明:class、extends、implements、interface。

(4)流程控制:if、else、switch、do、while、case、break、continue、return、default、for。

(5)异常处理:try、catch、finally、throw、throws。

(6)修饰符:abstract、final、native、private、protected、public、static、synchronized、transient、volatile。

(7)其他:new、instanceof、this、super、void、assert、const、enum、goto、strictfp。

关键词 const 和 goto 被保留但不被使用。关键词 assert 是由 Java 2 的 1.4 版本添加的。除了关键词外,Java 还保留了下面几个字:true、false 和 null,这是 Java 定义的值,不能作为标识符。

2.1.3　语句及注释

1. 语句与语句块

Java 中以";"为语句的分隔符。一行内可以写若干语句,一个语句可写在连续的若干行内。例如:

```
x = a + b;y = c + d;z = e + f;
x = a + b + c +
    d + e + f;
```

一对大括号"{"和"}"包含的一系列语句称为语句块。语句块可以嵌套,但为了维护方便,一般嵌套不能太多。

2. 注释

注释是程序不可少的部分,Java 中有三种注释。

(1)行注释符"//",表示从"//"开始到行尾都是注释文字

(2)块注释符"/ *　　* /",注释一行或多行,表示"/ *"和" * /"之间的所有内容都是注释。

(3)文档注释符"/ *　　　　* /",表示"/ * *"和" * /"之间的文本将自动包含在用 javadoc 命令生成的 HTML 文件中。

2.2　数据类型

计算机处理的数据以某种特定的格式存放在计算机存储器中,不同的数据占用不同的存储单元个数,而且不同数据的操作方式也不同。在计算机中,将数据占用存储单元的多少和对数据的操作方式这两方面的性质抽象为数据类型。因此数据类型在程序中具有两方面的作用:一是确定该类型数据的取值范围;二是确定了允许对这些数据所进行的操作。例如,整数

类型和浮点类型的数据都可以进行算术四则运算,而布尔类型只能进行逻辑运算。Java 语言的数据类型分两类:基本数据类型与引用数据类型。

2.2.1　基本数据类型

基本数据类型有 4 类共 8 种。

- 整型:byte、short、int 和 long,用于整数值的有符号数字。
- 浮点型:float 和 double,表示带有小数的数字。
- 字符型:char,表示在一个字符系列中的符号,如字母和数字。
- 布尔型:boolean,它是一个表示真(true)或假(false)的特殊类型。

所有基本数据类型的大小(所占用的字节数)都已明确规定,在不同的平台上都保持一致,这一特性有助于提高 Java 程序的可移植性。各个基本数据类型的大小及取值范围如表 2.1 所示。

表 2.1　基本数据类型定义

数据类型	关键词	占用位数	默认值	取值范围
字节型	byte	8	0	$-128 \sim 127$
短整型	short	16	0	$-32\ 768 \sim 32\ 767$
整型	int	32	0	$-2\ 147\ 483\ 648 \sim 2\ 147\ 483\ 647$
长整型	long	64	0	$-9\ 223\ 372\ 036\ 854\ 775\ 808 \sim$ $9\ 223\ 372\ 036\ 854\ 775\ 807$
浮点型	float	32	0.0F	$1.4e-45 \sim$ $3.402\ 823\ 5e+38$(7 位有效数字)
双精度型	double	64	0.0D	$4.9e-324 \sim 1.797\ 693\ 134\ 862\ 315$ $7e+308d$(15 位有效数字)
字符型	char	16	'\u 0000'	'\u 0000' ~ '\u FFFF'
布尔型	boolean	8	false	true,false

2.2.2　引用数据类型

在很多应用程序开发中,仅使用基本数据类型是远远不够的。目前很多种语言都允许用户自定义新的数据类型,来满足实际开发中的需要。

Java 是一种面向对象的语言,基于面向对象的概念,以类和接口的形式定义新的数据类型。因此在 Java 中除了基本数据类型外,还有一种数据类型称为引用数据类型,如类、接口、数组。

使用 Java 语言内置的基本数据类型定义变量时,因为每种类型都是预定义的,所以无需程序员指定变量的存储结构,Java 运行系统就可以知道分配多大的存储空间,并能够解释所存储的内容。对于引用数据类型,也需要指定该类型变量所需的存储空间以及如何解释这些空间中的内容。而引用数据类型是通过包含在类型定义中的已有数据类型来提供这些信息。

　　引用数据类型由程序员在源程序中定义。一旦定义了,该类型就可像基本类型一样使用。例如用 class 定义的日期类型 MyDate 是引用数据类型,并声明 MyDate 类的变量 a。

```
class  MyDate{
    int year;
    int month;
    int day;
}
MyDate  a;
```

　　在定义了 MyDate 类后,对于一个日期定义只需要声明一个变量,并且日期中的年、月、日三个组成部分被封装为一个有机的整体,它们之间的约束关系可通过 MyDate 类内部定义的方法实现,操作 MyDate 变量的程序员无需关心这个问题。而且 MyDate 变量所需存储空间由年、月、日三个变量数据类型来决定。

2.3 常量与变量

2.3.1 常量

　　所谓常量,是指在程序运行的整个过程中其值始终不可改变的量。Java 中常用的常量有布尔常量、整型常量、字符常量、字符串常量和浮点常量。

1. 布尔常量

　　布尔常量只有两个:true 和 false,分别代表逻辑真和逻辑假。

2. 整型常量

　　整型常量即以数字形式出现的整数,包括正整数、负整数和 0,可以采用十进制、八进制、十六进制和二进制表示。十进制的整型常量用非 0 开头的数值表示,如 46、−200;八进制的整型常量用以"0"开头的数字表示,如 015 代表十进制的数 13;十六进制的整型常量用"0x"开头的数值表示,如 0x12 代表十进制的数 18;二进制的整型常量用"0b"或"0B"开头的数值表示,如 0b01011 代表十进制数 11。整型常量按照所占用的内存长度,又可分为一般整型常量和长整型常量,其中一般整型常量占用 32 位,长整型常量占用 64 位。长整型常量的尾部有一个后缀字母 L(或 l),如−432L、0123451。整型常量的默认类型是 int。

3. 浮点常量

　　浮点常量表示的是可以含有小数部分的数值常量。根据占用内存长度的不同,可以分为一般浮点常量和双精度浮点常量两种。一般浮点常量占用 32 位内存,用 F(或 f)做后缀,如 23.4F、5678.91f;双精度浮点常量占用 64 位内存,用带 D(或 d)或不加后缀的数值表示,如 123.45d、3.1415。与其他高级语言类似,浮点常量还有一般表示法和指数表示法两种不同的表示方法,如 2.433E-5D、4.245E3f。浮点型常量的默认类型是 double。

4. 字符常量

　　字符常量是单引号(即撇号)括起来的一个字符。Java 采用 16 位的 Unicode 字符集,所有可见的 ASCII 字符都可以作为字符常量,如′a′、′2′、′@′。此外,字符常量还可以是转义符,转义符是一些有特殊含义、很难用一般方式表达的字符,如回车、换行等。为了表达清楚这些特殊字符,Java 中引入了一些特别的定义。所有的转义符都用"\"开头,后面跟着一个字符来表示某个特定的含义,详见表 2.2。

表 2.2　转义符

引用方法	功　　能
\b	退格
\t	水平制表符 tab
\n	换行
\f	换页
\r	回车
\"	双引号
\'	单引号
\\	反斜线
\ddd	用八进制表示字符常量,如′\101′
\uxxxx	用十六进制表示字符常量,如′\u0047′

注意:八进制表示法只能表示′\000′~′\377′范围内的字符,即不能表示全部的 Unicode 字符,只能表示其中 ASCII 字符集的部分。

5. 字符串常量

字符串常量是用双引号括起的 0 个或多个字符序列,可以包括转义符和八进制/十六进制符号。例如:″Hello″、″My\nJava″、″How are you?″、″\u601d\233″。

Java 要求一个字符串一行内写完,若需要多于一行的字符串,则可以使用字符串连接操作符"+"把两个或更多的字符串常量串接在一起,组成一个更长的字符串。例如:″How do you do?″+″I'm fine.″。需要注意的是,在 C/C++中字符串是作为字符数组实现的,而 Java 中字符串是作为对象实现的。

【例 2.1】常量的应用示例。

```java
public class TestConstant {
    public static void main(String[] args){
        System.out.println("整型常量:" + 123456789);
        System.out.println("长整型常量:" + 6532898645L);
        System.out.println("float 常量:" + 7.4739374612e10f);
        System.out.println("double 常量:=" + 3.1415926);
        System.out.println("字符型常量:" + '\t' + '常' + '\t' + '量');
        System.out.println("字符串常量:" + "\t Java 常量练习");
        System.out.println("布尔型常量:" + true + "," + false);
    }
}
```

上述程序运行结果如图 2.1 所示。

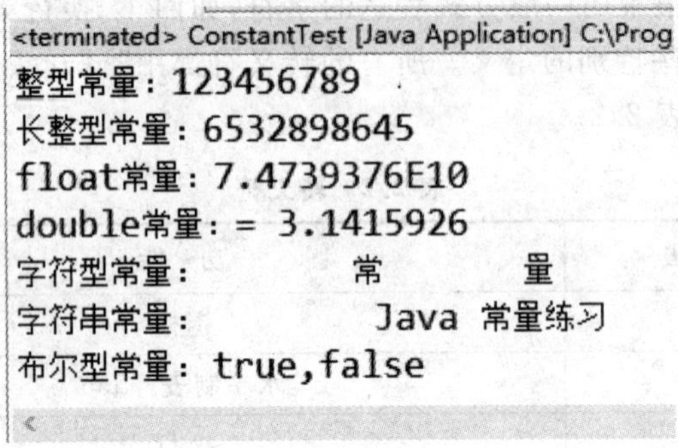

```
<terminated> ConstantTest [Java Application] C:\Prog
整型常量：123456789
长整型常量：6532898645
float常量：7.4739376E10
double常量：= 3.1415926
字符型常量：      常      量
字符串常量：      Java 常量练习
布尔型常量：true,false
```

图 2.1　例 2.1 运行结果

2.3.2　变量

Java 中数据类型分为基本数据类型和引用数据类型两种,相应地,变量也有基本类型与引用类型两种。前面介绍的 8 种基本数据类型的变量称为基本类型变量,而类、接口、数组是引用类型变量。这两种类型变量的结构和含义不同,系统对它们的处理也不同。

1. 两种类型变量结构和含义不同

1)基本类型变量

基本数据类型变量只包含单个值,这个值的长度和格式符合变量所属的数据类型的要求,可以是一个数字、字符或布尔值,如图 2.2(a)所示。例如一个 int 型值是 32 位二进制补码格式的数据,而一个 char 型值是 16 位的 Unicode 字符格式的数据等。

2)引用类型变量

引用类型变量的值与基本类型变量的值不同,变量值是指向内存空间的地址(引用)。所指向的内存空间存放着变量所表示的一个值或一组值,如图 2.2(b)所示。

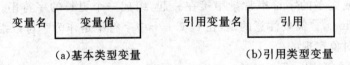

(a)基本类型变量   (b)引用类型变量

图 2.2　基本类型变量与引用类型变量内存结构

2. 两种类型变量声明不同

基本类型变量声明时,系统直接给它分配了数据存储空间。因此程序可以直接操作该空间对变量进行初始化。例如:

```
int a;  //声明变量 a 的同时系统给其分配了存储空间
a = 10;
```

引用类型变量在声明时,系统只给它分配一个引用空间,而数据空间未分配。因此,引用类型变量声明后不能直接使用,必须通过实例化开辟数据空间,才能对变量所指向的对象进行访问。例如表示坐标点的类 MyPoint,包含 X 和 Y 两个成员变量,分别表示 X 坐标和 Y 坐标,它的引用类型变量 p 创建和实例化过程如下:

```
1   MyPoint p;
2   p = new MyPoint();
```

系统执行第一条语句,将给 p 变量分配一个引用空间,如图 2.3(a)所示。第二条语句分为两步执行,首先执行 new MyPoint(),给变量 p 开辟数据空间,如图 2.3(b)所示,然后再执行赋值操作,将数据空间的首地址存入变量 p 中,如图 2.3(c)所示。

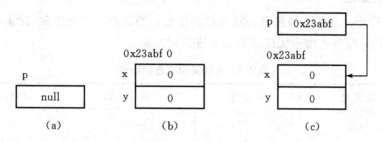

图 2.3　引用类型变量的声明及实例化过程

3. 变量赋值

基本类型变量之间的赋值是数值的复制,是将一个变量存储空间的数值复制到另一个变量的存储空间。引用类型变量之间的赋值是引用(地址)的复制。例如,执行下列语句后,内存的布局如图 2.4 所示。

```
MyPoint p1,p2;
p1 = new MyPoint();
p2 = p1;
```

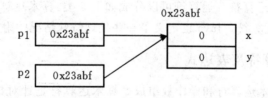

图 2.4　引用类型变量的赋值

4. 变量的作用域

Java 中所有的变量都有一个作用域,这个作用域定义了它们的可见性和生命周期。变量按照作用域可分为局部变量、类成员变量、方法参数和异常处理参数。

(1)局部变量。在一个方法或由一对{}表示的代码块内定义的变量称为局部变量,有时也称为自动变量、临时变量或堆栈变量。局部变量的作用域是所在方法或代码块,当程序执行流进入所在方法或代码块时创建,在方法或代码块退出时消亡,因此也称为自动变量或临时变量。

(2)方法参数。方法参数定义了方法调用时传递的参数,其作用域就是所在的方法。当方法被调用时创建方法参数变量,而在方法运行结束时,这些变量消亡。

(3)异常处理参数。异常处理参数是 catch 语句块的入口参数。这种参数的作用域是 catch 语句后由{}表示的语句块。

(4)类成员变量。在方法外进行声明且属于一个类的定义体的变量称为类的成员变量。

类成员变量的作用域是整个类,具体可以有两种类型。第一种是用static关键字声明的类变量,该变量在类加载时创建并且只要所属的类存在,该变量就将一直存在。声明中没有static关键字的变量称为实例变量。实例变量在调用类的构造方法(new XXX())创建实例对象时创建,并且只要有引用指向变量所属的对象,该变量就将存在。

5. 变量的初始化

在Java程序中。变量在使用前必须经过初始化。当创建一个对象时,对象所包含的实例变量在存储空间分配后就由系统按照表2.3进行初始化。

表 2.3　各种类型变量初始值

变量类型	初始值	变量类型	初始值
byte、short、int long	0 0L	boolean char	false '\u0000'
float double	0.0f 0.0d	引用类型 (类、接口、数组)	null

因此,类成员变量的初始值是系统自动进行初始化的,而局部变量必须在使用前由用户显式地赋初值进行初始化,否则编译器就会产生编译错误。

2.4　运算符与表达式

Java提供了丰富的运算符。运算符可以分成如下5类:算术运算符、关系运算符、逻辑运算符、位运算符和赋值运算符。Java也定义了一些处理特殊情况的附加运算符。

2.4.1　算术运算符及表达式

算术表达式是由算术运算符和操作数组成。算术运算符是针对数字类型(整型和浮点类型)操作数进行的运算。根据操作数个数的不同,算术运算符可以分为双目运算符和单目运算符两种。

1. 双目运算符

有两个操作数的运算符称为双目运算符。双目运算符共有5种,如表2.4所示。

表 2.4　双目算术运算符

运算符	运算	用法	功能
＋	加	a+b	求a与b相加的和
－	减	a−b	求a与b相减的差
*	乘	a*b	求a与b相乘的积
/	除	a/b	求a除以b的商
%	取余	a%b	求a除以b所得的余数

　　算术运算符的操作数除了数字类型,也可以是 char 类型,因为 Java 中的 char 类型,本质上是 int 类型的一个子集。此外,两个整数类型的数据做除法时,结果是取整;若希望保留小数部分,则将操作数之一强制转换为浮点类型。例如 1/2 的结果是 0,而 ((float)1)/2 的结果是 0.5。Java 中取余运算可以应用于浮点类型和整型,而 C/C++ 中取余运算仅适用于整型。另外"+"运算符还可以用来连接字符串。

2. 单目运算符

　　只有一个操作数的运算符是单目运算符。单目运算符共有 3 种,如表 2.5 所示。

表 2.5　单目算术运算符

运算符	运算	用法	功能等价
++	自增	a++或++a	a=a+1
--	自减	a--或--a	a=a-1
-	求相反数	-a	a=-a

　　单目运算符中的自增和自减,其运算符的位置可以在操作数的前面,也可以在操作数的后面。当单目运算的表达式位于一个更复杂的表达式内部时,单目运算符的位置将决定单目运算与复杂表达式二者执行的先后顺序。如下面的语句:

```
int x = 2;
int y = (++x) * 3;
```

　　执行上述语句后 x 和 y 的值分别是:x=3,y=9。

　　若在上面的例子中,将++x 换为 x++,执行后 x 和 y 的值分别是:x=3,y=6。

　　可见,单目运算符的位置不同,虽然对操作数变量没有影响,但却会影响整个表达式的值。

2.4.2　关系运算符及表达式

　　关系运算符用来比较两个操作数的大小。关系表达式是由关系运算符和操作数组成的。关系运算符共有 6 种,如表 2.6 所示。

表 2.6　关系运算符

运算符	运算	用法	功能
==	等于	a==b	判断 a 是否等于 b
!=	不等于	a!=b	判断 a 是否不等于 b
>	大于	a>b	判断 a 是否大于 b
<	小于	a<b	判断 a 是否小于 b
>=	大于等于	a>=b	判断 a 是否大于等于 b
<=	小于等于	a<=b	判断 a 是否小于等于 b

　　关系表达式的结果是布尔型的,即"真"或"假"。关系运算符常用在控制语句和各种循环

语句的表达式中。Java 中的任何类型,包括整型、浮点型、字符和布尔型都可以使用"＝＝"或"！＝"来比较是否相等。但只有整数、浮点数和字符操作数可以比较大小。

2.4.3　逻辑运算符及表达式

逻辑运算符是针对布尔型操作数进行的。逻辑表达式是由逻辑运算符和操作数组成的,其结果仍然是布尔类型。一个或多个关系表达式可进行逻辑运算。逻辑运算符共有 6 种,即 5 个双目运算符和 1 个单目运算符,如表 2.7 所示。

表 2.7　逻辑运算符

运算符	运算	用法	运算规则
&	不短路与	x&y	x、y 都真时结果才为真
|	不短路或	x|y	x、y 都假时结果才为假
!	取反	！x	x 真时为假,x 假时为真
ˆ	异或	xˆy	x、y 同真或同假时结果为假
&&	短路与	x&&y	只要 x 为假则结果为假,不用计算 y,只有 x、y 都真时结果才为真
||	短路或	x||y	只要 x 为真则结果为真,不用计算 y,只有 x、y 都假时结果才为假

"&"和"|"称为不短路运算符,即无论第一个操作数的值是 true 还是 false,仍然求第二操作数的值,然后再做逻辑运算求出逻辑表达式的结果。

"&&"和"||"称为短路运算符,表达式求值过程中先计算运算符左边的表达式的值,若该值能决定整个逻辑表达式的值,则运算符右边的表达式被忽略而不执行。例如:

```
int   x = 3,  y = 5;
boolean  b = x > y&&x + + = = y - - ;
```

执行上述语句后结果为 x＝3,y＝5,b＝false。

若把上题中的"&&"换为"&",则运行结果为 x＝4,y＝4,b＝false。

2.4.4　位运算符及表达式

位运算是对整型操作数以二进制位为单位进行的操作。位运算表达式由位运算符和整型操作数组成。位运算符分为位逻辑运算符和位移位运算符,如表 2.8 所示。

表 2.8　位运算符

运算符	运算	用法	运算规则
∼	按位非	∼x	将 x 按比特位取反
&	按位与	x&y	将 x 和 y 按比特位做与运算
|	按位或	x|y	将 x 和 y 按比特位做或运算

续表 2.8

运算符	运算	用法	运算规则
ˆ	按位异或	xˆy	将 x 和 y 按比特位做异或运算
>>	右移	x>>a	x 各比特位右移 a 位
<<	左移	x<<a	x 各比特位左移 a 位
>>>	不带符号的右移	x>>>a	x 各比特位右移 a 位 左边的空位一律填 0

注意：

(1)Java 中使用补码来表示二进制数。因此移位运算都是针对整数的二进制补码进行。

(2)右移运算中,右移 1 位相当于除 2 取商;在不产生溢出的情况下,左移 1 位相当于乘 2。而且移位运算实现乘除法的速度快于执行普通乘除法的速度。

例如:$-128>>2$ 结果是 $-128/2^2=-32$;　　　　$64<<2$ 结果是 $64*2^2=256$。

(3)">>"称为带符号右移。进行右移运算时,最高位用原来高位的值填充。">>>"称为无符号右移,进行右移运算时,无论被移位的数是正是负,最高位都用 0 填充。

例如:$1357=00000000,00000000,00000101,01001101$

　　　$-1357=11111111,11111111,11111010,10110011$

则

　　　$1357>>5=00000000,00000000,00000000,00101010$

　　　$-1357>>5=11111111,11111111,11111111,11010101$

　　　$1357>>>5=0000000,00000000,00000000,00101010$

　　　$-1357>>>5=00000111,11111111,11111111,11010101$

(4)逻辑运算符 &、| 、和位逻辑运算符 &、| 、相同。但在实际运算时,根据操作数的类型判断进行何种运算。若操作数是整型,则进行位逻辑运算;若操作数是布尔型,则进行逻辑运算。

2.4.5　赋值运算符及表达式

赋值表达式由变量、赋值运算符和表达式组成。赋值运算符用于将赋值符右边表达式的值赋给左边的变量,且该值是整个赋值表达式的值。赋值运算符分为赋值运算符(＝)和复合赋值运算符。在赋值运算符两边的类型不一致情况下,若左边变量类型兼容或匹配右边表达式的类型,则右边表达式的类型被转换为与左边变量相同的类型后赋值给左边变量;否则需要进行强制类型转换。例如:

```
byte b = 127;
int i = b;                 //自动类型转换
byte d = (byte)(b + c);    //强制类型转换
```

Java 还规定了 11 种复合赋值运算符,即在赋值运算符"＝"前加上其他运算符形成的复合赋值运算符,如表 2.9 所示。

表 2.9　复合赋值运算符

运算符	运算	用法	等价表达式
＋＝	加法赋值	x＋＝a	x＝x＋a
－＝	减法赋值	x－＝a	x＝x－a
*＝	乘法赋值	x*＝a	x＝x*a
/＝	除法赋值	x/＝a	x＝x/a
%＝	取余赋值	x%＝a	x＝x%a
&＝	按位(逻辑)与并赋值	x&＝a	x＝x&a
|＝	按位(逻辑)或并赋值	x|＝a	x＝x|a
ˆ＝	按位(逻辑)异或并赋值	xˆ＝a	x＝xˆa
＜＜＝	向左移位并赋值	x＜＜＝a	x＝x＜＜a
＞＞＝	向右移位并赋值	x＞＞＝a	x＝x＞＞a
＞＞＞＝	不带符号向右移位并赋值	x＞＞＞＝a	x＝x＞＞＞a

2.4.6　其他运算符及表达式

1. 三目条件运算符

Java 中定义了一个特殊的三目运算符。它的用法与 C 语言完全相同,使用形式是 x? y: z。其规则是,先计算表达式 x 的值,若 x 为真,则三目条件表达式的值是表达式 y 的值;若 x 为假,则三目条件表达式的值是表达式 z 的值。

2. 括号与方括号

括号运算符"()"在某些情况下起到改变表达式运算先后顺序的作用;在另一些情况下代表方法或函数的调用。它的优先级在所有的运算符中是最高的。方括号运算符"[]"是数组运算符,它的优先级也很高,其具体使用方法将在后面介绍。

3. 对象运算符

对象运算符 instanceof 用来测定一个对象是否是某一个指定类或其子类的实例,如果是则返回 true,否则返回 false。

2.4.7　运算符的优先级与结合性

运算符的优先级决定了表达式中不同运算执行的先后顺序。如关系运算符的优先级高于逻辑运算符,x＞y&&! z 相当于(x＞y)&&(! z)。运算符的结合性决定了并列的相同运算的先后执行顺序。如对于左结合的"＋",x＋y＋z 等价于(x＋y)＋z,对于右结合的"!",!! x 等价于!(! x)。表 2.10 列出了 Java 主要运算符的优先级和结合性。

表 2.10　Java 主要运算符的优先级与结合性

优先级	描述	运算符	结合性
1	最高优先级	[]　.()	左/右
2	单目运算	-～　!　++　--　强制类型转换符	右
3	算术乘除运算	*　/　%	左
4	算术加减运算	+　-	左
5	移位运算	>>　<<　>>>	左
6	大小关系运算	<　<=　>　>=	左
7	相等关系运算	==　!=	左
8	按位与,逻辑与	&	左
9	按位异或运算	^	左
10	按位或,逻辑或	|	左
11	与	&&	左
12	或	||	左
13	三目条件运算	?:	右
14	简单、复合赋值	=　运算符=	右

2.5　数据类型转换

数据类型在定义时就已经确定了,但在实际应用中经常根据需要进行转换。Java 语言中,数据类型的转换有自动类型转换和强制类型转换两种方式。

1. 自动转换

自动类型转换又称为隐式转换。当把一种数据类型赋给另一种类型的变量时,如果两种类型是兼容的,且目标类型表示的范围比源类型的范围大,那么就会进行自动类型转换。数据类型之间的转换规则如图 2.5 所示。

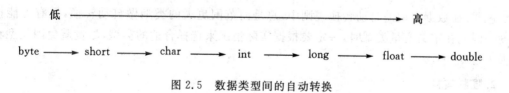

图 2.5　数据类型间的自动转换

在算术运算中,不同类型的数据先按照上述转换关系自动转换为同一类型,然后进行运算。转换规则如表 2.11 所示。

表 2.11　算术运算中操作数类型自动转换规则

操作数 1	操作数 2	转换后类型
byte 或 short	byte 或 short	int
byte、short 或 char	int	int
byte、short 或 int	long	long
byte、short、int 或 long	float	float
byte、short、int、long 或 float	double	double

【例 2.2】数据类型自动转换。

```java
public class TypeCastDemo {
    public static void main(String[] args) {
        byte b1 = 23,b2 = 30;
        int i = b1 + b2;            //若 b1 + b2 赋值给 byte 变量会提示类型不匹配
        long lg = Long.MAX_VALUE;   //长整型的最大值
        float f = lg;               //将长整型的值赋值给单精度
        System.out.println("i = " + i);
        System.out.println("lg = " + lg);
        System.out.println("f = " + f);
    }
}
```

在上述程序中两 byte 变量 b1 和 b2 求和之前都先自动转换为 int 类型,然后进行运算;将 long 型变量值赋值给 float 变量 f 时,结果会保留正确的量级,但精度上会有一些损失。运行结果如图 2.6 所示。

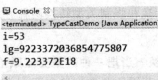

图 2.6　例 2.2 运行结果

说明:在数据类型的自动转换规则中,总是向范围更大的类型做自动转换,但有可能损失精度。因此在定义变量类型时,一定要根据实际情况来选择合适的类型,尽量避免因类型转换而损失精度。

2. 强制转换

尽管 Java 能够进行数据类型自动转换,但是它们并不能满足所有的要求。例如,将 int 型值赋给 byte 型变量,由于 byte 型的范围比 int 型小,转换不能自动执行。这时编译器需要程序员通过强制类型转换方式确定这种转换。

Java 通过强制类型转换将一表达式类型强制转换为某一指定类型,其一般格式为

```
(type)expression
```

例如：int m＝(double)3.1415；

引用类型变量也可以进行类型间的转换，将在后续章节中讲解。但要注意基本数据类型与引用类型变量之间不能相互转换。

2.6　程序控制语句

程序控制语句用来控制程序中各语句的执行顺序，是程序中非常关键和基本的部分。Java 的程序提供了 4 类控制语句。

选择语句：允许程序基于表达式结果或变量状态选择不同的执行路径。包括 if 语句和 switch 语句。

循环语句：使程序能够重复执行一条或多条语句。包括 while、do...while 语句和 for 语句。

跳转语句：允许程序以非线性的方式执行。包括 break 语句、continue 语句、标签语句、return 语句。

异常处理语句：保证程序在运行过程中遇到不正常情况仍能继续运行。包括 try catch finally 和 throw 语句。

下面详细讨论前 3 种程序控制语句，异常处理语句将在后续章节中专门介绍。

2.6.1　选择语句

Java 语言提供了 if 语句和 switch 语句两种选择结构控制语句，这两种语句根据条件决定执行的代码块。

1. if 语句

if 语句是选择控制基本语句，它根据条件表达式的结果有选择地执行不同语句块，分为基本 if 语句、if...else 语句和 if...else if...else 语句三种。

1）基本 if 语句

基本 if 语句格式为：

```
if(条件表达式){
      语句块；
  }
```

if 语句含义：当条件表达式为 true，将执行语句块，否则执行 if 语句后面的其他语句。另外，如果语句块只有一条语句，则可省略"{}"。该语句执行流程如图 2.7 所示。

2）if...else 语句

if 语句只能在条件表达式为 true 的情况下执行语句块。若要在条件表达式为 false 时执行其他语句，则需要采用 if...else 语句。if...else 语句格式为：

```
if(条件表达式){
      语句块；
  }else{
      语句块；
  }
```

if…else 语句含义:若条件表达式为真,则执行 if 分支的语句块;否则执行 else 分支的语句块。执行流程如图 2.8 所示。

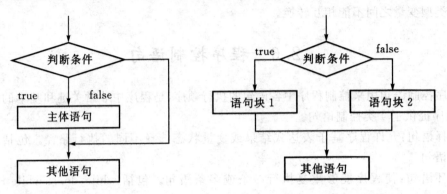

图 2.7　if 语句执行流程　　　　　图 2.8　if…else 语句执行流程

3)if…else if…else 语句

在实际应用中,有时需要根据多个不同条件来选择执行不同语句块,这时需采用 if…else if…else 语句。该语句格式为:

```
if(条件表达式)
    语句块 1;
else if(条件表达式)
    语句块 2;
    ⋮        //n 个 else if 语句
else{
    语句块 n+1;
    }
```

if 语句自顶向下开始执行。只要有一个 if 的条件为真,就执行与该 if 相关联的语句,其余的部分被跳过。若没有一个 if 的条件为真,则执行最后的 else 语句。该语句的执行流程如图 2.9 所示。

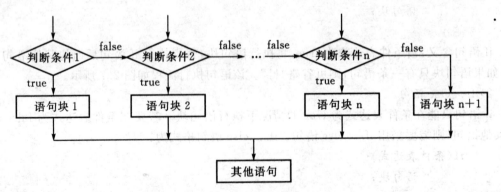

图 2.9　if…else if…else 语句执行流程

【例 2.4】使用 if... else if... else 语句决定某月份属于哪个季节。

```
public class IfElseTest{
    public static void main(String[] args){
        int month = 4;
        String season;
        if((month = = 12)||(month = = 1)||(month = = 2))
            season = "冬季";
        else if((month = = 3)||(month = = 4)||(month = = 5))
            season = "春季";
        else if(month = = 6||month = = 7||month = = 8)
            season = "夏季";
        else if(month = = 9|month = = 10||month = = 11)
            season = "秋季";
        else
            season = "Bogus Month";
        System. out. println(month + "月是" + season + "。");
    }
}
```

上述程序运行结果：

4 月是春季

2. switch 语句

在处理多重选择时，有时候使用 if... else if 语句会使程序结构显得比较复杂。Java 语言提供了 switch 开关语句实现多重选择，该语句使程序多重条件判断结构清晰，容易阅读。其语法格式为：

```
switch(表达式){
    case 判断值 1:语句块 1;[break;]
    case 判断值 2:语句块 2;[break;]
                  ⋮
    case 判断值 n:语句块 n;[break;]
    [default:        语句块 n+1   ]
}
```

switch 语句先计算表达式的值，然后根据表达式的值从上到下依次检测是否符合 case 的判断值，若某个 case 的判断值符合表达式的值，将执行该 case 所包含的语句，直到 break 语句后才退出 switch 语句；若 case 语句没有包含 break 语句，则会从匹配的 case 语句顺序执行到 switch 语句结束；若所有 case 语句的判断值都不符合，则执行 default 所包含的语句，然后退出 switch 语句。而 default 是可选的，在其不存在的情况下，则直接退出 switch 语句。

使用 switch 语句时，需注意几个问题：

（1）switch 语句中选择表达式只能是整数类型（除 long 类型）或字符类型或枚举类型的数据，但是 JDK1.7 后 switch 也支持 String 类型的数据。

（2）同一 switch 语句中不存在具有相同判断值的两个 case 分支。case 语句中判断值的类型必须和表达式值的类型兼容。

（3）每个 case 判断都只负责指明流程分支的入口点，而不负责指定分支的出口点。

（4）break 是流程跳转语句，它定义了各分支的出口，是可选的。

【例 2.5】switch 语句示例。

```java
public class SwitchDemo {
    public static void main(String[] args) {
        int x = 10, y = 50;
        int result = 0;
        char operator = '+';
        switch(operator){
        case '+':
            result = x + y;
            System.out.println(x + "+" + y + "=" + result);
        case '-':
            result = x - y;
            System.out.println(x + "-" + y + "=" + result);
        case '*':
            result = x * y;
            System.out.println(x + "*" + y + "=" + result);
            break;
        case '/':
            result = x/y;
            System.out.println(x + "/" + y + "=" + result);
            break;
        default:
            System.out.println("输入有误!");
        }
    }
}
```

上述程序运行结果为：

```
10 + 50 = 60
10 - 50 = -40
10 * 50 = 500
```

【例 2.6】使用 String 类型的 switch 语句示例。

```java
public classStringSwithTest {
    public static void main(String[] args) {
        String month = "冬季";
        switch(month){
```

```
        case"春季":
            System.out.println(month + ":春暖花开!");
            break;
        case"夏季":
            System.out.println(month + ":烈日炎炎!");
            break;
        case"秋季":
            System.out.println(month + ":硕果累累!");
            break;
        case"冬季":
            System.out.println(month + ":银装素裹!");
        }
    }
}
```

上述程序运行结果是：

冬季:银装素裹!

2.6.2　循环语句

在现实应用中,经常需要反复执行一段程序代码,这种情况则需要利用循环语句。Java语言提供了 while 语句、do-while 语句和 for 语句共三种循环语句,其中 while 和 do...while 用于事先不知道循环次数的情况,而 for 语句一般用于事先知道循环次数的情况。

1. while 语句

当程序执行时不能确定循环体语句块的执行次数时,采用 while 语句。其语法格式如下：

```
    while(条件表达式){
            循环体语句块
    }
```

其中条件表达式的返回值为布尔型。while 语句的执行过程是先判断条件表达式的值,若为真,则执行循环体,循环体执行完之后转向条件表达式再作计算与判断;当计算出条件表达式为假时,跳过循环体执行 while 后面的语句。while 语句的执行流程如图 2.10 所示。

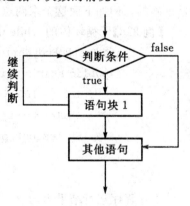

图 2.10　while 语句执行流程

【例 2.7】while 语句示例。

```
class TestWhile{
    public static void main(String[] args) {
        int i = 5;
        while(i>0){
            System.out.println("i = " + i);
```

```
        i - - ;
      }
    }
  }
```

上述程序运行结果如图 2.11 所示。

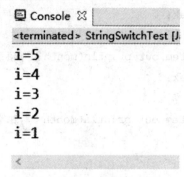

图 2.11 例 2.7 运行结果

由于 while 循环在一开始就计算条件表达式,如果条件在开始时就为假,则循环体将不会执行。例如,在下面的代码片段中,对 println()的调用将永远不会执行:

```
int a = 10,b = 20;
while(a>b)
    System.out.println("这条语句不会被执行!");
```

while 循环体可以为空。这是因为在 Java 中空语句(仅由一个分号组成的语句)在语法上是正确的。例如下面这个求两点之间中间点的程序:

【例 2.8】无循环体的 while 语句。

```
class TestNoBodyWhile{
    public static void main(String[] args) {
        int i = 100,j = 200;
        while( + + i< - - j);
        System.out.println("中间点是" + i);
    }
}
```

上述程序运行结果为:

中间点是 150

2. do...while 语句

do...while 语句是另一种事先不知道循环次数的循环语句。其语法格式如下:

```
do{
    循环体语句块
}while(条件表达式);
```

do...while 语句与 while 语句相似,但它的循环体将至少被执行一次,再判断条件表达式。若表达式的值为真,则重复执行循环体,否则终止循环。do...while 语句的执行流程如

图 2.12 所示。

例如,下面的代码中 println()语句将会执行。

```
int a = 10,b = 20;
do{
    System.out.println("这条语句会被执行!");
}while(a>b)
```

3. for 语句

for 语句是 Java 语言三种循环语句中功能较强的一种,常用于循环次数明确的情况。其语法格式如下:

```
for(初值表达式;循环判断条件;循环过程表达式){
    循环体语句块
}
```

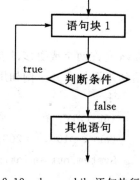

图 2.12　do...while 语句执行流程

其中初值表达式完成初始化循环变量和其他变量的工作;循环判断条件用来判断循环是否结束;循环过程表达式用来修整循环变量,改变循环条件。

for 语句的执行过程:(1)第一次进入 for 循环时,首先计算初值表达式,完成循环变量初始化工作;(2)根据循环判断条件决定是否继续执行循环,若判断条件为 true,则执行循环体;判断条件为 false,则结束循环,执行循环后其他语句;(3)执行完循环体后,执行循环过程表达式并修改循环条件,然后再回到步骤(2)重新判断是否继续执行循环。for 语句的执行流程如图 2.13 所示。

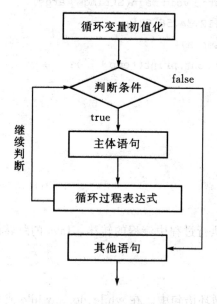

图 2.13　for 语句执行流程

【例 2.9】for 语句示例。

```
class TestFor{
    public static void main(String[] args) {
        for(int i = 5;i>0;i--)
```

```
                System.out.println("i = " + i);
        }
}
```

Java 允许两个或更多的变量控制 for 循环,即循环的初始和迭代部分可以包括多条语句,每条语句用逗号分开。例如用包含两个控制变量的 for 语句对例 2.8 进行改写。

```
        ⋮
    int i,j;
    for(i = 100,j = 200;i<j; + + i, − − j);
    System.out.println("中间点是" + i);
        ⋮
```

Java 中的 for 语句还有一种增强型的特殊用法,用于遍历数组或集合中的每一个元素,其语法格式如下:

```
    for(数据类型  变量:数组/集合名)  {
            循环体;
    }
```

其中"数据类型 变量"用于声明一个接收数组/集合中元素的变量,数据类型与数组/集合中的元素类型兼容。

【例 2.10】利用增强的 for 语句遍历数组中的元素。

```
    public class TestSpecialFor {
                public static void main(String[] args) {
                int a[] = {12,34,56,67};
                for(int temp:a){
                        System.out.print(temp + " ");
                }
        }
}
```

上述程序运行结果为:

```
    12 34 56 67
```

2.6.3 跳转语句

跳转语句用来实现程序执行过程中流程的转移。Java 的跳转语句有三种:continue 语句、break 语句和 return 语句。

1. continue 语句

continue 语句只能用在循环语句中。在 while、do...while 或 for 循环中,continue 语句作用是跳过当前循环的剩余语句,执行下一次循环,当然在执行下次循环前要判定循环条件是否满足。它有两种形式:不带标签和带标签。

不带标签的 continue 语句跳过最内层的循环,并开始执行最内层循环的的下一次循环。下面例子是用不带标签的 continue 语句求 10 以内奇数的和,for 循环从 1 到 10 依次判断,若是偶数,则用 continue 跳到 i++语句,然后判断下一个数;若是奇数则累计求和。

【例 2.11】不带参数的 continue 语句示例。

```
public class TestContinue {
    public static void main(String[] args){
        int sum = 0;
        String s = "";
        for(int i = 1;i<10;i++){
            if(i%2 = = 0)
                continue;
            sum = sum + i;
            if(i = = 9)
                s = s + i;
            else
                s = s + i + "+";
        }
        System.out.println(s + "=" + sum);
    }
}
```

上述程序运行结果为：

```
1 + 3 + 5 + 7 + 9 = 25
```

带标签的 continue 语句即 continue 标签名，结束由标签所指外层循环的当前循环，开始执行该循环的下一次循环。标签名通常定义在程序中外层循环语句的前面，用来标识该循环结构。标签的命名应该符合 Java 标识符的规定。下面的例子是用带标签的 continue 语句查找 1~100 之间的素数，若找到整数 i 的一个因子 j，则说明该 i 不是素数。程序将跳过本次循环剩余的语句直接执行 next 标签的外循环的下一次循环，检查下一个数是否是素数。

【例 2.12】带参数的 continue 语句示例。

```
public class TestContinueLable {
    public static void main(String[] args){
        int i,j,k = 1;
    next: for(i = 2;i<100;i++){
            for(j = 2;j< = i/2;j++){
                if(i%j = = 0)
                    continue next;
            }
            if(j>i/2){
                System.out.print(i+" ");
                if(k%5 = = 0)      //用 k 来控制每行输出 5 个素数
                    System.out.println();
                k++;
            }
```

```
            }
        }
    }
```

上述程序运行结果如图 2.14 所示。

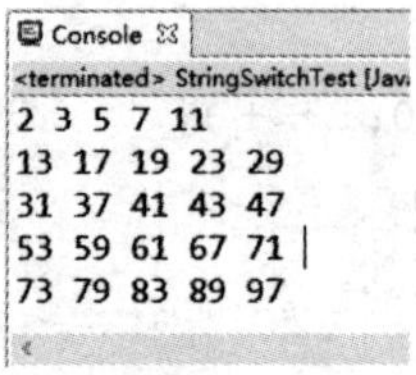

图 2.14　例 2.12 运行结果

2. break 语句

break 语句的作用是使程序的流程从一个语句块内部跳转出来。如从 switch 语句的分支中跳出，或从循环体内部跳出。break 语句也有两种形式：不带标签和带标签。

不带标签的 break 语句从它所在的 switch 分支或最内层的循环体中跳转出来，执行分支或循环体后面的语句。下面的例子是在数组中利用 for 循环搜索指定的值，若找到指定的值，则结束 for 循环，并输出找到的值。

【例 2.13】不带参数的 break 语句示例。

```java
public class TestBreak {
    public static void main(String[] args){
        int arrayInt[] = {12,34,54,24,67,89};
        int searchInt = 67;
        int i = 0;
        boolean flag = false;
        for(;i<6;i++){
            if(arrayInt[i] == searchInt){
                flag = true;
                break;
            }
        }//end for
        if(flag){
            System.out.println("Found" + searchInt + "at index" + i);
        }else{
            System.out.println(searchInt + "not in the array.");
        }
    }
}
```

上述程序运行结果为：

Found 67 at index 4

带标签的 break 语句将结束由标签指定的循环的执行，程序进入该循环后面的语句。下面的例子是用带标签的 break 语句在一个二维数组中搜索指定值。

【例 2.14】带参数的 break 语句示例。

```java
public class TestBreakLable {
    public static void main(String[] args){
        int intarray[][] = {{23,54,67,23},{43,21,65,98},{66,88,74,91}};
        int searchdata = 21;
        int i = 0,j = 0;
        boolean searched = false;
        search:for(;i<intarray.length;i++){
            for(j = 0;j<intarray[i].length;j++){
                if(intarray[i][j] == searchdata){
                    searched = true;
                    break search;
                }
            }
        }
        if(searched)
            System.out.println("在二维数组的第" + i + "行第" + j + "列找到数据
                                " + searchdata);
        else
            System.out.println("数据" + searchdata + "不在数组中");
    }
}
```

上述程序运行结果为：

在二维数组的第 1 行第 1 列找到数据 21

3. return 语句

return 语句的一般格式是：

```
return [表达式];
```

return 语句用来使程序流程返回到调用它的方法,表达式的值就是方法的返回值。Java 中对于一个方法,不论有无返回值都可以包含 return 语句。若方法有返回值,则 return 语句必须包含表达式,且表达式的类型与返回值类型相兼容;若方法无返回值(即返回值类型为 void),方法中可以不包含 return 语句,当包含 return 语句(不带表达式),则 return 只将程序控制返回到调用方法。下例中,在 main()方法中包含有 return 语句,由于是 Java 运行系统调用 main(),因此执行 return 语句会使程序返回到 Java 运行系统。

【例 2.15】return 语句示例。

```java
public class ReturnTest {
    public static void main(String[] args) {
        boolean t = true;
        System.out.println("Before the return.");
```

```
        if(t)return;      //返回到 JVM
        System.out.println("This won't be executed.");
    }
}
```

上述程序的运行结果为：

```
Before the return.
```

2.7 数组

数组是具有相同类型的数据元素的集合，它是程序开发中应用非常普遍的一种数据结构。Java 中数组是引用型变量，一组相同类型的数据可以通过一个共同的变量名来引用。数组一旦被创建，它的大小、类型就保持不变。Java 语言的数组分为一维数组和多维数组。

2.7.1 一维数组

在 Java 语言中，使用数组必须经过数组声明、创建和初始化三个步骤。声明数组就是确定数组名、数组的维数和数组的类型。数组名是用户自定义标识符，数组的维数用方括号[]的个数来确定，数组的类型就是数组元素的数据类型，可以是基本数据类型，也可以是引用数据类型。创建数组就是为数组分配存储空间，也就是为数组元素分配存储空间。数组初始化就是对已分配存储空间的每个数组元素赋初值。

1. 一维数组的声明

一维数组的声明有两种语法格式：

- 数据类型   数组名[]；

  例如：int a[]；   Point p[]；

- 数据类型[]   数组名；

  例如：int[] a；   Point[] p；

声明数组仅仅是为数组指定了数组名和数组元素的类型，并给该数组变量分配了一个可用来引用该数组的引用空间，并没有为数组元素分配实际的存储空间。注意：声明数组时不能指定数组的长度。

2. 一维数组创建

数组创建就是为数组元素分配内存空间。Java 语言利用 new 运算符或静态初始化数组来为数组分配存储空间。

1）用 new 运算符创建数组

利用 new 创建数组不仅可以为数组元素分配所需的存储空间，同时还按照 Java 语言提供的默认初始化原则（参见表 2.3）对数组元素初始化。new 创建数组语法格式为：

       数组名 = new 数据类型[数组长度]；

例如，对已经声明的 int 数组 a 和 Point 类型数组 p，可利用下面语句创建数组元素的数据空间：

       a = new int[20]；   //创建包含 20 个 int 型元素的数组

```
p = new Point[10];      //创建包含 10 个 Point 类型对象引用的数组
```

为了书写简便,数组的声明和创建可以用一条语句完成。例如:

```
int a[] = new int[20];
Point[]p = new Point[10];
```

2)静态初始化创建数组

静态初始化创建数组是指在声明数组的同时给数组的每个元素赋一个初始值。其语法格式为:

　　　数据类型　数组名[] = {初始值列表};或数据类型[]　数组名 = {初始值列表};

例如:

```
char s[] = {´a´,´b´,´c´,´>´};
```

上述语句中,每个 char 占用 2 B 存储空间,s 数组有 4 个元素,所以系统给 s 分配的是 2 * 4＝8 B 的连续存储空间。

说明:

(1)因为数组属于引用类型,所以一维数组的声明也可以采用"数组类型　数组名[]＝null"的形式。赋值为 null 表示还没有指向任何存储空间,避免使用数组时出现错误。

(2)Java 为所有数组设置了一个表示数组元素个数的特定变量 length,它作为数组的一部分存储起来。在程序中可通过"数组名.length"格式获取指定数组的长度。

(3)声明数组并利用 new 运算符创建数组的存储空间分配过程如图 2.15 所示。数组名在栈内存分配存储空间,数组元素所需的存储空间使用 new 运算符在堆内申请内存空间。在创建数组后,系统会对每个数组元素进行默认初始化。

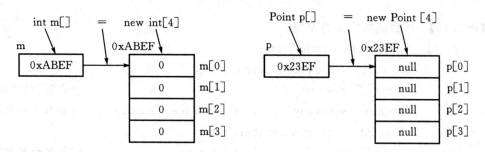

图 2.15　数组内存分配过程

3. 初始化数组

初始化数组就是在数组创建后,给每个数组元素赋初值。对于基本数据类型可直接赋值,类对象要调用其类的构造方法。例如:

```
int m[] = new int[4];
for(int i = 0;i<m.length;i + +){
    m[i] = i;
}
Point p = new Point[4];
for(int j = 0;j<p.length;j + +){
    p[j] = new Point(j,j);
```

}

上述语句执行后,数组 m 和 p 的内存分布如图 2.16 所示。

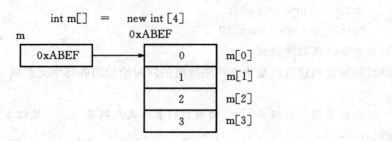

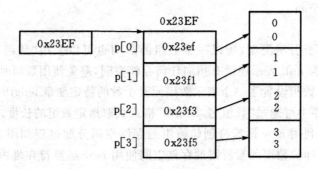

图 2.16 数组 m 和 p 初始化内存分布

【例 2.16】一维数组的定义与使用。

```java
public class TestOneDimenArray {
    public static void main(String[] args){
        int a[] = new int[10];                                    //声明、创建数组
        String[] strArray = {"China","America","Russia"};         //静态初始化数组
        for(int i = 0;i<a.length;i++)
            a[i] = i;                                             //数组初始化
        System.out.println("数组 a:");
        for(int i = 0;i<a.length;i++)
            System.out.print(a[i]+" ");
        System.out.println("\n 数组 p:");
        for(int j = 0;j<strArray.length;j++)
            System.out.print(strArray[j]+" ");
    }
}
```

上述程序运行结果如图 2.17 所示。

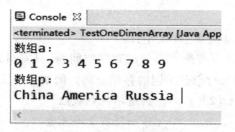

图 2.17　例 2.16 运行结果

2.7.2　多维数组

Java 中多维数组可以看作是数组的数组,即 n 维数组是 n−1 维数组的数组。下面以二维数组为例来说明多维数组的声明、创建和初始化。

1. 多维数组的声明

多维数组的声明格式与一维数组类似,只是要用多对[]表示数组的维数,一般 n 维数组要用 n 对[]。二维数组声明格式为:

数据类型　数组名[][][＝null];或　数据类型[][]　数组名[＝null];

例如 int a[][];或 int[][] a;

2. 多维数组的创建

多维数组的创建也是通过使用 new 运算符来为数组元素分配存储空间。创建的多维数组有规则和不规则两种。

1)规则数组创建

直接为每一维分配内存空间就可以构造规则多维数组。创建规则二维数组的格式为:

数组名＝new　数据类型[行数][列数];

利用 new 运算符为二维规则数组分配存储空间时,必须指定二维数组的行数与列数。其中"行数"说明创建的数组有多少行,"列数"说明创建的数组每行有多少列。例如:

```
double sc[][] = null;
    sc = new double[3][3];
```

上述语句执行后,规则二维数组 sc 的内存布局如图 2.18 所示。

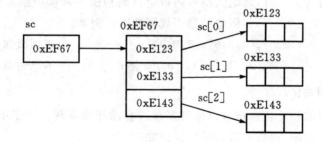

图 2.18　规则二维数组 sc 的内存布局

2)不规则数组创建

若是只指定了高维的长度而不给出最后一维的长度,则可以构造不规则数组。创建不规则二维数组的格式为：

　　　　数组名 = new　数据类型[行数][];

　　利用 new 运算符为二维不规则数组分配存储空间时，只需指定二维数组的行数，不指定列数；然后根据需要分别为每行创建不同的存储空间。例如：

```
int[][]p = new int[2][];      //构造不规则数组
p[0] = new int[2];            //第一行有 2 个元素
p[1] = new int[3];            //第二行有 3 个元素
p[2] = new int[4];            //第三行有 4 个元素
```

　　上述语句执行后，不规则二维数组 p 的内存布局如图 2.19 所示。

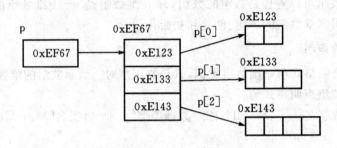

图 2.19　不规则二维数组 p 的内存布局

3) 静态初始化创建多维数组

　　静态初始化创建多维数组是指在声明多维数组的同时给每一维每一列的数组元素都赋一个初始值。二维数组静态初始化语法格式为：

　　　　数据类型　数组名[][] = {
　　　　{第 0 行初始值},
　　　　{第 1 行初始值},
　　　　　　　⋮
　　　　{第 n 行初始值},
　　　　};

　　其中一组大括号对应一行，每组大括号内指定行的初值。若每一组大括号指定的初值个数都相同，则创建规则数组；否则，创建的是不规则数组。例如：

```
int[][]n = {{1,2,3},{4,5,6},{7,8,9}};           //规则数组
char[][]s = {{'a'},{'a','b','c'},{'a','b'}};      //不规则数组
```

3. 多维数组的初始化

　　规则的多维数组的初始化操作可以通过多重嵌套循环来实现。对于不规则的多维数组，先为每一维分配存储空间，然后再进行赋值。例如：

```
int a[][] = new int[3][];
for(int i = 0;i<3;i++){
    a[i] = new int[(i+1)*2];   //每行分配(i+1)*2 个 int 存储空间
    for(int j = 0;j<a[i].length;j++)
```

```
        a[i][j] = i + j;            //数组元素赋值
    }
```

【例 2.17】二维数组的定义与使用。

```
public class TestMultiArray {
    public static void main(String[] args){
        int a[][] = new int[5][5];
        int b[][] = new int[4][];
        for(int i = 0;i<5;i + + )
            for(int j = 0;j<5;j + + )
                a[i][j] = i + j;            //数组元素值为数组下标的和
        for(int i = 0;i<4;i + + ){
            b[i] = new int[i + 1];          //每行分配 i + 1 个 int 元素
            for(int j = 0;j<i + 1;j + + )
                b[i][j] = i + j;
        }
        System.out.println("二维规则数组 a:");
        for(int i = 0;i<a.length;i + + ){
            for(int j = 0;j<a[i].length;j + + )
                System.out.print(a[i][j] + " ");
            System.out.println();
        }
        System.out.println("二维不规则数组 b:");
        for(int i = 0;i<b.length;i + + ){
            for(int j = 0;j<b[i].length;j + + )
                System.out.print(b[i][j] + " ");
            System.out.println();
        }
    }
}
```

上述程序运行结果如图 2.20 所示。

2.7.3　数组的复制

数组变量是引用类型,所以它们之间的赋值只是数组首地址的复制,不能实现数组之间数据的复制。例如:

```
int a[] = new int[3];
int b[];
b = a;
```

上述语句执行后,内存布局如图 2.21 所示。

若要实现数组之间数据的复制,可以使用 java.lang.System 类中的 arraycopy 方法。该

图 2.20　例 2.17 运行结果

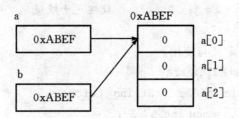

图 2.21　数组变量赋值示例

方法定义如下：

```
public static void arraycopy(Object source,int srcIndex,Object dest,int des-
tIndex,int length)
```

其中，source 表示源数组，srcIndex 表示复制源数组数据的起始位置，dest 表示目标数组，destIndex 表示目标数组中存放复制数据的起始位置，length 表示复制数据的个数。

【例 2.18】数组的复制。

```
public class TestArrayCopy {
    public static void main(String[] args){
        int s[] = new int[10];
        int d[];
        for(int i = 0;i<s.length;i + + )          //数组 s 初始化
            s[i] = i;
        d = s;                                    //数组变量赋值
        System.out.println("数组变量之间赋值后各数组的数据:");
        System.out.print("数组 s:");
        for(int i = 0;i<s.length;i + + )
            System.out.print(s[i]+"  ");
        System.out.print("\n 数组 d:");
        for(int j = 0;j<d.length;j + + )
            System.out.print(d[j]+"  ");
        for(int j = 0;j<d.length;j + + )          //修改数组 d 中各元素的值
            d[j] = j * 2 + 1;
        System.out.print("\n 修改数组 d 中各元素的值后,数组 s 随之变化:");
        System.out.print("\n 数组 s:");
        for(int i = 0;i<s.length;i + + )
            System.out.print(s[i]+"  ");
        System.out.print("\n 数组 d:");
        for(int j = 0;j<d.length;j + + )
            System.out.print(d[j]+"  ");
        d = new int[10];                          //重新创建数组 d
        System.arraycopy(s,0,d,0,10);
```

```
System.out.println("\n 数组之间利用复制方法后各数组的数据:");
System.out.print("数组 s:");
for(int i = 0;i<s.length;i + +)
    System.out.print(s[i] + "  ");
System.out.print("\n 数组 d:");
for(int j = 0;j<d.length;j + +)
    System.out.print(d[j] + "  ");
    }
}
```

在程序中,语句 d=s 是将数组 s 首地址赋值给数组 d,此时 s 和 d 都指向数组 s 所占用的存储空间,所以对数组 d 中元素修改也就是对数组 s 中元素修改。若要实现数组之间的数据复制,则必须创建两个不同的数组,通常目标数组大小不能小于源数组;然后使用系统类 System 的 arraycopy 方法完成两个数组之间的数据复制。

上述程序运行结果如图 2.22 所示。

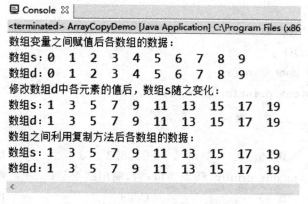

图 2.22 例 2.18 运行结果

小 结

本章详细介绍了 Java 语言的基础知识,包括 Java 的标识符、关键词、基本数据类型、变量、常量、表达式、各种运算符的使用、流程控制语句和数组的定义与使用。其中数据类型、运算符、流程控制语句和数组是本章的重点,而引用数据类型则是本章的难点。通过本章的学习,读者应该能够编写不涉及类的较为简单的 Java 程序,完成一些基本应用操作。

习 题

一、选择题

1.下列属于合法的 Java 标识符的是(   )。

A. "ABC"   B. &5678   C. +rriwo   D. saler

2.下列代表十六进制整数的是(   )。

A. 0123　　　　　　B. 1900　　　　　　　C. fa00　　　　　　　D. 0xa2

3. 设"x＝1,y＝2,z＝3",则表达式"y＋＝z－－/＋＋x"的值是(　　　)。

A. 3　　　　　　B. 3.5　　　　　　C. 4　　　　　　D. 4.5

4. (　　　)是规范的常量名称。

A. Min_Value　　　B. Min_value　　　　C. MIN_VALUE　　　D. min_Value

5. Java 语言中的关键字是(　　　)。

A. 标识符　　　　B. Java 保留使用的　　C. 区分大小写　　　D. B 和 C

6. 赋值运算符(＝)右侧的表达式总是在赋值发生之(　　　)进行。

A. 前　　　　　　B. 后　　　　　　C. 同一时刻　　　D. 以上都不对

7. Java 的字符类型采用的是 Unicode 编码方案,每个 Unicode 码占用(　　　)个比特位。

A. 8　　　　　　B. 16　　　　　　C. 32　　　　　　D. 64

8. 下面程序的输出结果是(　　　)。

```java
public class Test{
    public static void main(String args[]){
        int x,y;
        x = (int)56.3;
        y = (int)´A´;
        System.out.print(x);
        System.out.println("\t" + y);
    }
}
```

A. 56.3　A　　　B. 56　A　　　C. 56.3　65　　　D. 56　65

9. 执行语句 System. out. println(89＞＞1);后,输出结果是(　　　)。

A. 44　　　　　　B. 45　　　　　　C. 88　　　　　　D. 90

10. Java 程序书写格式的描述中,正确的是(　　　)。

A. 不区分字母大小写

B. 一个注释不可以分写在多行上

C. 每个语句必须以","作为结束符

D. 一行中可以既包含正常的 Java 语句,又包含注释

11. 下列关于用户标识符的叙述中正确的是(　　　)。

A. 用户标识符中可以出现下划线和中划线(减号)

B. 用户标识符中不可以出现中划线但可以出现下划线

C. 用户标识符中可以出现下划线,但不可以放在用户标识符的开头

D. 用户标识符中可以出现下划线和数字,它们都可以放在用户标识符的开头

12. 下列赋值语句不合法的是(　　　)。

A. int x＝12345;　　　　　　　　B. int x＝12345L;

C. double x＝3.14F　　　　　　　D. float x＝(float)3.14

13. 下面哪条语句能够正确生成 5 个空字符串?(　　　)

A. String a[]＝new String[5];for(int i＝0;i＜5;a[i＋＋]＝"　");

B. String[5] a；

C. String a[]＝new String[5];for(int i＝0;i＜5;a[i++]＝null)；

D. String a[5]；

14. 以下能正确定义二维数组并正确赋初值的语句是（   ）。

A. int n＝5,b[n][n]；

B. int a[][]；

C. int c＝[][];new int({1,2},{3,4})；

D. int d[][]＝{{1,2,3},{4,5}}

15. 下面程序代码运行后输出结果是（   ）。

```
public class test{
    public static void main(String args[]){
        int j = 0;
        for(int i = 0;i< =9;i+ + ,j+ = i);
        System. out. println(j);
    }
}
```

A. 45   B. 55   C. 50   D. 90

二、上机测试题

1. 编写程序输出乘法口诀表。

2. 设计一个程序,分别用 do... while 和 for 循环计算 1＋1/2! ＋1/3! ＋…的前 20 项的和。

3. 设计一个程序,求 1000 以内的所有完数并输出。（一个数如果恰好等于它因子之和,该数称为"完数"）

第 3 章 Java 面向对象编程

面向对象是 20 世纪发展起来的计算机软件开发方法,强调在软件开发过程中面向客观世界或问题域中的事物,采用人类在认识客观世界过程中普遍运用的思维方法,直观、自然地描述客观世界中的有关事物,是 21 世纪信息技术领域的重要理论之一。面向对象的方法是 Java 语言的核心思想,深入理解面向对象的程序设计方法,是学习和掌握 Java 语言的重要理论基础。本章简要介绍了面向对象的基本思想和基本特性,并在此基础上详细介绍了 Java 语言中类和对象的定义与使用,重点阐述了 Java 语言对面向对象三个基本特性的支持机制。

3.1　面向对象程序设计方法概述

3.1.1　面向对象问题求解的基本思想

计算机是人类为了解决现实世界的问题而发明的高级工具,而用于解决具体问题的计算机程序(或软件)是一组计算机能够理解并执行的指令,这些指令需要通过专门的程序设计语言来编写。这些程序设计语言将现实世界的问题通过抽象、关联和映射,转换到计算机能够理解的"机器世界"的问题模型。由于"机器世界"问题模型与"现实世界"问题域的结构之间存在着巨大的差异,这种转化和映射实际上是相当复杂的,导致程序的编写和维护也存在很大难度,这就迫使人们不断地研究各种程序设计方法来解决这些问题。

软件是问题求解的一种表述形式。显然,假如软件能直接表现人求解问题的思维方式(即求解问题的方法),那么软件不仅容易被人理解,而且易于维护和修改,从而会保证软件的可靠性和可维护性,并能提高公共问题域中的软件模块和模块重用的可靠性。面向对象方法的出发点和基本原则,是尽可能模拟人类习惯的思维方式,使开发软件的方法与过程尽可能接近人类认识世界、解决问题的方法与过程,也就是使描述问题的问题空间(也称为问题域)与实现解法的解空间(也称为求解域)在结构上尽可能一致。

现实世界是由各种各样具有自身运动规律和内部状态的对象所组成的,不同对象之间的相互作用和通信构成了完整的现实世界。因此,面向对象问题求解的基本思想就是以对象为基本元素,基于现实世界中的对象及其相互关系来构建问题空间中的问题模型。同样,在机器空间也引入对象的概念,在程序中建立对象并通过对象之间的互操作机制建立机器世界的问题模型,使现实世界的问题模型与机器世界的机器模型具有统一的表达,从而使问题得到了解决。这样程序员就可以根据面向对象的问题模型,容易地、完整地得到问题的面向对象的机器模型,从而使程序易于编写并且易于维护。

3.1.2　面向对象程序设计方法的内涵

1967 年挪威科学家 Ole-Johan Dahl 和 Kristen Nygaard 正式发布了 Simula 67 语言,Simula 67 被认为是最早的面向对象程序设计语言,它引入了所有后来面向对象程序设计语言所遵循的基础概念:对象、类、继承。19 世纪 70 年代,Alan Kay、Dan Ingalls 等人开发了 Smalltalk 语言,被公认为历史上第一个真正的集成开发环境(IDE),也是第一个成功的面向对象语言。Smalltalk 语言对近代面向对象编程语言影响很大,所以被称为"面向对象编程之母"。

Alan Kay 总结了 Smalltalk 的五个基本特性,这些特性了代表面向对象程序设计方法的基本内涵:

(1)万事万物皆对象。对象被当作一种新型的变量,它保存着数据,能对自己的数据进行操作,并且对外提供服务。理论上讲,可将待解决问题中所有概念性的组成,都定义为程序中的对象。

(2)程序是一系列对象的组合。对象之间可以相互传递消息,相互调用彼此的方法,共同实现系统的复杂功能。

(3)每个对象都有自己的存储空间,可容纳其他对象。也就是说,通过封装现有对象,可以构造出新型对象。所以,尽管对象的概念非常简单,但在程序中却可以构造任意复杂的对象。

(4)每个对象都有一种类型。根据语法,每个对象都是某个"类"的一个"实例"。其中,"类"(Class)是"类型"(Type)的同义词。一个类最重要的特征就是对外接口。

(5)同一个类的所有对象都能接收相同的消息。子类与父类属于"同一类型",它们可以接收相同的消息,因此可以向父类对象发送消息来统一控制所有子类对象的操作。例如类型为"圆"(Circle)的对象与类型为"形状"(Shape)的对象属于"同一类型","圆"的对象完全能接收"形状"对象的消息,所以程序代码可以统一指挥"形状"对象,令其自动控制所有与它"同一类型"的对象,其中也包括"圆"。这一特性被称为对象的"可替换性",也就是面向对象中的多态。

从上面对 Smalltalk 五个基本特性的分析,实际可以得出面向对象程序设计中的核心概念:对象、类、封装、继承和多态。

3.1.3　对象与类

"一切皆为对象",这是面向对象编程的核心思想,对象作为面向对象程序设计的核心概念,是理解面向对象技术的关键所在。在现实世界中,对象随处可见,从微小的细菌,到宏大的月球,所有的东西都是对象。它们都具备两个基本特征:状态和行为,用来描述该对象的特征和能力。例如每台电视机都有颜色、型号、尺寸等区别于其他对象的状态特征,同时还具有播放、转台、音量控制等特有的行为能力。面向对象程序设计中的对象是以现实世界中的对象为模型来构建的,也具有状态和行为,通常状态保存在一组变量中,而行为则通过方法(函数)来实现。因此面向对象程序设计中的对象实际是对现实对象的一种抽象表示,由描述状态的变量和描述行为的方法(函数)构成,并具有唯一的对象名。

对象的结构如图 3.1 所示,对象的变量被包裹在内部,一般对外不可见,只有通过对象的方法才能操作它们,因此变量与方法的界线为虚线。所有对象的方法都能访问该对象的变量和其他的方法,但并不都能与外部对象通信,有些方法只能在对象内部使用,无法被外部对象感知,因此它与外部的界线表示为实线;有些方法是对象与外部环境和其他对象交互、通信的接口,外界对象通过这些接口来驱动对象执行指定的行为,提供相应的服务,因此它对外的界线表示为虚线。

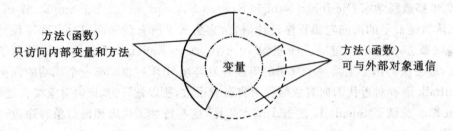

方法(函数)
只访问内部变量和方法

变量

方法(函数)
可与外部对象通信

图 3.1　对象的结构

现实世界中的对象多种多样,如此众多的对象应如何识别、称呼呢? 通常,我们会根据一些相同的特征和行为将对象进行分类,并用对象类型来称呼它们。比如我们每家都有电视机,有液晶的、有等离子的,各不相同,但它们都有相同的特征,例如显示屏、尺寸和型号等,都具备相同的行为,如播放节目、转换频道、调节音量等。虽然每一个对象(如电视机)的状态特征(如显示屏、型号等)各不相同,但因为其相同的特征和行为,都可以归结为同一对象类型(如电视)。因此,对象类型就是同种类型对象的集合与抽象。

现实世界中所有的对象都有类型,与之对应的计算机世界里的对象也有它的类型——"类"(Class)。类是面向对象程序设计中的基本概念,是一种用于定义对象类型的抽象数据类型,包含了该类对象所有共同的变量和方法。类定义后可以像基本数据类型一样创建变量(即引用),引用可以指向一个具体的类对象,然后通过该引用实现对象的操作。对象在创建时是以所属类为模板的,并在内存中为该类定义的所有变量和方法分配存储空间,一个对象就是类的一个实例,由于每个实例分配的存储空间不同,创建出来的对象也会各不相同。比如由电视类创建两个对象实例,一个可以是白色 30 寸液晶电视机,另一个却是黑色 50 寸等离子电视机。

在面向对象程序设计中,类是对象的创建模板(或原型),不能参与具体的操作;对象是类生成的具体实例,每一个对象都有一定的内存空间来存储它的属性和方法。所以在解决具体问题时,我们实际操作的是这些对象实例。关于类与对象的定义和使用,我们将在后面的章节中详细介绍。

3.1.4　基于类与对象的面向对象问题求解方法

面向对象方法在建立问题的现实世界模型与机器模型中使用相同的"对象"概念,使得机器世界的对象模型更接近于现实世界中的问题模型,从而本质上大大简化了两种模型之间的映射。因此面向对象的问题求解方法具有简单、有效、易实现、易维护等特点。

在面向对象的问题求解方法中,为了更准确、更便捷、更简单地实现空间转换,在"现实世界"和"机器世界"之间引入了"概念世界",如图 3.2 所示。在求解问题时,首先分析"现实世界"中的实体对象,并从这些对象中抽象出对象类型,并获得对象类型间的联系,建立求解问题的概念模型。这些概念模型可以利用一些专业的语言(如 UML 语言)进行描述,然后就可以进行概念模型到机器模型的转换。这一转换相对简单,只要选择好程序设计语言,直接将概念模型中的对象类型转换为具体语言(如 Java)中的类,并把对象类型间的联系转换为类之间的包含、继承等关系。机器模型是由计算机能够理解和处理的类组成的。将机器模型中的类实例化就可以得到与"现实世界"实体对应的"机器世界"对象,在程序中通过对这些对象的操作,来模拟"现实世界"中实体对象间的相互作用,解决"现实世界"中的问题。

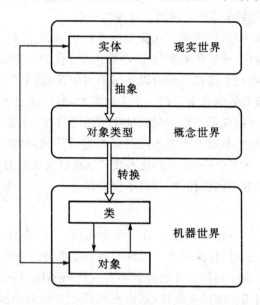

图 3.2　面向对象问题求解方法

　　面向对象方法这种新的解决问题的思路,使得我们能够以更接近于人类自然思维的方式来建立现实问题的机器模型,从而使面向对象方法开发的应用程序更易于设计、维护和扩展。

3.1.5　面向对象的特性

1. 封装与数据隐藏

　　图 3.1 的对象结构说明对象的全部状态(变量)和行为(方法)被紧紧地包裹在一个界限内,形成一个不可分割的独立单位。外界无法得知对象内部的细节,只能通过调用对象的公共方法提供的对外接口来实现对象的操作,获得对象的服务,而不必知道对象是如何实现这些服务的。只要对象的对外接口不变,无论对象内部如何增减、改变状态和方法,使用对象服务的程序都不需改变。这种将对象变量和方法实现细节包装、隐藏起来的方法被称为封装。

　　封装实现了数据与操作的整合,提高了程序的可重用性和可维护性。同时,封装还实现了数据的隐藏,减少了不当操作带来的负面影响。Java 语言的封装性较强,可以很好地实现对象数据的隐藏。但在实际应用中并非所有的内容都要这样紧密隐藏,有时也需要对象不同程度地对外暴露一些隐藏的变量或方法。面向对象的程序设计方法中提供了一种访问控制机制,通过不同的访问控制权限,可以将对象的数据以不同的程度开放。Java 语言定义了四种不同层次访问权限,分别是公有、私有、保护和默认,来实现对象不同程度的数据隐藏。

2. 继承

　　在现实世界中对象之间存在三种关系,分别是包含、关联和继承。在这三种对象关系中,继承关系是其中最重要的一种。继承是面向对象的重要特性之一,也是面向对象的另一重要特性——多态性的基础。

　　对象间的继承关系也是其所属类间的关系，如果甲类是乙类的特例，那么可以说甲类继承了乙类，乙类是甲类的父类，而甲类是乙类的子类。例如智能电视、3D 电视都是特殊的电视，因此电视是父类，而智能电视和 3D 电视都是电视的子类。

　　父子类之间具有继承关系，子类可以在父类的基础上进行定义。即每个子类都继承了其父类的状态（变量）和行为（方法），子类重用了父类中部分代码。更重要的是子类继承并具有父类的接口，使得发给父类对象的消息也可以被子类对象接收，子类对象可以当作父类对象使用。因为一般由类能够接收的消息来了解一个类的类型，所以这意味着子类和父类具有"相同的"类型。这种通过类之间的继承关系而得到的类型的等价性，是理解面向对象程序设计含义的关键之一。另外，在继承的基础上子类还能对父类进行扩充，增加自己新的变量和方法，更重要的是子类还可以利用重写（overriding）技术改变继承自父类的方法，这就意味着子类使用与父类相同的接口却能实现不同的操作，提供不同的服务。

3. 多态

　　多态是面向对象的重要特性，表现为"对外一个接口，内部多种实现"。Java 语言支持两种形式的多态：编译时多态和运行时多态。编译时多态主要通过重载（overloading）技术实现，在一个类中可以定义多个名字相同而参数列表和实现代码不同的方法，在编译时编译器会根据具体的参数形式确定调用相应的方法体，从而实现同一方法的不同实现。编译时多态是一种静态的多态，在编译时就能确定对象的使用形式。

　　运行时多态是在程序运行时动态产生的多态，它建立在类的继承体系上，通过类之间的继承、方法重写以及动态绑定来实现。父类定义对外统一方法，子类继承这些方法并根据自己的具体情况重写方法体。当通过父类的引用调用统一方法时，不需要在编译阶段考虑方法的具体实现，而是到执行时再根据父类引用指向的具体对象来执行子类重写的方法体，获得子类特殊的服务。这种运行时再将方法名与方法体绑定在一起的技术就称为动态绑定。Java 的运行时多态增强了软件的灵活性、重用性和可扩展性，使得程序更易于编写与维护。

3.2　类

3.2.1　类的基本结构

　　在 Java 中，类是实现封装的基本单位，包含成员变量和成员方法两种成分，分别表示类的属性和行为。类的成员变量可以是基本类型变量，也可以是引用类型变量。类的成员方法用于处理该类的数据（成员变量）。成员方法与其他语言的函数区别在于：(1)成员方法只能在类中定义；(2)调用类的成员方法实际上是进行对象之间或用户与对象之间的消息传递。

　　类定义的基本语法如下：

　　　　[public][abstract/final]class<类名>[extends<父类名>][implements 接口列表]{

　　　　　　[<成员变量>]

　　　　　　[<构造方法>]

[＜成员方法＞]

　　}

说明：

(1)类的定义分为两部分：类声明和类体。"[ ]"内的部分是可选的。

(2)大括号之前的部分是类声明，主要包含类的名字和修饰词。其中，public 表明类是公有访问类型，缺省则表示类是默认(包)访问类型；abstract 与 final 表示抽象类还是最终类，二者只能存在一个；extends 表示类继承了指定的父类；implements 表示类实现了接口列表中的所有接口。关于修饰符、继承和接口的具体说明和用法将在后面相关的章节中介绍。

(3)类声明后的"{ }"表示类体。类体中包含成员变量的声明、构造方法和成员方法声明和定义。其中成员变量用来描述类的状态，构造方法用来创建并初始化对象，成员方法则定义了类的所有行为。注意：成员变量和成员方法统称为类的成员，但构造方法不是类的方法，不能称为类的成员。

(4)类实现了封装与信息隐藏。一个类将数据及操作数据的方法结合为一个整体，实现了封装。封装的同时也最大限度地实现了信息隐藏。而信息的隐藏具体是通过限定类的成员的访问权限来实现的。Java 中类成员的访问权限有四种：私有、公有、保护和默认(包)权限，分别用修饰符 private、public、protected 以及无修饰符来表示。访问的权限不同，其信息隐藏的程度也不同。private 修饰符定义的成员属于类自身的私有成员，只有类内部的方法才能访问，属于对外完全隐藏的。其它三种访问权限的成员则可以在不同范围内对外开放，作为外界访问该类的接口。

图 3.3 用堆栈类 MyStack 说明定义类的基本结构。为了简便，该堆栈用整型数组表示。堆栈的成员变量定义为 private 类型，不允许外界直接访问。MyStack(int s)是类的构造方法，用来构造和初始化堆栈对象。push()、pop()和 isEmpty()方法是类的对外接口，分别实现了入栈、出栈和判断堆栈是否为空，并通过它们来间接访问成员变量。

3.2.2　成员变量

类的成员变量通常表示类所具有的属性，它是类内部所有方法共享的变量。它的声明与普通变量一样，包括变量类型和变量名，此外，还增加了许多可选的修饰符。这些修饰符赋予了成员变量一些特殊的属性。

成员变量的完整声明格式如下：

[public/protected/private][static][final][transient][volatile]数据类型变量名[= 初值]；

其中，修饰符 public、protected 和 private 限定了成员变量的访问权限；static 修饰符表示该变量为类变量，一个类变量在内存中只有一个存储空间，该类的所有对象实例都共享这个存储空间，没有 static 修饰的成员变量是实例变量，每一个对象都为实例变量开辟一个存储空间，所以不同对象相同变量的变量值可以不同；final 表示修饰常量，在程序运行中不能修改它的值，它常与 static 共同使用表示常量；transient 表示变量是临时变量，只在内存中存在，不随对象保存在外存中，系统默认变量(无 transient 修饰符)为类对象的永久变量，当对象保存到外存时，这些变量值必须同时保存；volatile 用来修饰多线程中的共享变量，系统会对这些变量采用更优化的控制方法以提高线程的并发执行效率。

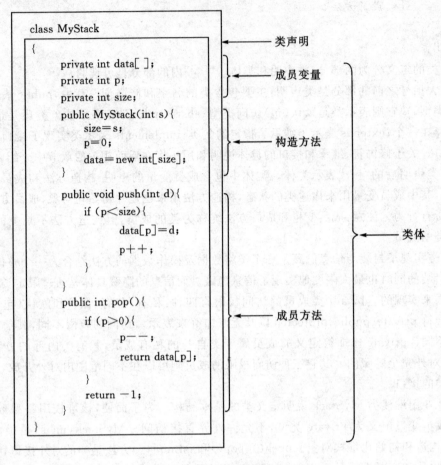

图 3.3　类定义结构

成员变量声明时可以显式地赋初值,也可以不赋值而由构造方法或成员方法来赋值。类成员变量的作用域是整个类体,类内所有的方法都能共享这些成员变量。

3.2.3　成员方法

类的成员方法定义了类的行为,类所有的功能都是通过成员方法来实现的。Java 类的成员方法与其他语言中的函数类似,是一段用来完成某种功能的程序代码。

1. 成员方法的定义

Java 中成员方法的定义与 C++相似,包括两部分:方法声明和方法体。它的完整定义格式如下:

[public/protected/private][static][abstract/final][native][synchronized]
<返回类型>方法名([参数列表])[throws<异常类列表>]{
　　<方法体>
　　}

说明:

(1)public、protected 和 private 限定了成员方法的访问权限;static 表示方法为类方法,类方法只处理 static 类变量，实例方法不需要 static 修饰符；abstract 表示方法为抽象方法，没有方法体；final 表示方法是最终方法，不能被子类重写；native 表示方法用其他语言实现；synchronized 表示方法是同步方法，用来控制多线程并发访问共享数据；throws 关键词声明方法可能抛出的所有异常。返回类型可以是 Java 任意数据类型，对于无返回值，返回类型为 void。

（2）方法体是方法的具体实现，它包括局部变量的声明和所有合法的 Java 语句。方法体内的局部变量和方法的参数，它们的作用域只在该方法的内部，当方法结束时，它们就不存在了。定义成员方法的局部变量与参数变量时尽量不要与类的成员变量同名，否则成员变量将在该方法中被隐藏，如果要操作成员变量，就必须用 this 关键词使其显露出来。

2. 成员方法的参数传递

在 Java 中，成员方法调用的参数传递方式有两种：传值和传引用。当方法的参数是基本数据类型时，采用传值方式，即方法调用时会新开辟一块内存空间，存放参数传过来的数值，方法处理的都是这一新空间的值，并不会影响原变量。当方法的参数是对象或数组等引用类型变量时，参数传递的是它们的引用（地址），即参数中存放的不是对象或数组的具体值，而是存放它们的首地址。这样，对新变量的操作实际上就是对原对象或数组的操作，所以原变量会随着新变量的变化而变化。

【例 3.1】参数传递示例。

```java
public class TestVarPass{
    private int m = 4;
    private int n = 3;
    public void changeInt(int x,int y){        //方法参数是基本数据类型
        int temp;
        temp = x;
        x = y;
        y = temp;
        System.out.println("changeInt 内数据交换后:x = " + x + ",y = " + y);
    }
        public void changeArray(int[] z){          //方法参数是数组
        int temp;
        temp = z[0];
        z[0] = z[1];
        z[1] = temp;
        }
    public void changeObject(TestVarPass ff){   //方法参数是对象引用
        int temp;
        temp = ff.m;
        ff.m = ff.n;
        ff.n = temp;
    }
    public static void main(String args[]){
```

```
        int[]c = new int[2];
        c[0] = 1;
        c[1] = 2;
        TestVarPass t = new TestVarPass();              //创建测试类对象
        //基本类型参数传递,观察变量值是否改变
        t.changeInt(c[0],c[1]);
        System.out.println("调用 changeInt 方法后:c[0] = " + c[0] + ",c[1] = " + c
        [1]);
        //引用类型参数,观察变量值是否改变
        t.changeArray(c);
        System.out.println("调用 changeArray 方法后:c[0] = " + c[0] + ",c[1] = " + c
        [1]);
        //引用类型参数传递,观察变量值是否改变
        System.out.println("调用 changeObject 方法前:f.m = " + t.m + ",f.n = " + t.n);
        t.changeObject(t);
        System.out.println("调用 changeObject 方法后:f.m = " + t.m + ",f.n = " + t.n);
    }
}
```

上述程序运行结果如图 3.4 所示。

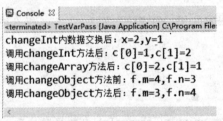

图 3.4 例 3.1 运行结果

在例 3.1 中,类 TestVarPass 声明了两个 int 成员变量、三个成员方法和 main()方法。
changeInt()方法的参数是基本数据类型,changeArray()方法和 changeObject()方法的参数
分别是整型数组和对象引用,都属于引用类型。在 main()方法中创建一个 TestVarPass 类对
象 t,分别来调用这三个方法,并输出调用后参数的值,以测试这两种传递方式对原变量的值
是否改变。

当调用对象 t 的 changeInt()方法时,系统会自动为形参 x 和 y 分配内存空间,并将 main
()方法中的实参 c[0]和 c[1]的值分别赋给 x 和 y,如图 3.5(a)所示。在 changeInt()方法内部
进行 x 和 y 值交换,如图 3.5(b)所示,此时输出 x 和 y 的值是交换后的 x = 2,y = 1。当
changeInt()方法结束时,参数 x 和 y 内存被释放。返回 main()方法后 c[0]与 c[1]的值还是
原来的值,并没有被改变。

当调用对象 t 的 changeArray()方法时,系统首先为方法形参数组变量 z 分配存储地址内
存空间,同时将 main()方法中已创建的实参数组变量 c 的值赋给 z,如图 3.6(a)所示。在
changeArray()方法中对 z[0]和 z[1]的交换操作实际就是对 c[0]与 c[1]的操作,如图 3.6(b)

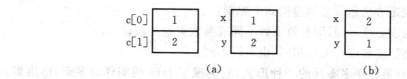

图 3.5　changeInt()方法的传值操作

所示,该方法结束后,数组变量 z 占用的存储空间被释放。返回 main()方法后 c[0]与 c[1]的值就是交换后的数值,如图 3.6(c)所示。

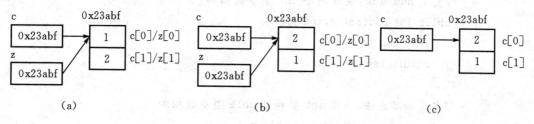

图 3.6　changeArray()方法的传引用操作

当调用对象 t 的 changeObject()方法时,系统首先为方法的对象引用 ff 分配存储地址空间,同时将已指向对象的对象变量 t 的值赋给 ff,如图 3.7(a)所示。在 changeObject()方法内部通过 ff 可修改所指向对象 f 的成员变量 m 和 n,如图 3.7(b)所示。当 changeObject()方法结束,对象变量 ff 已被释放。返回到 main()方法后 f 的两个成员变量的值是交换后的值,如图 3.7(c)所示。

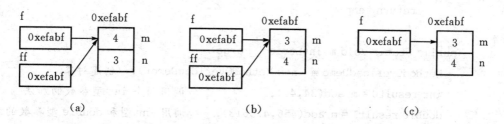

图 3.7　changeObject()方法的传引用操作

3.2.4　成员方法重载

有时候,可能需要在同一个类中定义几个功能相似但参数不同的方法。例如定义实现两个数相加的方法。因为加数的类型可能是两个 int 类型,两个 double 类型,或者 int 类型和 double 类型,所以需要为不同类型的加数单独编写方法。这样就需要定义三个功能相似而方法名不同的方法。这种定义方式不仅使方法数量增多,还降低了程序的可读性和易用性。

为此,Java 语言提供了方法重载(overloading)机制。方法的重载就是指在同一个类里面,有两个或两个以上具有相同名称、不同参数列表的方法。利用重载机制可将上述三个求两数相加的方法名都定义为 add。重载方法通常用来命名一组功能相似的方法,这样就可以减少方法名的数量,避免了名字空间的污染,又提高了程序的可读性。

重载的方法名都是相同的,但它们的参数列表必定不同,这样才能便于编译器区分不同的

方法体。因此,Java 规定方法重载必须遵循如下原则:

(1)方法的参数列表必须不同,即参数个数不同或参数类型不同;

(2)方法的返回类型或修饰符可以相同,也可以不同。

方法重载是面向对象程序多态性的一种形式,它实现了 Java 的编译时多态,即由编译器在编译时根据方法所用的参数类型和个数来确定具体调用哪个被重载的方法。

【例 3.2】方法重载加法计算示例。

```java
public class MethodOverloadDemo {
    //定义 add 方法,实现两个 int 型参数相加
    public int add(int x,int y){
        int temp = x + y;
        return temp;
    }
    //定义 add 方法,实现 int 型和 double 型参数相加
    public double add(int x,double y){
        double temp = x + y;
        return temp;
    }
    //定义 add 方法,实现两个 double 型参数相加
    public double add(double x,double y){
        double temp = x + y;
        return temp;
    }
    public static void main(String[] args) {
        MethodOverloadDemo m = new MethodOverloadDemo();//创建对象
        int result0 = m.add(34,45);             //调用两个 int 型参数的加法
        double result1 = m.add(456,4.5613);    //调用 int 型和 double 型参数的加法
        double result2 = m.add(3.14,45.6);     //调用两个 double 型参数的加法
        System.out.println(result0);
        System.out.println(result1);
        System.out.println(result2);
    }
}
```

例 3.2 程序运行结果如图 3.8 所示。从程序中可以发现 add()方法被重载了三次,而且每次重载时只有参数类型不同,所以在调用时,会根据参数的类型自动区分。

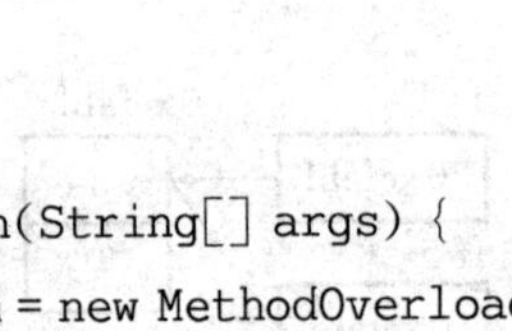

图 3.8　例 3.2 运行结果

3.2.5　构造方法

1. 构造方法的定义

构造方法是类中一种特殊的方法,主要是完成对类的对象初始化。构造方法的完整定义格式如下:

　　　[public/protected/private]　构造方法名　([参数列表]){
　　　[方法体]
　　　}

其中 public/protected/private 和没有访问修饰符(默认方式)构成了构造方法的四种访问方式,即哪些类对象能够创建该类的一个实例。其中 public 表示所有的类对象都能创建这个类的实例对象;protected 表示只有该类的子类或者与该类在同一类包中的类对象才能创建它的实例对象;private 表示没有任何类对象能创建该类的实例对象,只有通过它自身提供的 public 方法来创建它自己的对象实例;默认访问方式允许在同一个类包中的类对象创建该类的对象实例。

此外,构造方法还有许多不同于普通成员方法的地方,如:
(1)构造方法的方法名与类名相同;
(2)构造方法没有返回值;
(3)构造方法不能由用户直接调用,必须通过 new 关键词由系统自动调用。

2. 缺省的构造方法

缺省的构造方法是系统为没有定义构造方法的类自动添加的一种特殊的构造方法。这种缺省的构造方法没有参数,方法体也为空,它用各种数据类型的默认值来自动初始化对象的成员变量。各种数据类型的默认值参见第 2 章。

需要注意的是,缺省的构造方法是在类没有定义构造方法时系统自动添加的,一旦类中定义了构造方法,它就不添加了。如果类中没有定义无参的构造方法,而在程序中使用了无参的构造方法就会出现编译错误。所以为了避免此类错误,只要类中定义了构造方法,最好也要把无参的构造方法加上。

3. 构造方法的重载

构造方法与成员方法一样都可以重载,即定义参数列表不同的构造方法。构造方法重载的目的是实现对象的不同初始化,为类对象初始化提供方便。

【例 3.3】构造方法重载示例。

```java
public class ComplexNumber{
    private double realPart;         //定义实部
    private double imaginPart;       //定义虚部
    //无参数构造方法
    public ComplexNumber(){
        realPart = 0;
        imaginPart = 1;
    }
```

```java
        //带一个参数的构造方法
        public ComplexNumber(double i){
            realPart = 0;
            imaginPart = i;
        }
        //带两个参数的构造方法
        public ComplexNumber(double r,double i){
            realPart = r;
            imaginPart = i;
        }
        //以 a+bi 的形式返回复数数值
        public String toString(){
            if(imaginPart! = 0){
                if(realPart! = 0)
                    return realPart + " + " + imaginPart + "i";
                else
                    return imaginPart + "i";
            }else{
            return realPart + "";}
        }
        public static void main(String args[]){
                ComplexNumber a = new ComplexNumber();
                ComplexNumber b = new ComplexNumber(4);
                ComplexNumber c = new ComplexNumber(3,4);
                System.out.println(a.toString());
                System.out.println(b.toString());
                System.out.println(c.toString());
        }
    }
```

上述程序运行结果如图 3.9 所示。

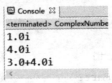

3.9　例 3.3 运行结果

3.2.6　this 关键词

this 表示指向当前对象自身的引用。在创建一个对象之后,由 Java 虚拟机自动将该对象地址分配给 this。this 具有如下功能:表示类中的成员变量;调用本类成员方法;调用本类的构造方法;表示指向当前对象。另外,静态方法中不能使用 this。

1. 区分局部变量和成员变量

在类中使用实例变量/方法时,变量/方法的引用方式实际上是:this. 变量名/方法名。一般情况下,为了简便可将 this 省略。但是,当成员方法或构造方法中的参数变量或局部变量与类的成员变量同名时,成员变量会被隐藏,即参与操作的是局部变量或参数变量。这时如果想访问类的成员变量,就必须用"this. 变量名"的方式来表示类的成员变量。

【例 3.4】this 区分变量示例。

```java
class Box{
    private double width;
    private double height;
    private double depth;
    public Box(double w,double h,double d){
        this.width = w;          //用 this.width 表示类的成员变量
        this.height = h;         //用 this.height 表示类的成员变量
        this.depth = d;          //用 this.depth 表示类的成员变量
    }
    public void print(double width,double height,double depth){
        System.out.println("类的成员变量 width:" + this.width);
        System.out.println("方法形参变量 width:" + width);
        System.out.println("类的成员变量 height:" + this.height);
        System.out.println("方法形参变量 height:" + height);
        System.out.println("类的成员变量 depth:" + this.depth);
        System.out.println("方法形参变量 depth:" + depth);
    }
    public void print(){        //输出类的成员变量值,省略 this
        System.out.println("width = " + width + "\nheight = " + height + "\nde-
            pth = " + depth);
    }
}
public class ThisRefTest{
    public static void main(String args[]){
        Box b = new Box(1,2,3);
        b.print(10,20,30);
        b.print();
    }
}
```

上述程序运行结果如图 3.10 所示。

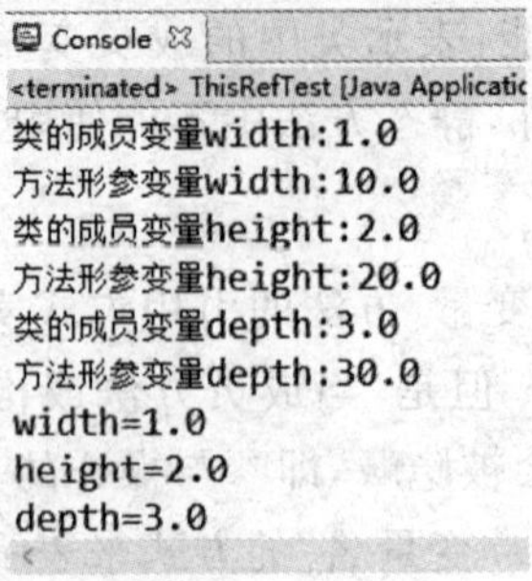

图 3.10　例 3.4 运行结果

2. 使用 this 调用构造方法

构造方法重载后，可以用"this([参数列表])"的形式实现构造方法互相调用，从而简化构造方法的程序代码。注意：this([参数列表])语句必须是构造方法体中第一条语句而且只能调用一次。

【例 3.5】this 调用构造方法示例。

```java
class Box{
    private double width;
    private double height;
    private double depth;
    public Box(){
        this(1,1,1);   //相等于 width = 1;height = 1;depth = 1;
    }
    public Box(double w){
        this(w,1,1);   //相等于 width = w;height = 1;depth = 1;
    }
    public Box(double w,double h){
        this(w,h,1);   //相等于 width = w;height = h;depth = 1;
    }
    public Box(double w,double h,double d){
        width = w;
        height = h;
        depth = d;
    }
    public void print(){
        System.out.println("width = " + width +",height = " + height +",depth
            = " + depth);
    }
}
public class ThisRefTest{
```

```java
public static void main(String args[]){
    Box b1 = new Box();
    Box b2 = new Box(5);
    Box b3 = new Box(6,7);
    Box b4 = new Box(8,9,10);
    b1.print();
    b2.print();
    b3.print();
    b4.print();
}
}
```

上述程序输出结果如图 3.11 所示。

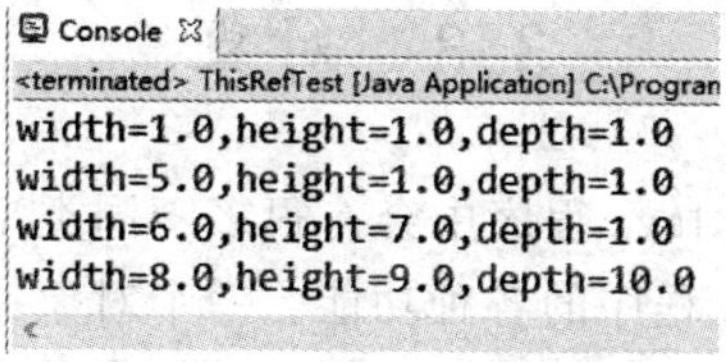

图 3.11　例 3.5 运行结果

3. this 作为参数

this 还有一种功能就是把当前对象的引用作为参数传递给其他的对象,由其他对象调用 this 所指对象的方法。

【例 3.6】this 作参数示例。

```java
class A{
    private int x;
    public A(int xx){
        x = xx;
    }
    public int get_x(){
        return x;
    }
    public void callB(B bb){
        //把类 A 的当前对象 this 作为参数传递
        bb.printA(this);
    }
}
class B{
    public void printA(A a){      //类 A 对象 a 作为参数
        System.out.println("x = " + a.get_x());//输出对象 a 的 get_x 方法的值
```

```
        }
    }
public class TestThisParam{
    public static void main(String args[]){
        A a1 = new A(10);
        B b = new B();
        a1.callB(b);
    }
}
```

上述程序的输出结果为：

x = 10

3.3　对象

对象是类的具体实例，一个 Java 程序中会有很多不同类型的对象，这些对象通过消息传递进行交互作用，共同实现 Java 程序的各种功能。一个对象完成了所有操作后，将被垃圾回收器释放其所占用的内存。一个对象的生命周期包括创建、使用和回收三个阶段。

3.3.1　对象的创建

类是对象的模板，对象是类的实例。类与对象就是数据类型与变量的关系。Java 创建对象一般分为两步：声明对象变量和对象的实例化。

1. 对象变量的声明

对象变量的声明与普通变量声明一样，只给出对象所属的类名和对象变量名。其语法格式为：

　　　类名　　对象变量名；

例如：Date　date；

　　　Point point；

对象变量的声明没有为对象分配存储空间，系统只是为该对象变量分配了一个引用空间。因此对象变量声明后不能直接使用。

2. 对象的实例化

通过 new 运算符调用类的构造方法来完成。其语法格式为：

　　　new 构造方法([参数列表])；

例如：date=new Date()；

　　　point=new Point()；

对象实例化具体过程为：

首先为对象分配内存空间（为对象的成员变量分配内存空间），并用系统默认值为成员变量进行初始化，例如 int 型初值为 0，引用型初值为 null；其次执行显式初始化，即执行成员变量声明时的赋值表达式；然后执行构造方法体中的语句，进行对象的初始化；最后返回对象占用存储空间的首地址即对象的引用。

已知 Point 类定义如下：

```
public class Point {
    private int x = 2;
    private int y = 3;
    public Point(){

    }
    public Point(int x, int y){
        this.x = x;
        this.y = y;
    }
}
```

图 3.12 是执行"Point point＝new Point(4,5);"语句创建 point 对象的过程，其中图 3.12 (a)是对象变量声明内存布局，图 3.12(b)、(c)、(d)、(e)对应对象实例化过程的四个阶段。

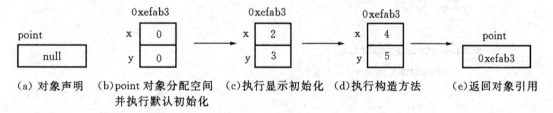

(a) 对象声明　　(b)point 对象分配空间　　(c)执行显示初始化　(d)执行构造方法　　　(e)返回对象引用
　　　　　　　并执行默认初始化

图 3.12　对象声明与实例化过程

3.3.2　对象的使用

当一个对象被实例化后，该对象就拥有了自己的成员变量和成员方法，就可以使用圆点运算符"."来访问对象的成员。

1.访问对象成员变量

访问对象的成员变量的格式为：

```
对象名.变量名;
```

2.访问对象成员方法

访问对象成员方法的格式为：

```
对象名.方法名([参数列表]);
```

说明：一般不提倡直接操作对象的成员变量，因为这样会破坏类的封装和信息隐藏。比较好的访问对象变量的方式就是把成员变量的访问权限设置为 private，然后通过对象提供的 get 和 set 成员方法来读和写，而且可在 set()方法中进行数据正确性、完整性的约束检查。同样对象的方法也可以通过设置访问控制权限来允许或限制访问它的对象。

【例 3.8】对象的使用示例。

```
class Point {
    private int  x;
```

```java
        private int y;
        public Point (int a, int b){
            x = a;
            y = b;
        }
    public int get_X(){
        return x;
    }
    public int get_Y(){
        return y;
    }
    public void set_X(int a){
        x = a;
    }
    public void set_Y(int b){
        y = b;
    }
    public String toString(){
            return"(" + x + "," + y +")";
    }
}
    public class UsePoint{
        public static void main(String args[]){
            Point p = new Point(3,4);
            System.out.println("P 点坐标为:" + p.toString());
            p.set_X(7);
            p.set_Y(8);
            System.out.println("修改后 P 点坐标为:" + p.toString());
        }
    }
```

上述程序运行结果如图 3.13 所示。

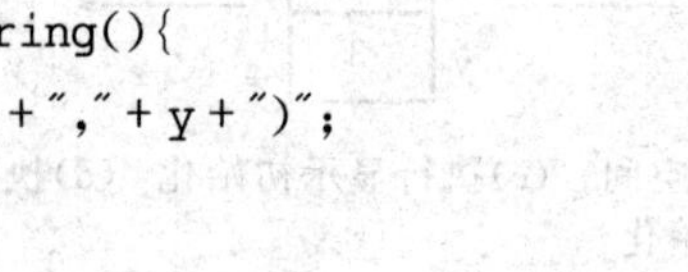

```
Console ⊠
<terminated> Point [Java Application] C:
P点坐标为: (3,4)
修改后P点坐标为: (7,8)
```

图 3.13 例 3.8 运行结果

3.3.3　对象的清除

清除对象就是在对象使用完毕后释放它所占用的内存空间。在 C++中,内存的管理是由用户来完成的,这对用户的要求非常高,而且管理起来不仅繁琐还容易导致内存错误。Java 使用了与 C++完全不同内存管理机制——垃圾回收机制。所谓垃圾回收机制就是用户在创建对象后不必考虑对象的删除问题,系统会监控每个对象的运行状态,在确定某个对象不再被使用后自动释放其内存空间。

那么如何判断一个对象不被使用,成为"垃圾"了呢? 其标准有如下两条。

(1)对于非线程对象,当所有活动线程都不可能访问到该对象时,该对象成为"垃圾"。

(2)对于线程对象,除了要满足第一条标准之外,还要求此线程本身已经死亡或还处于新建状态。

具体地说,一个对象不能被访问实际就是没有任何对象实例的引用指向它,这有两种方法可以实现。

(1)对象引用的作用域结束,引用消亡。

(2)显式地将对象引用设置为 null。

当对象没有任何外部引用成为"垃圾"后,垃圾回收器就可以回收该对象了。Java 自动运行的垃圾回收器以较低的优先级在系统空闲周期内执行,因此垃圾回收的周期比较长,速度比较慢。在某些需要人为清理垃圾、释放内存的情况下,用户可以通过 System. gc()方法显式地进行垃圾回收。

3.4　继承

在面向对象技术的特点中,继承是最具有特色,也是与传统方法最不同的一个。继承实际上是类之间的一种关系,当一个类能够获取另一个类中所有非私有的成员变量和方法作为自己的一部分或全部时,这两个类之间就具有了继承关系。提供成员变量和方法的类称为父类或基础类,继承这些变量和方法的类称为子类或派生类。

一个父类可以同时拥有多个子类,此时这个父类实际上就是所有子类公共变量和公共方法的集合,每一个子类则是父类的一个特例,是对公共变量和方法在功能、内涵方面的扩展和延伸。所以说,继承既反映了现实世界中实体对象间的本质联系,又增强了类的可扩展性和代码的可重用性。

3.4.1　子类的创建

Java 中实现类继承的关键词是 extends。extends 的含义是扩充、扩展的,恰当地表明了子类与父类的继承关系。子类定义的一般格式如下:

```
class 子类名 extends 父类名[implements 接口 1[,接口 2[,...]]]{
    ⋮
}
```

Java 不支持多重继承,只支持单继承,所以 extends 后的父类只能有一个。这种单继承的优点是可以避免多个直接父类之间可能产生的冲突,使代码更可靠。但是多重继承在现实世界中是普遍存在的,在类的设计中无法避免。为此,Java 提供了接口机制,使得子类虽然只能有一个父类,但是可以实现多个接口,这样既避免了多重继承的复杂性,又达到了多重继承的效果,实现了多重继承的功能。

子类定义时,只需要写出自己新增的成员变量、成员方法和对父类方法的修改,父类中的变量和方法是默认继承的,可以直接使用。但是并不是父类所有的变量和方法子类都能继承,下面两种情况子类是不能继承的:

(1)父类中 private 修饰的私有变量和方法,子类不能继承;

(2)父类的构造方法子类不能继承。

说明:如果在定义一个类时省略了 extends 关键字,则所定义的类默认为 java. lang. Object 的子类。

【例 3.9】继承应用——员工、计时员工与月薪员工示例。

```java
class Employee {//表示员工的父类
    private String name;
    private String gender;
    public Employee(){}
    public Employee(String n,String g){
        name = n;
        gender = g;
    }
    public void setName(String name) {
        this. name = name;
    }
    public void setGender(String gender) {
        this. gender = gender;
    }
    public String getEmployeeDetail(){
        return name + "|" + gender;
    }
}

class HourlyEmployee extends Employee{          //计时员工子类
    private double wageRate;                     //工资/小时
    private double hours;                        //工作时间
    public HourlyEmployee(double r,double h){
        wageRate = r;
        hours = h;
    }
    public String getHourlyEmployeeDetail(){
    String tempMember = getEmployeeDetail();     //调用父类继承的成员方法
    return tempMember + "|" + wageRate + "元/小时|工作" + hours + "小时|总计" +
```

```
            wageRate * hours + "元|";
        }
    }
    class SalariedEmployee extends Employee{        //月薪员工子类
        private double salary;                      //月工资
        public SalariedEmployee(double sa){
            salary = sa;
        }
        public String getSalariedEmployeeDetail(){
            String tempMember = getEmployeeDetail();  //调用父类继承的成员方法
            return tempMember + "|" + salary + "元/月|";
        }
    }
    public class SubClassTest{
        public static void main(String args[]){
            Employee emp = new Employee("王强","男");
            System.out.println(emp.getEmployeeDetail());
            HourlyEmployee hemp = new HourlyEmployee(100,80);
            hemp.setName("李莉");    //调用从父类 Employee 继承的成员方法
            hemp.setGender("女");    //调用从父类 Employee 继承的成员方法
            System.out.println(hemp.getHourlyEmployeeDetail());
            SalariedEmployee semp = new SalariedEmployee(9000);
            semp.setName("张新");    //调用从父类 Employee 继承的成员方法
            semp.setGender("男");    //调用从父类 Employee 继承的成员方法
            System.out.println(semp.getSalariedEmployeeDetail());
        }
    }
```

上述程序运行结果如图 3.14 所示。

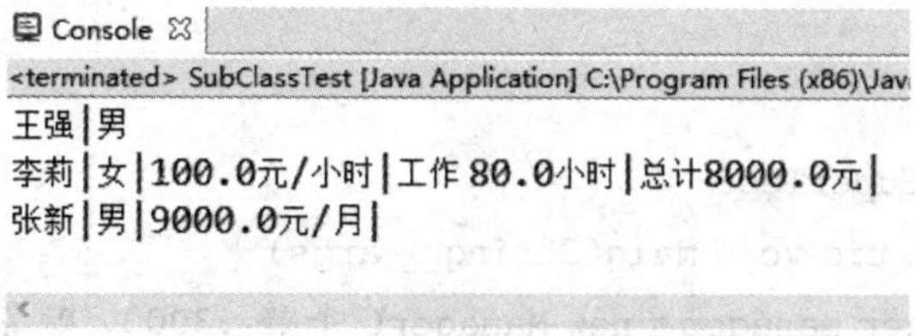

图 3.14　例 3.9 运行结果

3.4.2　super 关键词

this 关键词代表当前对象。在 Java 中与 this 关键词对应的 super 关键词表示的是指向该关键词所在类的父类对象即当前对象的直接父类对象的引用,使用 super 可显式地引用父类的变量或方法即 super. 成员变量或 super. 方法([参数列表])。注意:super 调用的方法不一定是在当前类的直接父类中定义的,但可以是直接父类在类的继承体系中继承而来的。super 关键词主要用在以下三个方面:

(1)用于在子类的构造方法中直接调用父类的构造方法;

(2)用于在子类中显式地引用被隐藏的继承自父类的同名变量;

(3)用于在子类中调用被重写的父类的成员方法。

【例 3.10】super 调用父类构造方法和成员方法示例。

```java
class Employee {          //表示员工的父类
    private String name;
    private double salary;
    public Employee(){}
    public Employee(String name,double salary){
        this. name = name;
        this. salary = salary;
    }
    public String getInfo(){
        return name + "|" + salary;
    }
}
class Manager extends Employee{
    private String department;
    public Manager(String name,double salary,String department){
        super(name,salary);//调用父类 Employee 构造方法
        this. department = department;
    }
    public String getInfo(){
        return super.getInfo() + "|" + department;//调用 Employee 中的 getInfo()
    }
}
public class SuperTest {
    public static void main(String[] args) {
        Manager manager = new Manager("李静",3000,"财务");
        System. out. println(manager.getInfo());
    }
}
```

上述程序输出结果为:

李静|3000.0|财务

3.4.3　子类对象的创建与实例化

Java 中对象的初始化是很结构化的,目的是保证程序运行的安全性。在有继承关系的类的体系中,一个子类对象的创建与初始化都需要经过如下步骤。

(1)分配成员变量的存储空间并进行默认的初始化。

(2)绑定构造方法参数,就是"new　构造方法(实际参数列表)"中所传递的参数赋值给构造方法中的形式参数变量,然后执行构造方法。在构造方法里面,首先要检查是否有 this 或者 super 调用,二者只能出现一个,并且只能作为构造函数的第一句。在调用 this 和 super 的时候实现程序的跳转,转而执行被调用的 this 构造方法或者 super 构造方法。

(3)若有 this([参数列表]),则调用相应的重载构造方法(被调用的重载构造方法又从步骤(2)开始执行),被调用的重载构造方法的执行流程结束后,回到当前构造方法,当前构造方法直接跳转到步骤(6)执行。因为在重载构造方法之中,可能隐式或显式地使用 super()调用父类构造方法,已经对实例变量执行了显式初始化,所以再返回到当前构造方法时,将直接跳转到步骤(6)。

(4)若无 this,则显式或隐式使用 super([参数列表])调用父类的构造方法(一直到 Object 类为止),父类的构造方法又从步骤(2)开始对父类执行这些流程,父类的构造方法的执行流程结束后,返回到当前构造方法,当前构造方法继续往下执行。

(5)进行实例变量的显式初始化操作,也就是执行在定义成员变量时赋值的语句。

(6)执行当前构造方法的方法体中其他程序代码。

为了便于读者直观地看到子类对象的实例化过程,将上面的流程用图 3.15 进行了重复描述。

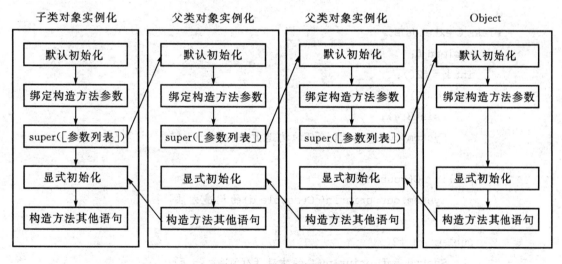

图 3.15　子类实例化过程

Java 的安全模型要求对象的初始化时必须先将从父类继承的部分进行完全的初始化。因此 Java 在执行子类构造方法之前通常要调用父类的一个构造方法。一般在子类的构造方法的第一条语句通过 super([参数列表])调用父类相应的构造方法,如果不显式使用 super 调用父类构造方法,则 Java 将隐式调用父类无参数的构造方法即 super()。如果父类中没有无参数的构造方法,则产生编译错误。

【例 3.11】子类对象的实例化过程示例。

```java
class A{
    private int i = f();//调用 f()显式初始化;
    public A(){
        System.out.println("A 的构造方法,i = " + i);
    }
    public int f(){
        System.out.println("A 的方法 f(),i = " + i);
        return 1;
    }
}
class B extends A{
    private int j = f1();
    public B(){
        System.out.println("B 的构造方法,j = " + j);
    }
    public int f1(){
        System.out.println("B 的方法 f1(),j = " + j);
        return 2;
    }
}
class C extends B{
    boolean f;
    int k = f2();
    public C(){
        this(3.4);
        System.out.println("C 的构造方法,k = " + k);
    }
    public  C(double d){
        System.out.println("C(double d)的构造方法");
    }
    public int f2(){
        System.out.println("C 的方法 f2(),f = " + f);
        return 3;
    }
}
public class SubClassInstanceDemo {
    public static void main(String[] args) {
```

```
        C c = new C();
        System.out.println(c.k);
    }
}
```

上述程序运行结果如图 3.16 所示。

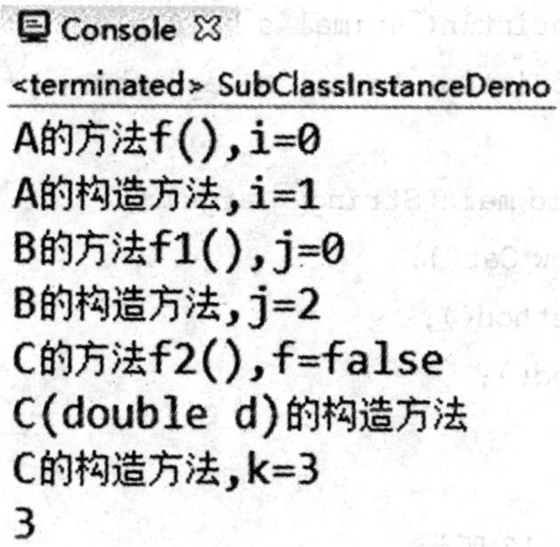

```
🖳 Console ⌖
<terminated> SubClassInstanceDemo
A的方法f(),i=0
A的构造方法,i=1
B的方法f1(),j=0
B的构造方法,j=2
C的方法f2(),f=false
C(double d)的构造方法
C的构造方法,k=3
3
```

图 3.16　例 3.11 运行结果

3.4.4　隐藏与重写

1. 成员变量的隐藏

在类继承结构中,当子类的成员变量与父类的成员变量同名时,子类的成员变量会隐藏父类的成员变量,这种情况称为成员变量的隐藏。隐藏的含义是,通过子类对象调用子类中与父类同名的变量时,操作的是这些变量在子类中的定义。若在子类中操作被隐藏的父类中的成员变量,则使用 super. 成员变量。子类通过成员变量的隐藏可以把父类的状态改变为自身的状态。

说明:

(1)隐藏成员变量时,只要同名即可,变量类型可不相同。

(2)只能隐藏非私有成员变量。

【例 3.12】成员变量隐藏示例。

```
class Animal {
    String hairColor = "White";
    int legNumber = 2;
    public void animalMethod() {
        System.out.println("Animal's hairColor:" + hairColor);
        System.out.println("Animal's legNumber:" + legNumber);
    }
}
public class Cat extends Animal {
    String hairColor = "Yellow";    //隐藏父类成员变量 hairColor
```

```
    char legNumber = ´A´;                //隐藏父类成员变量 legNumber,类型不同
    public void catMethod() {
        System.out.println("Cat's hairColor:" + hairColor);
        System.out.println("Cat's legNumber:" + legNumber);
        //调用父类被隐藏的成员变量
        System.out.println("Animal's hairColor:" + super.hairColor);
        System.out.println("Animal's legNumber:" + super.legNumber);
    }
    public static void main(String[] args) {
        Cat cat = new Cat();
        cat.animalMethod();
        cat.catMethod();
    }
}
```

上述程序运行结果如图 3.17 所示。

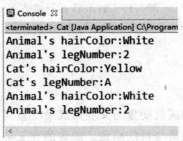

图 3.17　例 3.12 运行结果

2. 成员方法的重写

子类不但可以定义与父类同名的成员变量,还可以定义与父类完全相同的成员方法,即具有相同的返回类型、方法名和参数列表,实现对父类方法的重写(overriding)或覆盖,父类定义的方法就被隐藏了。隐藏的含义是,通过子类对象调用子类中与父类同名的方法时,操作的是这些方法在子类中的定义。若在子类中调用父类中被重写的方法,则使用 super. 成员方法([参数列表])。子类通过方法重写可以把父类的行为改变为自身的行为。

成员方法的重写遵守如下规则:

(1)子类中重写方法的方法名与参数列表必须与父类中被重写的方法相同,返回值类型与父类中被重写方法的返回值类型相同或兼容。

(2)子类中重写方法的访问权限可以扩大但不能缩小。

(3)不能重写父类中被 final 修饰的方法。

(4)父类中的静态方法不能被重写,但是可以在子类中定义与父类相同的静态方法实现隐藏。

【例 3.13】成员方法重写示例。

```
    class Person{
```

```java
    public void print(){                    //public 访问权限
     System.out.println("父类 Person 的 print 方法!");
    }
  }
class Student extends Person{
    public   void print(){            //重写方法降低了访问权限如 private 或
                                          protected,错误
      System.out.println("子类 Student 的 print 方法!");
    }
  }
public class MethodOverRideDemo {
    public static void main(String[] args) {
    Person person = new Person();
    Student stu = new Student();
    person.print();                 //执行 Person 类的方法
    stu.print();                    //执行 Student 类的方法
    }
  }
```

上述程序运行结果为：

父类 Person 的 print 方法!

子类 Student 的 print 方法!

3.5　多态

多态(polymorphism)是 Java 的一个重要特性,它提供了"接口与实现的分离",即将方法名(做什么)与方法体(怎么做)分离。在类的继承体系中,多态可以弱化子类之间的区别,将它们都当成父类对象统一对待,这样一段程序代码就可以同时作用于不同的子类对象,而子类对象的区别可以通过方法实现上的差异来体现。Java 提供的动态绑定可以在程序运行时自动调用不同子类的不同方法体,实现子类的区分。

3.5.1　向上转型

在类的继承体系中,子类可以继承父类所有非私有的成员变量和成员方法,也就是说父类所有非私有方法在子类中都能使用,传递给父类的消息也能传递给子类,所以子类的对象也能作为父类的对象使用,即子类对象既属于该子类类型也属于其父类类型。因此从父类派生出的各种子类都可以作为同一类型即父类的类型。将子类对象的引用转换成父类对象的引用或父类对象引用指向其任一子类对象,就称为向上转型(Upcasting)。之所以称为向上转型,是因为在类的树形结构继承体系中,子类位于父类下方,将子类对象赋给父类对象引用是自下向上的转换。

子类的成员变量和方法除了继承自父类以外,还有一些是自己特有的,所以子类通常包含比父类更多的变量和方法。当父类对象引用指向子类对象时,子类对象要当成父类对象使用,这是一个变量和方法从多到少的转换,肯定是安全的。因此对于向上转型 Java 编译器不需做任何标注就能自动实现。而且当父类对象引用指向子类对象时,父类对象引用不能调用子类特有的变量和方法。

例如继承关系 class HourlyEmployee extends Employee,向上转型代码如下:

```
Employee e;//声明父类对象引用
HourlyEmployee he = new HourlyEmployee();//创建子类对象
e = he;//父类对象引用 e 指向其子类对象 he,即 e 就是 he 的向上转型对象
```

Java 中类 Object 位于 Java 类继承体系的最顶端,是所有类的父类。因此,当一个引用是 Object 类型的时候,它可以指向任意类型的对象。

3.5.2　向下转型

向下转型(Downcasting)也称为对象的强制类型转换,是将父类对象的引用(向上转型对象)强制转换成子类类型(向上转型对象所指向的对象的类型)。Java 中允许向上转型的存在,使得父类对象的引用可以指向子类对象,但通过该引用只能访问父类中定义的变量和方法,子类特有变量和方法被隐藏,不能访问。只有将父类对象引用再强制转换为子类类型,才能通过该对象引用访问子类特有的成员。

在进行对象类型强制转换时,为了保证转换能够成功,一般要先用 Java 提供的 instanceof 运算符测试当前要转换的对象的类型,instanceof 运算符一般格式如下:

```
objectVariable instanceof SomeClass;
```

当 objectVariable 是 SomeClass 类型时,该表达式的值为 true,否则为 false。

例如继承关系 class HourlyEmployee extends Employee,向下转型代码如下:

```
Employee e;
HourlyEmployee he = new HourlyEmployee();
e = he;
if(e instanceof HourlyEmployee){
    HourlyEmployee he1;
    //将向上转型对象 e 强制转换为 e 所指向的类型 HourlyEmployee
    he1 = (HourlyEmployee)e;
}
```

另外,只有向上转型对象才能执行向下转型,否则会产生编译错误。例如有如下的继承关系:class Manager extends Employee,若运行下面的代码会产生错误。

```
Employee  emp = new Employee();
Manager man = new Manager();
man = (Manager)emp;//产生 ClassCastException 错误
```

3.5.3　运行时多态

1.什么是运行时多态

Java 中的类可以自动进行向上转型,所以子类对象可以当成父类对象使用。也就是说,

父类的对象引用可能指向一个父类对象,也可能指向一个子类对象。这时通过父类引用调用的方法,可能执行的是它在父类中实现的方法体,也可能是在某个子类中重写的方法体,这只能在运行时刻根据该引用指向的具体对象类型来确定,这就是运行时多态。

例如 Employee 类中定义了方法 getInfo(),在 Employee 的子类 HourlyEmployee 和 SalaryEmployee 等中重写该方法,在下面程序代码中:

```
Employee  e;
    ⋮
e.getInfo();
    ⋮
```

通过 Employee 类型的对象引用 e 执行调用 getInfo()方法,可能得到多种运行结果:可能是 Employee 类中的 getInfo()方法,也可能是 HourlyEmployee 或 SalaryEmployee 类中重写的 getInfo()方法,具体的结果取决于运行时对象引用 e 所指向的具体的对象类型,而不是编译时刻 e 的类型。这就是对外一个接口(e. getInfo()方法),内部多种实现即多态性的本质含义。

因此,同一个父类派生出的多个子类可被当作同一类型对待。相同的一段代码就可以处理所有不同的类型。多态不但能改善程序的组织构架和可读性,更能使程序具有良好的可扩展性。

2. 运行时多态的实现原理

运行时多态的实现机理是动态绑定技术或后期绑定。绑定是指一个方法的调用与方法所在的类(方法主体)关联起来。对 Java 来说,绑定分为静态绑定和动态绑定;或者叫前期绑定和后期绑定。前期绑定是指在程序执行前方法已经被绑定了相应的方法体,由编译器或其他连接程序实现,例如 C 语言。后期绑定是指在运行时根据具体对象的类型进行绑定。实现后期绑定的语言必须提供一些机制,可在运行期间判断对象的类型,并分别调用适当的方法。也就是说,在后期绑定中编译器此时依然不知道对象的类型,但运行时刻的方法调用机制能自己确定并找到正确的方法体。

Java 中除了 final、static、private 和构造方法是前期绑定外。其他的方法全部为动态绑定。对于 static 方法和 final 方法由于不能被重写,因此在编译时就可以根据方法调用语句确定对应的方法体。而 private 方法也不能被子类继承,但都被隐式地指定为 final。将方法声明为 final 类型,一是为了防止方法被重写,二是为了有效地阻止后期绑定,使编译器为 final 方法调用产生运行效率更高的代码。

Java 中的后期绑定是由 JVM 自动实现的,不需要去显式声明,而 C++则不同,必须明确声明某个方法具备后期绑定。而后期绑定典型发生在父类与子类声明转换中,具体过程如下:

(1)编译器检查对象的声明类型和方法名。假设调用 x. f(args)方法,并且 x 已经被声明为 C 类的对象,args 为 String 类型,那么编译器会列举出 C 类中所有的名称为 f 的方法和从 C 类的父类继承过来的 f 方法。

(2)编译器检查方法调用中提供的参数类型。如果在所有名称为 f 的方法中有一个参数类型和调用提供的参数类型最为匹配,那么就调用这个方法,这个过程叫做"重载解析"。

(3)当程序运行并且使用动态绑定调用方法时,虚拟机必须调用同 x 所指向的对象的实际类型相匹配的方法版本。假设 x 实际指向的类型为 D(C 的子类),如果 D 类定义了 f(String)

那么该方法被调用,否则就在 D 的父类中搜寻方法 f(String),依此类推。

【例 3.14】Java 多态示例。

```java
class Vehicle{
    public void swerve(String str){          //定义转向操作
        System.out.println("Vehicle 开始向" + str + "转");
    }
    public  void start(){
        System.out.println("Vehicle 已经启动");
    }
}
class Car extends Vehicle{
    public void swerve(String str){          //重写父类 Vehicle 的方法
        System.out.println("Car 开始向" + str + "转");
    }
    public  void start(){                    //重写父类 Vehicle 的方法
        System.out.println("Car 已经启动");
    }
}
class Ship extends Vehicle{
    public void swerve(String str){          //重写父类 Vehicle 的方法
      System.out.println("Ship 开始向" + str + "转");
    }
    publicvoid start(){                      //重写父类 Vehicle 的方法
        System.out.println("Ship 已经启动");
    }
}
public class TestPolymorphDemo {
    public static void main(String[] args){
        Vehicle[] vh = new Vehicle[3];       //创建对象数组
        //对对象数组中的元素进行赋值
        vh[0] = new Vehicle();
        vh[1] = new Car();
        vh[2] = new Ship();
        for(int i = 0;i<vh.length;i++){
            vh[i].start();                   //由父类 Vehicle 对象调用 start 方法
            vh[i].swerve("左");              //由父类 Vehicle 对象调用 swerve 方法
        }
    }
}
```

例 3.14 中,创建长度为 3 的 Vehicle 类型对象数组,然后分别创建 Vehicle、Car 和 Ship

类的对象,并分别赋值给 Vehicle 类型的数组元素。其中 vh[1]＝new Car() 和 vh[2]＝new Ship() 属于向上转型,编译器认可的类型转换。vh[i]. start() 和 vh[i]. swerve("左") 分别使用父类 Vehicle 的对象引用调用被子类重写的方法,属于动态绑定。在运行时 Java 虚拟机根据 vh[i] 实际所指向的对象类型调用与所指类型匹配的方法体。

上述程序运行结果如图 3.18 所示。

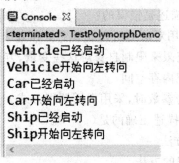

图 3.18　例 3.14 运行结果

Java 的多态性的突出优点是使程序具有良好的可扩展性。当程序从通用的基础类派生任意多的新类型,或向基础类中增加更多的方法时,无需修改原有对基础类进行处理的相关程序,并且可以处理这些新的类型,为程序增加新的功能。如果这些程序是在一个独立的文件中,则不需要重新编译。

小　结

本章主要介绍了 Java 的面向对象编程方法,并围绕着面向对象的三个特性——封装、继承和多态,详细全面介绍了 Java 中类的定义与成员的使用;对象的创建、使用与清除;类的继承与多态等。类与对象定义和使用以及类的继承是本章的重点,而多态则是本章的难点。多态由动态绑定来实现,通过类的继承、方法的重写和向上转型来共同完成。

习　题

一、选择题

1. 下列类声明中正确的是(　　)。

A. abstract private move(){}

B. public abstract class Car{}

C. abstract final class HI{}

D. public number;

2. 下列关于构造方法的叙述中错误的是(　　)。

A. 构造方法名和类名必须相同

B. 构造方法没有返回值

C. 构造方法不可以重载

D. 构造方法只能通过 new 自动调用

3. 下列关于继承的哪项叙述是正确的?(　　)

A. Java 允许多继承

B. Java 中一个类只能实现一个接口

C. Java 中不能同时继承类和实现接口

D. Java 的单继承使代码更可靠

4. 在子类中如何执行自己父类的构造方法?(　　)

A. 调用 super()   B. 调用 this()

C. A、B 都可实现   D. 以上说法都不对

5. 下面有关方法重载的描述错误的是(   )。

A. 指多个方法可以共享相同的名字   B. 重载的各方法参数必须不同

C. 重载各方法的方法体要有所不同   D. 与 Java 的多态性无关

6. 对象使用时,下面哪些描述是错误的?(   )

A. 通过"."运算符可以调用对象的所有成员变量和方法

B. 通过成员的访问控制权限来限制自身对这些变量、方法的调用

C. 对象在使用前必须分配内存空间

D. 在方法中使用对象作为参数时,采用引用调用方式

7. 对关键字 super 的用法描述正确的是(   )。

A. 用来调用父类的构造方法

B. 用来调用父类中被重载的方法

C. 用来调用父类中隐藏的成员变量

D. 以上说法都正确

8. MAX_LENGTH 是 int 型 puclic 成员常量,值为 100,用简短语句定义这个常量,下面选项中正确的是(   )。

A. public int MAX_LENGTH=100;

B. final public int MAX_LENGTH=100;

C. final int MAX_LENGTH=100;

D. public final int MAX_LENGTH=100;

9. 下面关于对象生成说法正确的是(   )。

A. 声明对象的同时为对象分配内存空间

B. 创建对象时调用对象的构造方法

C. 声明对象时调用对象的构造方法

D. 以上说法都不对

10. 以下叙述不正确的是(   )。

A. 面向对象方法追求的目标是:尽可能地运用人类自然的思维方式来建立问题空间的模型,构造尽可能直观、自然的表达求解方法的软件系统

B. 面向对象方法的优点有易于维护、可重用性好、易于理解、易于扩充和修改

C. 面向对象=对象+分类+继承+消息通信

D. 面向对象的基本特征是封装性、继承性和并行性

11. 以下叙述不正确的是(   )。

A. 先声明对象,然后才能使用对象

B. 先声明对象,为对象分配内存空间,然后才能使用对象

C. 先声明对象,为对象分配内存空间,对对象初始化,然后才能使用对象

D. 上述说法都对

12. 下面关于 Java 中类的说法中不正确的是(   )。

A. 类体中只能有变量定义和成员方法的定义,不能有其他语句

B. 构造方法是类中的特殊方法

C. 类一定要声明为 public，才可以执行

D. 一个 Java 文件中可以有多个 Class 定义

13. 当方法内传递一个参数时，将该参数值的一个拷贝传递给方法的传递方式称为（　　）。

　　A. 调用传递　　　　　　　　　　　　B. 值传递

　　C. 引用传递　　　　　　　　　　　　D. 方法传递

14. 实例变量的初始化（　　）。

　　A. 是在它们声明时完成的　　　　　　B. 将被设置为默认值

　　C. 是在一个构造方法中完成的　　　　D. 以上答案都对

15. 对于使用多态的应用程序来说，某个对象的确切类型（　　）。

　　A. 执行时才可以知道　　　　　　　　B. 应用程序编译时能够判断

　　C. 程序员编写程序时就已知道　　　　D. 永远不会知道

二、上机测试题

1. 设计一个学生类 Student。类成员变量包括学号、姓名、性别、班级、联系方式；构造方法采用重载的方式定义，包括无参数的、一个参数的（参数为学号）和全部参数的三个构造方法；成员方法包括五个成员变量的设置和获取方法，以及一个输出全部信息的方法。最后定义一个测试类来例化一个学生对象，分别实现各个参数的设置、获取和信息显示。

2. 利用继承来设计一组用于图形处理的类。

（1）设计一个图形类 Shape。它有三个成员方法：求图形面积 calArea（返回类型为 double，无参数，方法体为空）和求图形周长 calPerimeter（返回类型为 double，无参数，方法体为空），以及返回图形信息 getDetail（返回类型为 String，无参数，方法体为空）。

（2）设计一个 Shape 的子类 Circle 表示圆。它有一个成员变量：半径 radius（double 类型）；两个自己的成员方法：getRadius 和 setRadius 分别获取和修改半径；它继承并重写了父类 Shape 的三个成员方法。

（3）设计一个 Shape 的子类 Rectangle 表示矩形，它有两个成员变量：长 length（double 类型）和宽 width（double 类型）；四个自己的成员方法：getLength、setLength、getWidth 和 set-Width 分别获取、修改长和宽；它继承并重写了父类 MyShape 的三个成员方法。

（4）最后设计一个测试类 TestMyShape，用来测试上述设计的类中各个方法能否正常运行。

3. 基于题 2 设计一个测试类，利用多态来实现图形对象的赋值和引用。首先声明一个 Shape 类的数组（含三个元素）对象 s，其中 s[0] 为 Shape 类对象，s[1] 为 Circle 类对象，s[2] 为 Rectangle 类对象，利用 s[i]. getDetail() 方法打印输出每个类对象的图形信息。

第4章 Java面向对象高级特性

在第3章Java面向对象基本特性的基础上,本章将进一步介绍Java面向对象的一些高级特性,如static关键词、final关键词、内部类、匿名类和泛型,重点讲解抽象类、接口、包和访问权限的定义与使用,并深入讨论接口的多继承机制、抽象类与接口实现的多态,以及包和访问权限对类的封装。

4.1 static关键词

static关键词主要用来修饰类的内部成员,如成员变量、成员方法、内部类和语句块等。它的功能就是限定这些成员只属于类,而与类的具体对象实例无关。这里主要介绍静态变量、静态方法和静态语句块。

4.1.1 静态变量

用static修饰的成员变量称为静态变量或类变量。静态变量只在系统加载类时,进行一次空间分配和初始化。创建该类的对象实例时,不再为静态变量分配空间,实例内仅存放指向静态变量的引用,即所有该类的对象共享同一个类变量的空间。静态变量只依附于类,而与类的实例对象无关,所以对于非私有类型的静态变量,既可以用类名也可以用对象名来引用。

【例4.1】银行账户类。

```
class Account{
    private String accoutNumber;
    private String accoutName;
    private double balance;
    static double interestrate = 0.1;//显式地初始化存款利率的值
    public Account(String number,String name){
        accoutNumber = number;
        accoutName = name;
        balance = 0.0;
    }
    public void print(){
        System.out.println("账号:" + accoutNumber);
        System.out.println("账户名:" + accoutName);
        System.out.println("存款利率:" + interest);
    }
```

```
    }
public class TestAccount{
    public static void main(String args[]){
        Account a = new Account("3454523314","张三");
        Account b = new Account("3454524315","李四");
        a.print();
        b.print();
        Account.interest = 0.9;   //此处用 a.interest = 0.9 或 b.interest = 0.
                                  9 结果是一样的
        System.out.println("修改存款利率后：");
        a.print();
        b.print()
    }
}
```

在程序中存款利率 interestrate 是静态变量，仅与 Account 类相关。Account 类的两个对象 a 和 b 将共享该静态变量。

上述程序运行结果如图 4.1 所示。

图 4.1　例 4.1 运行结果

4.1.2　静态方法

用 static 修饰的成员方法称为静态方法或类方法。类方法与类相关，使用时既可通过类名引用，也可通过对象名引用。静态方法一般用来处理类的静态变量或做一些与对象实例无关的操作。

【例 4.2】静态方法示例。

```
class StaticMethod{
    public static void callMe(){           //定义静态方法
```

```
            System.out.println("This is a static method.");
        }
    }
    public class StaticMethodTest{
        public static void main(String args[]){
            StaticMethod.callMe();              //用类直接调用静态方法
            StaticMethod sm = new StaticMethod();
            sm.callMe();                        //利用对象来调用静态方法
        }
    }
```

上述程序运行结果为:

　　This is a static method.

　　This is a static method.

静态方法在定义和使用时应该注意下面几个问题:

(1)类的静态方法只能访问类的静态成员以及自身的参数变量和局部变量,不能访问非静态的对象成员。类的静态方法属于类,它不依赖于任何对象,也就无法访问任何对象的成员。

```
    class accessMember{
        private static int sa;              //定义静态成员变量
        private int ia;                     //定义实例成员变量
        public static void statMethod(){    //定义静态方法
            sa = 10;                        //正确,可以使用静态变量
            otherStat();                    //正确,可以调用静态方法
            ia = 20;                        //错误,不能使用实例变量
            insMethod();                    //错误,不能调用实例方法
        }
        public static void otherStat(){       }
        public void    insMethod(){         //定义实例方法
            sa = 15;                        //正确,可以使用静态变量
            ia = 30;                        //正确,可以使用实例变量
            statMethod();                   //正确,可以调用静态方法
        }
    }
```

(2)静态方法只能继承,不能重写。子类中可以定义与父类相同的静态方法,此时只是将父类的方法隐藏,而不是覆盖它。此外,父类中的静态方法不能重写为非静态方法,非静态方法也不能重写为静态方法。静态方法属于类,非静态方法属于对象,所以在方法重写时,二者不能混淆。

```
    class SuperClass{
        public static void method1(){   }
```

```
        public void method2(){    }
        public static void method3(){      }
}
class SubClass extends SuperClass{
        //将静态方法重写为非静态的会出现编译错误
        public void method1(){}
        //将非静态方法重写为静态的会出现编译错误
        public static void method2(){}
        //正确,将父类的静态方法隐藏
        public static void method3(){      }
}
```

(3) 静态方法中不能使用 this、super 关键词。静态方法是类方法,不能访问非静态成员,而 this 和 super 作为特殊对象名是用来引用非静态成员的。

(4) main() 作为程序的入口是一个特殊的静态方法。它可以使 JVM 不创建实例对象而直接运行 main() 中的代码。但是,在 main() 方法中要直接访问其所在类的非静态成员,就必须创建该类对象,通过对象去访问,否则就会出现编译错误。

```
public class MainClass{
        private static int a = 34;
        private int x;
        public static void print(){
        System.out.println("static  method");
        }
        public static void main(String args[]){
            x = 10;                            //错误,访问类的非静态成员
            System.out.println("a = " + a);    //正确,访问类的静态变量
            print();                           //正确,访问类的静态方法
        }
}
```

4.1.3　静态语句块

在类体内不属于任何方法体并且用 static 修饰的语句块称为静态语句块。静态语句块通常用来对静态变量进行初始化,所以也称为静态初始化程序块。静态语句块仅在类加载时运行一次。如果一个类中定义了多个静态语句块,这些语句块按其定义的顺序运行。静态语句块的定义格式如下:

```
static{
    ⋮
}
```

【例 4.3】静态语句块对静态变量初始化示例。

```
public class StaticCodeDemo {
```

```
        private static double d = initStaticVar();      //调用静态方法对静态变量
                                                          执行显式初始化
        static {                                      //定义静态代码块
            System.out.println("调用 initStaticVar()返回值:d = " + d);
            d = 3.1415;                                //对静态变量进行初始化
            System.out.println("静态代码赋值后:d = " + d);
        }
        private static double initStaticVar(){        //定义静态方法
            System.out.println("静态变量默认初始化的值 d = " + d);
            return 1;
        }
    public static void main(String[] args) {

    }
}
```

上述程序运行结果如图 4.2 所示。

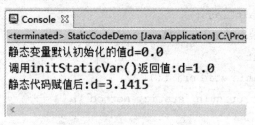

图 4.2　例 4.3 运行结果

　　静态变量以及静态语句块都是在类加载时运行。在类加载时,JVM 首先为静态变量分配存储空间,并执行默认初始化;然后执行静态变量声明时的赋值语句;最后再执行静态语句块对静态变量初始化。静态变量与非静态变量初始化一样是分三步完成的,前两步完全相同,只是最后非静态变量用构造方法初始化,而静态变量使用静态语句块来初始化。所以例 4.3 程序中静态变量 d 在类加载时,分配存储空间并执行默认初始化 0.0;然后利用静态方法 init-StaticVar()返回值进行显式初始化,在调用 initStaticVar()时输出 d 的值,而此时 d 的值为 0.0,该方法执行完后返回值为 1,故 d 显式初始化的值为 1.0;最后执行静态语句块,并对 d 重新赋值为 3.1415。所以静态变量 d 的最后值为 3.1415。

4.2　final 关键词

　　final 关键词表示它所修饰的对象是最终形式,不能改变了。final 可以修饰类、成员变量和成员方法,分别表示不同的含义,但是本质上是一样的。

1. final 修饰类

用 final 修饰的类叫最终类,最终类不能派生子类。也就是说,final 类在树形结构的类继承体系中位于叶子节点上,它被认为定义得很完美了,不需要再修改或扩充了。final 类中的成员变量可以是 final 类型的,也可以不是 final 类型的。而 final 类中的成员方法,由于 final 类不能再派生子类,它也就不可能再被重写,自然就成了 final 类型,此时可以省略 final 关键词,例如 Java 中的 String 就是一个 final 类。

2. final 修饰成员变量

如果类的成员变量被 final 修饰,那么它就叫做最终变量,在程序的运行过程中一旦被初始化,就不能再改变值了,否则会产生编译错误。所以,可以用这种方式定义常量,一般常量名要全部大写,如:

```
final int MAXNUMBER = 100;
```

此时,这个常量属于实例对象,每个对象都要有一个存储空间存放它。如果这个常量对于所有的对象值都是一样的,那么就可以将它定义为类的常量,用 static 和 final 两个关键词来修饰,如:

```
static final double PI = 3.14;
```

如果对象常量在声明时没有被显式地赋初值,那么在所属类的每一个构造方法中必须对它赋值。如果类常量声明时未赋初值,则要在静态初始化程序块中赋值。此外,final 还能修饰成员方法中的局部变量,它可以在所属方法体的任何位置被赋值,但只能赋一次值。

3. final 修饰成员方法

类中的成员方法也能用 final 修饰,被称为最终方法,最终方法能够被继承但不能被重写。只有在方法的实现不能被改变,或者方法对于保证对象状态的一致性很关键的时侯,才把它定义为 final 类型。在上一章中曾提到,final 类型的方法在运行时采用静态绑定的方式,使编译器为它调用生成运行效率更高的代码。这样既可以防止方法被重写,有效阻止动态绑定,又能够提高方法的运行效率。

4.3　抽象类

4.3.1　什么是抽象类

在 Java 中,abstract 关键词用于修饰抽象方法和抽象类。抽象方法是一种只有方法声明而没有方法体的特殊方法,即无方法体"{}"且以";"结束。抽象类则是包含一个或多个抽象方法的类。抽象类定义与普通类一样,除了包含成员变量、成员方法、构造方法外,还可以包含抽象方法。而且抽象类也可以派生子类。抽象类定义的一般格式如下:

```
[public]  abstract class 类名{
    [成员变量]
    [构造方法]
    [非抽象成员方法]
    [抽象成员方法]        //访问权限 abstract 返回类型 方法名([参数列表])
}
```

抽象类在使用时有特殊的限制,即不能创建实例对象。用 abstract 关键词修饰的抽象类,使得 Java 编译器在编译时能对抽象类进行特殊检查,使之符合抽象类的规定。抽象类中的抽象方法要在它派生的非抽象子类中实现。如果子类没有实现抽象方法,那么这个子类也必须是抽象的。此外,抽象类也可以没有抽象方法,这样的类往往是为了禁止创建该类实例对象而设计的。

【例 4.4】抽象类与抽象方法示例。

```java
abstract class Employee {                              //抽象类定义
    private String name;
    private String gender;
    public Employee(String n,Stringg){
        name = n;
        gender = g;
    }
    public String getName(){
        return name;
    }
    public String getGender(){
        return gender;
    }
    public abstract String getDetail();                //抽象方法定义
}
class SalariedEmployee extends Employee{               //非抽象子类
    private double salary;
    public SalariedEmployee(String n,String g,double sa){
        super(n,g);
        salary = sa;
    }
    public String getDetail(){                         //实现抽象方法
        return this.getName() + "|" + this.getGender() + "|" + salary + "元/月";
    }
}
public class TestAbstract{
    public static void main(String args[]){
        Employee e;                 //声明抽象类对象引用,但不能创建抽象类对象
        SalariedEmployee se = new SalariedEmployee("李娜","女",3000);
        e = se;                     //子类对象赋给父类对象引用,向上转型
        System.out.println(e.getDetail());
        System.out.println(se.getDetail());
    }
}
```

在程序中抽象类对象引用 e 指向了 SalariedEmployee 类的对象 se,e 就是 se 的向上转型对象。通过 e 调用的 getDetail()方法就是调用 SalariedEmployee 类的 getDetail()方法。

上述程序运行结果如图 4.3 所示。

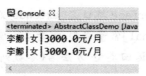

图 4.3　例 4.4 运行结果

说明:虽然抽象类本身不能创建对象,但抽象类中可以定义构造方法。通过子类可以调用抽象类的构造方法,这也表明在类的继承机制中,无论父类是普通类还是抽象类,实例化子类对象都必须先实例化父类对象。

4.3.2　抽象类的意义

类是现实世界同类对象的抽象,是 Java 程序中创建对象的模板。抽象类是用来实现自然界的抽象概念。定义抽象类的目的是为一类对象建立抽象模型,用来表示这一类对象共有的属性和方法,这些方法是该类对象对外的通用接口。在同类对象所对应的类体系中,抽象类往往在类继承体系的顶层,这一方面使类的设计变得清晰,另一方面也为类的体系提供通用的接口(方法)。定义了抽象类后,就可以使用 Java 的多态机制,通过抽象类中的通用接口处理类体系中的所有类。

在第 3 章介绍运行时多态时,曾给出一个关于交通工具 Vehicle 及其子类的实例。在该类的继承体系中,Vehicle 类是顶层类。实际上 Vehicle 类的对象没有实际意义。定义 Vehicle 类的目的是为了定义交通工具类体系的通用接口,如 swerve()和 start(),这些接口在 Vehicle 类中不需要给出具体实现,而由它的各个子类提供自己具体的实现。因此 Vehicle 类可以定义为抽象类,而 swerve()和 start()方法定义为抽象方法。

```java
abstract class Vehicle{
    public abstract void swerve(String str);
    public abstract void start();
}
```

定义抽象类和抽象方法,可向用户和编译器表明该类和方法的作用和用法,使类体系设计更加清晰,并能够支持多态,因此是 Java 的一种很有用的面向对象机制。

4.4　接　口

接口是一个静态常量和抽象方法的集合,它仅描述了能够实现什么样的功能,而每个功能具体的实现方式则是由实现这个接口的类根据自身的特点和需要来决定。一个类可以实现多个接口,虽然它只能有一个父类,但是接口可以实现类似于拥有多个父类的功能。同时,一个接口还能被多个类实现,将不同的类联系起来,从而实现类间复杂的多继承关系。所以说,接口是 Java 提供的一个用于实现多继承功能的机制。

4.4.1　接口的定义

接口在某种意义上类似于抽象类,但它不是类,它的完整定义格式如下:

```
[public][abstract]interface 接口名[extends 父接口 1[,父接口 2[,...]]]{
    [[public static final]常量类型 常量名 = 常量值;]
    [[public abstract]返回类型 方法名(参数列表);]
}
```

在接口声明中,接口的访问权限只有两个:public 和默认权限,public 表示所有的类都能实现这个接口,而默认权限则只有同一包中的类才能实现它。abstract 关键词通常可以省略,编译器会自动添加。interface 是接口定义的关键词,是必不可少的。extends 关键词与类定义中一样也表示继承,一个接口可以继承多个父接口,用“,”隔开。

接口体包括常量定义和抽象方法定义两部分。常量默认具有 public、static 和 final 属性。抽象方法默认具有 public 和 abstract 属性。接口也可定义与父接口同名的常量和方法,此时将父接口中的常量隐藏,方法重写。

下面定义一个 AreaInterface 接口的例子。

```
interface AreaInterface{
    double PI = Math.PI;
    double area();
    String toString();
}
```

4.4.2　接口的实现

用 interface 定义接口后,接口的抽象方法要由实现该接口的类完成,类实现接口的一般格式如下:

```
[修饰符]class 类名[extends 父类名]implements 接口 1[,接口 2[,...]]{
    ⋮
    public 返回类型　方法名(参数列表){        //实现接口中的抽象方法
        }
}
```

下面是一个圆类 Circles 实现了上面定义的 AreaInterface 接口。

```
class Circle implements AreaInterface{
    double r;
    public Circle(double x){
        r = x;
    }
    public double area(){                       //实现接口中 area 抽象方法
        return PI * r * r;
    }
    public String toString(){                   //实现接口中 toString 抽象方法
```

```
            return"circle:r = " + r + "\t area = " + area();
        }
    }
```

在类实现接口时要注意以下几点。

(1)一个类可以实现多个接口,用","隔开。类体内要将所有接口的所有方法都实现。

(2)一个类在实现某接口的抽象方法时,必须使用完全相同的方法头。虽然定义时可以省略 public,但实现时一定要显式地写出来,否则就会出现编译错误。此外,实现时 abstract 关键词要去掉。

(3)如果实现某接口的类是抽象类,则它可以不实现该接口所有的方法。但该抽象类的任何一个非抽象的子类中,都必须实现它们父类中所有抽象方法。

(4)如果实现某接口的类是非抽象类,则在类的定义部分必须实现指定接口的所有抽象方法。

(5)当一个类实现的多个接口中定义有相同的方法时,分三种情况解决:如果方法的声明完全相同,则在类中实现一个方法,即可满足多个接口;如果方法的参数列表不同,则是一种简单的方法重载,分别实现多个方法来满足各自接口定义;如方法参数列表相同,但返回值不同,则无法创建满足多接口的方法,编译出错。

4.4.3　接口的使用与多态

接口不是类,所以不能用 new 来实例化对象。但是可以使用接口类型的引用,当一个接口被实现后,这个接口的引用可以指向直接或间接实现它的所有类的对象。使用类对象时,接口引用比类引用具有更好地灵活性,这是因为一个接口的引用可以指向任意不相关的实现了这个接口的类对象,这是继承无法实现的,继承中父类的引用只能指向它的子类对象。所以,基于接口的多态也更加灵活,更加具有选择性。

【例 4.5】在前面定义的 AreaInterface 接口和 Circle 类的基础上,再定义实现 AreaInterface 接口的长方形类,说明接口的多态应用。

```
    class Rectangle implements AreaInterface{
        private double x,y;
        public Rectangle(double a,double b){
         x = a;
          y = b;
        }
        public double area(){          //实现接口中 area 抽象方法
          return x * y;
        }
        public String toString(){       //实现接口中 toString 抽象方法
            return "rectangle:x = " + x + ";y = " + y + "\t area = " + area();
        }
    }
    public class InterfacePolyTest {
```

```
public static void main(String[] args) {
    AreaInterface a;
    Circle circle = new Circle(4);
    Rectangle rect = new Rectangle(4,5);
    a = circle;//a 指向对象 circle
    System.out.println(a.area());//调用 circle 中方法实现
    System.out.println(a.toString());
    a = rect; //a 指向对象 rect
    System.out.println(a.area());//调用 rect 中方法实现
    System.out.println(a.toString());
}
```

上述程序运行结果如图 4.4 所示。

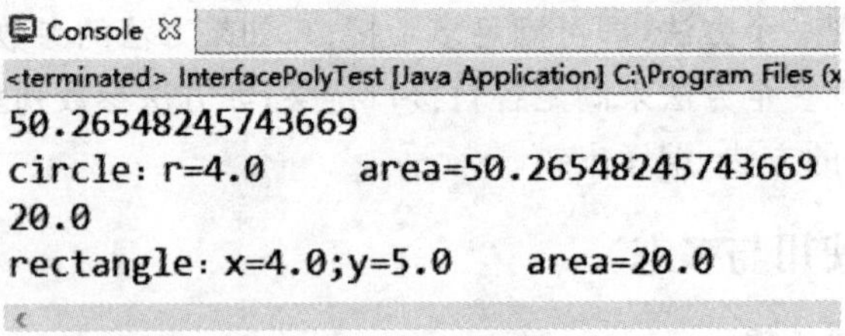

Console ⊠

\<terminated\> InterfacePolyTest [Java Application] C:\Program Files (x

50.26548245743669

circle: r=4.0   area=50.26548245743669

20.0

rectangle: x=4.0;y=5.0   area=20.0

图 4.4   例 4.5 运行结果

注意:当接口引用指向实现接口的类的对象时,通过接口引用只能调用类实现接口的方法,而不能调用对象自身的成员方法。

4.4.4   接口的扩展

接口定义后,可能在某些情况下需要对它的功能进行扩展,这时就需要为它添加新的方法声明。如果直接在接口中增加新的方法扩展接口的功能,可能会使所有已经实现原接口的类都因接口的改变而不能正常工作。若要既能扩展接口,又不影响已实现该接口的类,一种可行的方式就是采用创建接口的子接口的方式添加新方法。例如给 AreaInterface 接口再添加一个计算周长的方法 perimeter(),则可以派生一个子接口 SubAreaInterface 来实现。

```
interface SubAreaInterface extends AreaInterface{
    double perimeter();
}
```

这样,需要用到 perimeter()方法的类可以实现 SubAreaInterface 子接口,不需要这个方法的类还可以保持对原来 AreaInterface 接口的实现不变。

在接口的定义中使用继承,可以方便地为一个接口添加新的方法,扩展新的功能,也可以将多个不同继承体系中的接口合并为一个接口,只需在 extends 后引用多个父接口。

4.4.5   接口与抽象类

通过前面的介绍,大家可能发现接口与抽象类非常相似,它们都是抽象的,不能实例化对象,并且都具有抽象方法。但是实际上接口和抽象类之间有很大的区别。

(1)接口中没有变量,只有具有 public、static 和 final 属性的常量,即使属性不显式标识,编译器也会自动加上;抽象类的成员变量则完全按显式的定义编译。

(2)接口中的所有方法都是抽象的,而抽象类可以定义带有方法体的不同方法。

(3)接口可以继承来自多个不同继承体系的接口,但不能继承类;抽象类只能继承一个父类,但可以实现多个不同继承体系的接口。

(4)接口与实现它的类不构成类的继承体系,即接口不是类体系的一部分,因此不相关的类也可以实现相同的接口;而抽象类则是属于一个类的继承体系,且一般位于类继承体系的顶端。

接口的主要优势在于:一是类通过实现多个接口可以实现多重继承,这是接口的最重要的作用,也是使用接口的最重要的原因——使子类对象向上转型为多个接口类型;二是能够抽象出不相关类之间的相似性,而没有强行形成类的继承关系。使用接口可以同时获得抽象类以及接口的优势。所以若要创建类体系的基类不需要定义任何成员变量,并且不需要给出任何方法的完整定义,应该将基类定义为接口。

4.5 包

4.5.1 包的作用

在 Java 中,存在着大量的类与接口,为了更好地管理与使用这些类和接口,同时也为了避免命名冲突和控制访问权限,Java 引入了包的概念。包(Package)是一组相关类与接口的集合,它是 Java 语言封装特性的体现。

1. 命名空间管理

由于 Java 中每一个类和接口都有一个与它同名的字节码文件,这样就有可能会出现同名引起的命名冲突。包的引入为 Java 提供了以包为单位的独立命名空间,同一个包中的类不能同名,但不同包中的类可以同名,这样就有效解决了命名冲突的问题。

Java 编译器把包与类对应于文件系统中的路径与文件,一个包就是一个路径,类是字节码文件(.class 文件)。包中可以包含子包,这样通过包名加类名的方式就可以定位唯一的一个类。此外,包还可以使用 zip 或 jar 压缩文件的形式保存。

2. 访问权限控制

在 Java 中,包具有特定的访问控制权限,用来控制不同包以及同一个包中的类之间的访问关系,而且同一个包中的类之间具有特定的访问权限。

总的来说,包是一种命名空间管理机制,同时也是一种访问权限控制机制。包机制的引入有如下几点好处:

(1)将相关的类与接口组织在同一个包中,便于程序员管理、查找与使用。

(2)每一个包都有一个独立的命名空间,避免了命名冲突。

(3)同一个包中的类和接口具有比较宽松的访问控制权限。

4.5.2　包定义

利用包定义指定一个 Java 源文件中的类隶属于一个特定的包,包定义的完整格式如下:

```
package 包名 1[.包名 2[.包名 3...]];
```

例如在 Java 源文件 PackageDemo.java 中包含如下包语句:

```
package cn.edu;
    ⋮
public class PackageDemo{
        ⋮
}
```

上述源程序中所有的类都存放在"当前路径\cn\edu"中。若源文件没有 package 语句,则指定为无名包又称默认包。无名包没有路径,一般情况下,会把源文件中的类存放在当前目录下(源文件存储的路径)。

有关包语句的使用说明:

(1)pacakge 语句在每个 Java 源程序中只能有一条,一个类只能隶属于一个包。

(2)package 语句必须放在除空格和注释外的第一行,如果省略了 package 语句,则表示类在默认包中,其路径一般为当前路径。

(3)包名以"."为分隔符。

4.5.3　包引用

包引用就是将源程序所需的类或接口导入到源程序中,让编译器能够找到所需要的类或接口。同一个包中的类不需要导入可以直接使用,而不同包中的类之间访问才需要导入。从包外访问 public 类型的类或接口通常有两种方法:import 语句引用和长名引用。

1. import 语句引用

利用 import 语句引用先将包中的某个类或整个包引入,再直接使用该类或接口。import 语句的完整格式如下:

```
import 包名 1[.包名 2[.包名 3...]].类名;
import 包名 1[.包名 2[.包名 3...]].*;
```

其中,包名 1[.包名 2[.包名 3...]]表示包的层次,与 package 语句相同。类名则指明所要引入的具体类,如果要引入该包中的多个类,可以用通配符"*"来替代类名。import 语句必须放在 package 语句之后,类声明之前,可以有多条。

例如:cn.edu 包中包含 Circle 类:

```
import cn.edu.Circle;//导入包中 Circle 的类(或 import cn.edu.*;//导入包中
所有类)
    ⋮
Circle mc = new Circle();//直接使用 Circle 类
```

说明:

(1)Java 系统默认导入 java.lang 包中所有类,而 System 类就在该包中。

(2)利用 import 语句导入包中类时,"import 包名.*"仅能导入当前包中的所有类,并不能导入其子包中的类。例如,import java. awt. * 并不能代替 import java. awt. event. * 。

2. 长名引用

如果在程序中使用其他包中的类,而又没有用 import 将该包或该类引入,则必须使用长名来引用该类。长名的格式如下:

> **包名. 类名**

例如,在当前程序中要访问 cn. edu 包中的 Circle 类,但该类未用 import 引入,则要使用 cn. edu. Circle 来引用它。

> ⋮
>
> cn. edu. Circle mc = new cn. edu. Circle();
>
> ⋮

这种方式过于繁琐,一般只有在两个包中有同名类时,为了区分两个同名类才用长名引用方式,如果没有这种需要,就都用 import 语句引用的方式。

【例 4.6】包声明与引用示例。

```
//先在 MyClass. java 文件中定义公有类 MyClass,存放在 mypackage 包中
package mypackage;
public class MyClass{
    public void showInfo(){
        System. out. println("这是 mypackage 包中的 MyClass");
    }
}
//再在 OtherClass. java 文件中定义公有类 OtherClass,存放在 otherpackage 包中
package otherpackage;
public class OtherClass{
    public void showInfo(){
        System. out. println("这是 otherpackage 包中的 OtherClass");
    }
}


//在 TestPackage. java 文件中定义 MyClass,公有测试类 TestPackage,存放在默认
包中
import otherpackage. OtherClass;
class MyClass{
    public void showInfo(){
        System. out. println("这是当前包中的 MyClass");
    }
}
public class TestPackage{
    public static void main(String args[]){
        MyClass mc1 = new MyClass();
```

```
                mc1.showInfo();
                mypackage.MyClass mc2 = new mypackage.MyClass();
                mc2.showInfo();
                OtherClass oc = new OtherClass();
                oc.showInfo();
            }
        }
```

TestPackage.java 文件中也定义了一个 MyClass 类,虽然它和 mypackage 包中的 MyClass 同名,但它们分别属于不同的包,所以不会发生冲突。在测试类 TestPackage 中,用 import 语句引入了 otherpackage 包中的 OtherClass 类,所以 main()方法中使用 OtherClass 类可以用短名引用的方式。但是,在用到 MyClass 类时,由于有同名现象,用短名无法区分它默认包中的 MyClass 类还是 mypackage 包中 MyClass 类,所以此时应该用长名引用的方式。

上述程序运行结果如图 4.5 所示。

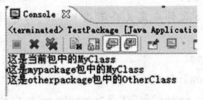

图 4.5 例 4.6 运行结果

4.6 访问控制权限

在类定义时,通过访问控制权限可以控制类及它的成员能否被访问,能被什么样的对象访问。Java 支持四种类型的访问控制权限,它们分别是:

(1)私有类型——以 private 修饰符限定;

(2)公有类型——以 public 修饰符限定;

(3)默认类型——没有任何修饰符,也称为包访问类型;

(4)保护类型——以 protected 修饰符限定。

4.6.1 类的访问控制

在介绍类的访问控制之前,首先要了解什么是类的访问。如果一个类 A 要访问另一个类 B,那么 A 可进行三种操作:在类 A 中创建类 B 的对象;使用类 B 中的方法和成员变量;继承类 B。类访问实际上就是一个类对另一个类的可见性,例如类 A 看不见类 B,则 B 对 A 来说就是不可访问的。类的访问权限只有两种:public 类型和默认类型。

1. 公有访问类型

public 修饰符声明公有访问类型的类,它可以被任何包中的任何类访问。对于 public 类型的类访问时没有什么限制,但要注意在其他包中的类访问它时,要用 import 将它导入,或用长名方式引用。

2. 默认访问类型

如果一个类声明时 class 关键词前没有任何访问控制修饰符,那么该类就属于默认访问类型。默认类型又称为包访问类型,就是同一个包中的所有类都可以访问这个类,而包外的类则不能访问。如例 4.6 中如果将 OtherClass 类的 public 去掉改为包访问类型,则在 TestPackage 类中访问它时会产生编译错误。

4.6.2　类成员的访问控制

类成员包括类的成员变量、成员方法、语句块和内部类等。成员的访问是指能否进行下面两种操作:一个类中的方法代码能否访问另一个类中的成员;一个类是否能够继承其父类的成员。类成员支持四种访问权限,并且它们的权限是基于类访问权限的。也就是说,如果类 A 有权访问类 B,类 B 中成员的访问权限才对类 A 起作用;否则,类 A 根本无法访问类 B,也就谈不上对成员的访问了。

1. 私有访问类型

类中用 private 修饰的成员属于私有访问类型,它们只能被本类自身的成员访问,即使是它的子类也不能继承,不能访问。private 对访问权限的控制是最严格的,一般把那些重要的、不想让外界访问的变量和方法声明为私有的,这有利于数据安全和保证数据的一致性,也符合信息隐藏的原则。

此外,虽然私有成员不能被其他类访问,但是同一个类的不同对象间可以访问对方的私有成员。因为访问控制是在类之间的,同一个类内不受限制。

【例 4.7】私有访问示例。

```java
class PrivateClass{
    private int privateVar;              //私有成员变量
    public PrivateClass(int x){
        privateVar = x;
        System.out.println("公有构造方法! privateVar = " + privateVar);
    }
    private void privateMethod(){
        System.out.println("私有成员方法!");
    }
    public void publicMethod(){
        privateMethod();                 //类内直接调用私有方法
        System.out.println("公有成员方法!");
    }
    public void compare(PrivateClass c){
        if(privateVar = = c.privateVar)
            System.out.println("两个对象的私有变量相等!");
        else
            System.out.println("两个对象的私有变量不相等!");
```

```
            }
        }
    public class TestPrivateClass{
        public static void main(String args[]){
            PrivateClass pc1 = new PrivateClass(3);
            PrivateClass pc2 = new PrivateClass(3);
            pc1.publicMethod();
            pc1.compare(pc2);
        }
    }
```

上述程序中 PrivateClass 类的两个私有成员 privateVar 和 privateMethod()方法不能在类体外调用,但是可以在类体内的所有方法中使用。在 compare(PrivateClass c)方法中,PrivateClass 类的另一个对象 c 的私有变量 privateVar 可以直接使用,不受访问权限的限制。

程序运行结果如图 4.6 所示。

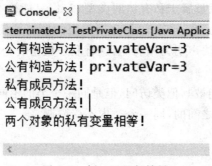

图 4.6 　例 4.7 运行结果

2. 公有访问类型

用 public 关键词修饰的成员属于公有访问类型,表示本类自身和所有包中类都能访问。公有访问类型是最宽松的控制权限。对于构造方法,是所有能访问它的类都能生成该类的实例对象。而对于继承,则是无论子类在哪个包中都能继承它。

公有访问类型会造成安全性和数据封装性的下降,仅将外界需要直接访问的类成员声明为 public 类型的,用来作为外界与类交换信息的接口。

3. 默认访问类型

不加任何访问控制修饰符的成员属于默认访问类型,表示可以被本类自身和同一个包中的所有类访问。其他包中的类,即使是这个类的子类,也不能直接访问这些成员。对于不加默认访问类型的构造方法,除了它本身和同一个包中的类,其他所有的类都不能生成该类的实例对象。

默认访问类型使得类对外(包外)相当于 private,有严格的限定;对内(包内)相当于 public,完全开放不加限制。这种访问方式既保证了类的安全性和数据封装性,又增强了成员访问的灵活性,是最常用的一种方式。

4. 保护访问类型

用 protected 修饰的成员属于保护访问类型,表示能够被本类自身、它的所有子类(与该类在同一个包或在不同包中)和同一个包中的所有其他类访问。当同一个包中的类或子类都可以访问类的成员,而无关的类不能访问这些成员时,可将它们的访问权限限定为 protected。

【例 4.8】保护访问示例。

```
//ProtectedClass.java 文件中定义公有类 ProtectedClass,存放在 a 包中
package a;
public class ProtectedClass{
    protected String protectedVar = "ProtectedClass 类中的保护型成员变量!";
    protected void protectedMethod(){
        System.out.println(protectedVar);
    }
}

//SubClass2.java 文件中定义公有类型的 ProtectedClass 的子类 SubClass2,存放
    在 b 包中
package b;
import a.ProtectedClass;
public class SubClass2 extends ProtectedClass{
    protected void protectedMethod2(){
    protectedVar = "不同包中 SubClass2 继承 ProtectedClass 中的 protectedVar
                变量!";
        System.out.println(protectedVar);
        protectedMethod();      //调用 ProtectedClass 中的方法
    }
}

//TestProtectedClass.java 文件中定义公有类 TestProtectedClass,默认访问类
    型的 ProtectedClass 的子类 SubClass1,存放在 a 包中
package a;
import b.SubClass2;
class SubClass1 extends ProtectedClass{
    protected void protectedMethod1(){
        protectedVar = "同包中 SubClass1 继承 ProtectedClass 的 protectedVar
                变量!";
        System.out.println(protectedVar);
        protectedMethod();      //调用 ProtectedClass 中的方法
    }
}
public class TestProtectedClass{
    public static void main(String args[]){
```

```
        ProtectedClass pc = new ProtectedClass();
        pc.protectedMethod();
        SubClass1 sc1 = new SubClass1();
        sc1.protectedMethod1();
        SubClass2 sc2 = new SubClass2();
        // sc2.protectedMethod2();
    }
}
```

上述程序运行结果如图 4.7 所示。

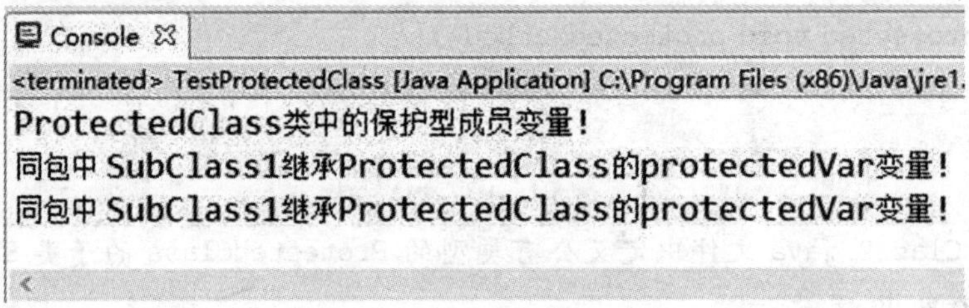

图 4.7　例 4.8 运行结果

在例 4.8 中，ProtectedClass、TestProtectedClass 和 SubClass1 类位于 a 包中，而 Sub-
Class2 类位于 b 包。SubClass2 和 SubClass1 都是 ProtectedClass 的子类，位于不同包。在
ProtectedClass 类中，保护类型成员 protectedVar 和 protectedMethod()可以被不同包中子类
SubClass1 和 SubClass2 直接访问。而在 TestProtectedClass 类中，可以访问同包 a 中 Pro-
tectedClass 和 SubClass1 中的保护类型成员，但不能访问不同包 b 中 SubClass2 中的保护类
型成员。若将 sc2.protectedMethod()语句前的注释去掉，则会出现编译错误。

4.7　内部类与匿名类

4.7.1　内部类

1. 内部类的定义

内部类是在一个类内部声明的类，也称为嵌套类。声明这个内部类的类称为外包类。内
部类定义的格式如下：

```
    [修饰符]class 外部类名 {
        ⋮
        [修饰符]class 内部类名{
            ⋮
        }
    }
```

内部类具有的特点：
(1)内部类可以与其他类成员并列声明，也可在成员方法体内声明。

（2）内部类的类名不能与外部类相同，它的作用域仅在声明它的类或方法体内，如果要在外部引用必须给出带有外部类名的完整名称。

（3）内部类支持 public、protected、private 和默认类型四种访问方式。

（4）内部类如果声明为 static 则变成顶层类，相当于它放在外面，不再能访问外部类成员。

（5）没有 static 修饰的内部类是非静态内部类，相当于外部类的一个普通成员，可以访问外部类中的任意成员，包括私有成员。

（6）非静态内部类与普通类相似，也可以有自己的类成员，但不能有自己静态成员，可以去访问外部类的静态成员。

（7）内部类可以是 abstract 或 final 类型，也可以是接口。是抽象的类可以由其他内部类继承，是接口则可以由其他内部类实现。

2. 内部类的使用

内部类应用属于 Java 高级编程的一部分，对于初学者来说它的作用并不显著，在大多数日常的编程中也很少使用内部类。但是，在图形用户界面的事件处理时，非静态内部类却非常有用，下面介绍非静态内部类的使用。

（1）内部类可以作为外包类的一个成员变量使用。

内部类可以直接访问外包类中的所有私有、非私有、静态、非静态成员。

内部类定义与外包类同名的变量时，表示内部类成员变量用 this. 同名变量名，表示外部类的成员变量用外部类名. this. 同名变量名。

（2）在外包类的语句块中定义内部类。

内部类可在方法体的语句块中定义。这时内部类可访问语句块中的局部变量，但当该方法运行结束后，内部类对象不能访问所在语句块中的局部变量，但可以访问语句块中的 final 变量（常量），因为 final 常量在方法结束后仍然存在。

（3）在外包类外的其他类中访问内部类。

在外包类之外访问内部类，引用内部类名时必须使用如下格式之一：

外部类名. 内部类名 内部类对象名＝外部类对象名. new 内部类构造方法；

外部类名. 内部类名 内部类对象名＝new 外部类构造方法. new 内部类构造方法；

关于内部类上述几方面的具体使用，我们通过例 4.9 来加以说明。

【例 4.9】内部类定义与使用示例。

```
class OuterClass {
    private int x;
    private int y;
    InnerClass ic = new InnerClass();      //内部类对象作外部类的成员变量
    public static void staticMethod(){
        System.out.println("外包类中的静态方法");
    }
    public void showInner(){
        System.out.println("外包类!");
        ic.showOuter();                    //使用外部类变量调用内部类方法
        InnerClass ic1 = new InnerClass();//在外部类方法中实例化内部类对象
```

```java
            ic1.showOuter();                    //使用内部类对象调用内部类方法
            ic1.showStatic();
            ic1.sameVar();
        }
        class InnerClass {                       //定义内部类
            private int y;
            public void showOuter(){
                x + = 10;                        //内部类访问外部类私有成员变量
                System.out.println("内部类 x ="+ x);


            }
        public void showStatic(){                //内部类调用外部类非私有静态方法
            staticMethod();
        }
        public void sameVar(){                   //内部类中同名变量的使用
            int y = 1;                           //内部类方法中的局部变量直接引用
            this.y = 2;                          //内部类成员变量用 this 引用
            OuterClass.this.y = 3;               //外部类成员变量用外部类名.this 引用
            System.out.println("方法内局部变量 y ="+ y +",内部类成员变量 y ="
                        + this.y +",外包类成员变量 y =" + OuterClass.
                        this.y);
            }
        }
        public void classInMethod(){
            final int z = 100;                   //方法内 final 变量
            double m = 32.34;
            class InMethodClass{                 //在外部类成员方法中定义内部类
                public void showFinal(){
                    System.out.println("方法中内部类访问 final 常量:z =" + z);
                    System.out.println("方法中内部类访问局部变量:m =" + m);
                }
            }
            //声明内部类对象,其作用域就是 classInMethod()方法体
            InMethodClass imc = new InMethodClass();
            imc.showFinal();
        }
    }
    public  class TestOuterClass{
    public static void main(String args[]){
```

```
        OuterClass oc = new OuterClass();
        oc.showInner();
        oc.classInMethod();
        //创建内部类对象
        OuterClass.InnerClass oic = oc.new InnerClass();
        oic.showOuter();
    }
}
```

上述程序运行结果如图 4.8 所示。

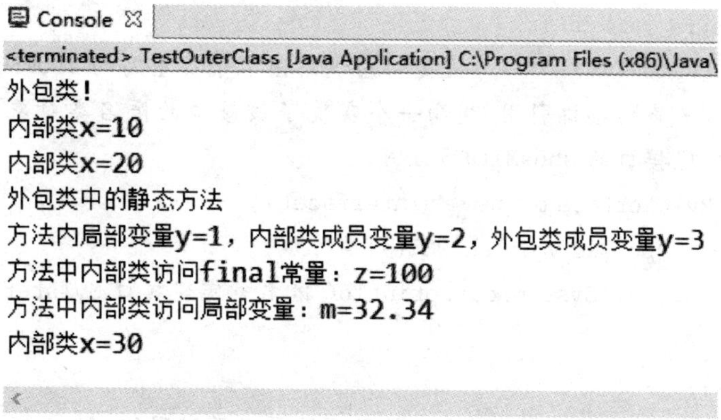

图 4.8　例 4.9 运行结果

4.7.2　匿名类

匿名类是一个没有类名的特殊的内部类,也叫做匿名内部类。匿名内部类适合创建只需要使用一次的类,创建匿名内部类时须继承一个已有的父类或实现一个接口。由于匿名类本身无名,因此也就不存在构造方法,而且匿名类不能重复使用。

匿名类没有名称,必须在创建时用 new 语句的一部分来声明它。匿名类的声明格式如下:

```
    new 类名或接口名(){
        类体
    }
```

注意:匿名类不能有构造方法,也不能包含静态成员。

【例 4.10】匿名类示例。

```
    interface MyInterface{          //定义接口
        void showMI();
    }
    class FatherClass {             //定义父类
        void showFC(){
            System.out.println("FatherClass 的方法!");
        }
    }
```

```
        }
    public class TestAnonymityClass{
        public static void main(String args[]){
            /* 声明父类引用将它指向匿名子类对象,并在匿名子类中重写父类的
             showFC()方法 */
            FatherClass f = new FatherClass(){      //定义匿名类
                void showFC(){
                    System.out.println("匿名类重写父类 FatherClass 的方法!");
                }
            };
            f.showFC();       //父类引用调用匿名子类重写的 showFC()方法
            /* 声明接口引用,指向一个实现了该接口的匿名类对象,并在匿名类内实
             现接口的 showMI()方法 */
            MyInterface m = new MyInterface(){
                public void showMI(){
                    System.out.println("匿名类实现接口 MyInterface 的方法!");
                }
            };
            m.showMI();       //接口引用调用匿名类实现的 showMI()方法
        }
    }
```

上述程序运行结果为:

　　匿名类重写父类 FatherClass 的方法!

　　匿名类实现接口 MyInterface 的方法!

4.8　泛型

4.8.1　泛型的引入

　　泛型(Generics)是程序设计语言的一种技术——泛化技术,可以将程序中数据类型进行参数化,它本质上是对程序的数据类型进行一次抽象,扩展语言的表达能力,同时支持更大程度的代码复用。Java 语言是在 JDK 1.5 中引入泛型技术的,它允许程序中某些特殊的数据在定义时不明确规定数据类型,而是被指定为一个参数,调用的时候再代入具体的数据类型。泛型的引入可以在编译时就完成类型检查,避免许多运行时产生的类型转换错误,从而增加了代码的正确性和稳定性。这种参数类型可以用在类、接口和方法的创建中,分别称为泛型类、泛型接口和泛型方法。JDK 1.5 以后的版本普遍应用了泛型,常用的集合类就是典型的泛型类。

　　在 JDK 1.5 之前没有引入泛型的情况下,集合类能够保存任何类的对象,可以通过 Object 的引用来实现参数的"任意化",但是"任意化"带来的缺点是要做显式的强制类型转换,这就要求程序员对实际参数类型是清楚的,并通过强制类型转换来调用某些具体对象的特定操

作。程序员可以通过一些人为的手段(如注释、特殊说明等)了解集合中保存的对象类型,但是编译器无法通过这些人为的手段了解集合中对象的具体类型,也没办法进行类型安全检查,当发生类型转换错误的时候,编译器不能提示错误,运行时候才会出现异常,这是一个严重的安全隐患。

【例 4.11】未用泛型的集合类。

```
import java.util. * ;
public classNoGenericTest {
    public static void main(String[] args) {
        ArrayList list = new ArrayList();
        list.add("list");
        list.add("array");
        list.add(100);
        for(int i = 0;i<list.size();i + + ) {
            String name = (String)list.get(i);              //1
            System.out.println("name:" + name);}
    }
}
```

例 4.11 定义了一个动态数组 ArrayList 的对象 list,先向其中加入了两个 String 类型的值,随后加入一个 Integer 类型的值。这是完全允许的,因为此时 list 默认的类型为 Object 类型。在之后的循环中,由于忘记了之前在 list 中也加入了 Integer 类型的值或其他原因,很容易出现类似于注释 1 处的编写错误,将第三个 Integer 类型的对象转换成了 String 类型,编译可以通过,但运行时会出现图 4.9 所示的异常。

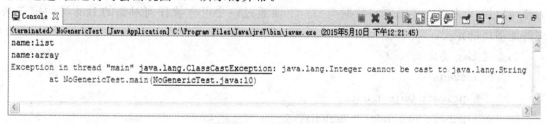

图 4.9 例 4.11 运行结果

如果使用泛型,就可以在编辑时使数组记住数组内元素的类型,并且能够做到只要编译时不出现问题,运行时就不会出现异常。

【例 4.12】使用泛型的集合类。

```
import java.util. * ;
public class GenericTest {
    public static void main(String[] args) {
        ArrayList <String> list = new ArrayList<String>();   //1
        list.add("list");
        list.add("array");
        list.add(100);                                       //2
```

```
            for(int i = 0;i<list.size();i + + ){
                String name = list.get(i);                          //3
                System.out.println("name:" + name);
            }
        }
```

　　例 4.12 采用泛型写法后,注释 1 处的 list 声明为 ArrayList<String>,表示集合只能存放 String 类型的对象,并且集合能够记住元素的类型信息,编译器能够确认所有元素都是 String 类型的,所以在注释 3 处无需进行强制类型转换,当程序员出现如注释 2 处的错误时,编译器会马上提示错误,如图 4.10 所示,而不会再出现运行时异常。因此引入泛型增加了程序的安全性、可读性与健壮性。

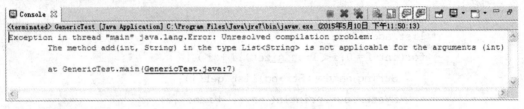

图 4.10　例 4.12 运行结果

4.8.2　泛型类与泛型接口

1. 泛型类的定义

　　泛型是对 Java 语言类型系统的一种扩展,以支持创建可以按类型进行参数化的类。泛型类定义与普通类定义相比,就是在类名后加了一个<T>来标明类型参数,在类体内部任何地方都可以用 T 来指代要操作的数据类型。下面通过一个可存放任何对象的 Bag 类的定义来理解泛型类的定义。

　　1)普通 Bag 类定义

```
    classBag{
        private Object data;
        public void add(Object d){
            data = d;
        }
        public Object get(){
            return data;
        }
    }
```

　　2)Bag 泛型类定义

```
    class Bag<T>{
        private T data;
        public void add(T d){
            data = d;
```

```
        }
        public T get(){
            return data;
        }
    }
```

　　如果一个普通的 Bag 类要想接收任何类型的对象,那么它的数据对象 data 就应该定义为 Object 类型,这样在实例化后就可以利用向上转型将任何类型的对象传递给它。要定义 Bag 的泛型类,只需将"class Bag"改为"class Bag<T>",并将类体中 Object 替换为 T 即可。T 可以看作类型的参数变量,在使用时再具体指定它为除了基本数据类型之外的任意类型(类、接口或通配符等),以此限定 Bag 能够接收的对象类型。如 Bag<Integer>只能接受 Integer 类对象,Bag<String>只能接受 String 类对象。

　　【例 4.13】Bag 泛型类的应用。

```
    public class GenericBagTest {
        public static void main(String[] args) {
            Bag<Integer> bag_i;
            Bag<String> bag_s;
            bag_i = new Bag <Integer>();
            bag_s = new Bag <String>();
            bag_i.add(new Integer(100));
            bag_s add("abc");
            System.out.println("bag_i 内是" + bag_i.get());
            System.out.println("bag_s 内是" + bag_s.get());
        }
    }
```

　　例 4.13 中实例化了两个 Bag 类对象,一个是 bag_i 只存放 Integer 对象,一个是 bag_s 只存放 String 对象,需要注意的是声明和实例化时都要在<　>内指定具体的类型。上述程序运行结果如图 4.11 所示。

图 4.11　例 4.13 运行结果

2. 泛型接口

　　泛型接口的定义比较简单,实现接口的类也要是泛型类,如果是普通类实现接口,那么应先指定泛型接口的类型。

　　【例 4.14】泛型接口的应用。

```
    interface Info<T>{
        public void setVar(T t) ;
```

```
        }
    class InfoImpl<T> implements Info<T>{
        public void setVar(T t){
            System.out.println("泛型类实现接口的内容:" + t);
        }
    }
    class InfoImp2 implements Info<String>{
        public void setVar(String t){
            System.out.println("普通类实现接口的内容:" + t);
        }
    }
    public class GenericInterfaceTest {
        public static void main(String[] args) {
            InfoImpl<String> i1 = new InfoImpl<String>();
            i1.setVar("泛型类");
            InfoImp2 i2 = new InfoImp2();
            i2.setVar("普通类");
        }
    }
```

在例 4.14 中定义了泛型接口 Info<T>,有两个类实现了这个接口,InfoImpl 是泛型类,定义时仍然可以使用类型参数 T,在实例化对象时再具体指定类型参数为 String 类型。而 InfoImp2 是普通类,它定义中不能有类型参数,因此实现泛型接口 info 要先指定类型,然后作为一个普通类一样使用。上述程序运行结果如图 4.12 所示。

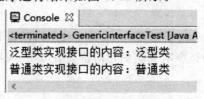

图 4.12　例 4.14 运行结果

4.8.3　泛型方法

在 Java 泛型中,类型参数也可以用在方法的参数或返回值中,这样的方法被称为泛型方法。泛型方法要在函数的修饰符(public/static/final/abstract 等)之后、返回值之前声明类型参数,然后在方法的参数或返回值处使用合适的类型参数即可,要注意的是这个类型参数的作用域仅限于方法内部。另外,泛型方法调用时,不需显式传递实参的类型,像普通方法调用即可。这主要是 Java 编译器具有类型推理能力,它根据调用泛型方法的实参的类型,推理得出被调用方法中类型变量的具体类型,并据此检查方法调用中类型的正确性。

【例 4.15】泛型方法的应用。

```
    public class GenericMethodTest {
```

```
public static void main(String[] args) {
    Integer  i = new Integer(100);
    String  s = "abc";
    printdata(i);
    printdata(s);
}
public static<T> void printdata(T t){
    System.out.println("T 的类型是" + t.getClass().getName());
    System.out.println("T 的内容是" + t);
}
}
```

　　例 4.15 中的静态方法 printdata()可以接受任何类型的参数,因此在返回值 void 之前声明<T>来表示它是一个泛型方法,并将它的参数类型定义为 T。main()函数内实例化了两个对象,Integer 对象 i 和 String 对象 s,将 i 和 s 作为参数来执行泛型方法 printdata()。上述程序运行结果如图 4.13 所示。

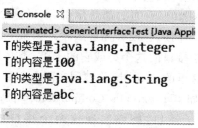

图 4.13　例 4.15 运行结果

4.8.4　泛型的类型参数

1. 常用的类型参数

泛型定义中的类型参数有多种形式,下面是几种常用的类型参数。

(1)E——Element,表示元素,一般在集合类中使用。如 Set 集合表示为 Set<E>,类型参数一般用 E。

(2)K——Key,表示键值。如 Map 类描述了一系列"键(key)—值(value)"之间的映射关系,所以表示为 Map<K,V>。

(3)N——Number,表示数字。可以用 Number 代表 Integer、Double 等数字型的类型。

(4)T——Type,表示类型。通常泛型定义中用到的类型,如 Bag<T>。

(5)V——Value,表示值。

(6)S、U、V 等——可被用作泛型的第二个、第三个和第四个类型参数,如 Bag<T,U>。

2. 类型参数的限制

泛型的类型参数是类类型的,因此它也存在继承关系,这样就可以利用类的继承关系来限制类型参数的范围。例如:

　　　　Bag<Number> bag = new Bag<Number>();

```
        bag.add(new Integer(100));
        bag.add(new Double(99.99));
```

Bag＜Number＞表示 Bag 能够接受 Number 类型的参数，因为 Integer 和 Double 都是 Number 的子类，父类 Number 能够容纳所有的子类对象，所以上面两条添加数据的代码是合法的。但是 Bag＜Integer＞和 Bag＜Double＞却不是 Bag＜Number＞的子类。

假设 Bag＜Number＞在逻辑上可以视为 Bag＜Integer＞和 Bag＜Double＞的父类，那么问题就出来了，通过 getData()方法取出数据时到底是什么类型呢？Integer、Double 还是 Number 类型？且由于程序执行过程中的顺序不可控性，导致在必要的时候必须要进行类型判断，且进行强制类型转换。显然，这与泛型的理念矛盾，因此，Bag＜Number＞不能视为 Bag＜Integer＞和 Bag＜Double＞的父类。

此外还可以利用 extends 来限制类型参数的范围，extends 后面可以是类或接口，表明类型参数是某个类的子类或者是实现接口的类，也可以是继承自接口。例如 Bag＜T extends Number＞表示类型参数 T 只能是 Number 的子类，这时候例 4.13 中声明 Bag＜Integer＞的引用 bag_i 是合法的，而声明 Bag＜String＞的引用 bag_s 就是不合法的。

普通类利用单继承和多接口实现复杂的多继承关系，泛型也可以在类型参数用一个类和多个接口来进行限制。如果 extends 后面的都是接口，表示这个类型参数是继承自多个接口的子接口，那么多个接口用"&"连接，且没有先后顺序。如果 extends 后面有一个类和多个接口，表示类型参数是实现了多个接口的这个类或它的子类，类必须写在 extends 后的第一个位置，其他的接口用"&"连接。这里的 extends 关键词实际上起到了普通类中 extends 和 implement 两个关键词的作用。例如＜T extends Comparable & Serializable＞表示 T 是继承自 Comparable 和 Serializable 的子接口，能够实现这两个接口中的所有方法。＜T extends SomeClass & Comparable & Serializable＞表示 SomeClass 是一个实现了 Comparable 和 Serializable 两个接口的类，T 是这个类或它的子类类型。

3. 通配符

Java 允许在泛型的参数类型中使用通配符来提高程序的灵活性。在泛型类中，参数类型的继承关系并不能迁移到泛型类中，也就是说，虽然 Integer 和 Double 都是 Number 的子类，但是 Bag＜Integer＞和 Bag＜Double＞却不是 Bag＜Number＞的子类。如果希望用一个通用的引用来指代各种 Bag＜T＞对象，就可以使用通配符（Wildcards）"?"。如 Bag＜? ＞类型的引用就可以接受任何 Bag 泛型类对象，可以看作是所有 Bag 泛型类的父类。

【例 4.16】无限通配符的应用。

```
    public class WildcardsTest {
        public static void main(String[] args) {
            Bag<Integer>    bag_i = new Bag<Integer>();
            Bag<String>    bag_s = new Bag<String>();
            bag_i.add(new Integer(100));
            bag_s.add("abc");
            printdata(bag_i);
            printdata(bag_s);
        }
```

```
        public static void printdata(Bag<? > b){
            System.out.println("bag 内是" + b.get());
        }
    }
```

在例 4.16 中泛型函数 printdata()的参数可以接受所有 Bag 泛型类的对象,因此利用通配符将它定义为 Bag<? >,它是一个父类引用,既可以指向 Bag<Integer>对象 bag_i,又可以指向 Bag<String>对象 bag_s。程序运行后的结果为:

    bag 内是 100

    bag 内是 abc

<? >可以指代任何类型的类或接口,因此被称为无限制通配符。其实通配符也可以利用 extends 和 super 两个关键词对其进行限制。假设有一个类 A,<? extends A>被称为类型参数的上限,表示类型参数可以是 A 及其子类。<? super A>被称为类型参数的下限,表示类型参数必须是 A 或其父类。

【例 4.17】受限通配符的应用。

```
    class Superclass{
        private String s = "这是父类!";
        public String toString(){
            return s;
        }
    }
    class Subclass extends Superclass{
        private String t = "这是子类!";
        public String toString(){
            return t;
        }
    }
    public class BoundedWildcardsTest {
        public static void main(String[] args) {
            Superclass sup = new Superclass();
            Subclass sub = new Subclass();
            Bag<Superclass> bsup = new Bag<Superclass>();
            Bag<Subclass> bsub = new Bag<Subclass>();
            bsup.add(sup);
            bsub.add(sub);
            print_up(bsup);
            print_up(bsub);
            print_down(bsub);
            print_down(bsup);
        }
```

```
    public static void print_up(Bag<? extends Superclass> s){
        System.out.println("通配符上限:" + s.get().toString());
    }
    public static void print_down(Bag<? super Subclass> s){
        System.out.println("通配符下限:" + s.get().toString());
    }
}
```

例 4.17 中的 print_up(Bag<? extends Superclass> s)表示 Bag 泛型的类型参数必须是 Superclass 及其子类,因此 main()主函数中将 Superclass 对象 bsup 和 Subclass 对象 bsub 作为 print_up 的参数是合法的。而 print_down(Bag<? super Subclass> s)采用的是通配符的下限方式,此时 print_down 的形参 s 所属的泛型类 Bag 只能接受 Subclass 及其父类对象。上述程序运行结果如图 4.14 所示。

图 4.14　例 4.17 运行结果

4.8.5　类型擦除

Java 中的泛型是为了提高程序的安全性和易用性,在编辑时避免一些类型转换错误而引入的,因此泛型仅存在于编辑阶段,编译时并不会将每一个类型的泛型类都对应一个 class,Java 虚拟机执行代码也与引入泛型前相同,不会有特别的操作。因此,在编译阶段就要将编辑时定义的类型参数去掉,将带有泛型的程序转换为不含泛型的普通程序,这被称为类型擦除。去掉了类型参数的类型名字就是该泛型对应的原始类型(raw type)。类型擦除遵循的规则如下:

(1)Java 虚拟机中没有泛型,只有普通类型和方法。进行擦除时,如果类型参数无限制就用 Object 替换;如果有限制,则用上限类型替代;如果有多个限制,则用第一个替代。例如 Bag<T>进行类型擦除时要用 object 替换,Bag<T extends Number>则可以用 Number 替换,如图 4.15 所示。

(2)对于含有泛型的表达式,用它的原始类型替代。例如 Bag<Integer>的原始类型是 Bag,在类型擦除后,Bag<Integer>被转换为 Bag。如果方法调用的返回值在擦除后与原来声明的类型不一致,那么编译器会自动加入相应的强制类型转换。

(3)对于泛型方法的擦除,会用原始类型替换方法的泛型参数或返回值,方法内的泛型也会随之替换,如果擦除后的返回值有不一致的情况,也会自动进行强制类型转换。

将例 4.13 擦除类型后的代码为:
```
    public class GenericBagTest {
```

```
class Bag<T>{                        class Bag{
    private T data;                      private Object data;
    public void add(T d){                public void add(Object d){
        data=d;                              data=d;
    }                                    }
    public T get(){                      public Object get(){
        return data;                         return data;
    }                                    }
}                                    }


class Bag<T extends Number>{         class Bag{
    private T data;                      private Number data;
    public void add(T d){                public void add(Number d){
        data=d;                              data=d;
    }                                    }
    public T get(){                      public Number get(){
        return data;                         return data;
    }                                    }
}                                    }
```

图 4.15　类型替代结果

```
public static void main(String[] args) {
    Bag bag_i = new Bag();        //擦除类型转换为原类型 Bag
    Bag bag_s = new Bag();        //擦除类型转换为原类型 Bag
    bag_i.add(new Integer(100));
    bag_s.add("abc");
    System.out.println("bag_i 内是" + (Integer)bag_i.get());
                                        //编译器自动转换类型
    System.out.println("bag_s 内是" + (String)bag_s.get());
                                        //编译器自动转换类型
}
}
```

　　Java 虚拟机中只有普通类型而没有泛型,主要是为了与 JDK 1.5 之前的版本兼容。JDK 1.5 以后广泛应用了泛型定义如集合类,应用时要尽量使用泛型,不要将原始类型和泛型混合使用,否则运行时仍然会出现许多错误,降低程序的安全性和健壮性。

小　结

　　本章介绍了 Java 面向对象的高级特性,包括 static 关键词、final 关键词、abstract 关键词、接口、包、访问控制权限、内部类、匿名类和泛型。其中抽象类、接口、包与访问控制权限是 Java 面向对象的重要高级特征,也是本章的重点。接口不但能够实现 Java 的多继承功能,避免了程序复杂性与不安全性,还能与抽象类一起实现 Java 中的多态。包则完成命名空间有效管理,并与访问控制权限共同实现 Java 的封装特性。

习　题

一、选择题

1. 下列说法中正确的是(　　)。

A. Java 中包的主要作用是实现跨平台功能

B. package 语句只能放在 import 语句后面

C. 包由一组类和接口组成

D. 可以用 ♯include 关键词来标明来自其他包中的类

2. 一个类在实现接口时,必须(　　)。

A. 额外定义一个实例变量   B. 实现接口中的所有方法

C. 扩展该接口   D. 以上答案都不对

3. 在 Java 中,能实现多继承效果的方式是(　　)。

A. 内部类   B. 适配器   C. 接口   D. 同步

4. 关于接口特性,下述正确的是(　　)。

A. 接口中的方法可以有参数列表、返回类型和方法体

B. 接口中可以包含字段,但是会被隐式地声明为 static 和 final

C. 接口中的方法必须声明为 public,结果才会按照 public 类型处理

D. 以上都正确

5. Java 中的包是(　　)。

A. 命名机制   B. 可见性限制机制

C. 封装机制   D. 以上都是

6. 下面关于抽象类说法错误的是(　　)。

A. 若一个类中包含了抽象方法,那么该类必须声明为抽象类

B. 抽象类只能继承,不能被实例化

C. 用 abstract 关键词修饰的类称为抽象类

D. 抽象类必须包含抽象方法

7. 对静态成员(用 static 修饰的变量或方法)的不正确描述是(　　)。

A. 静态成员是类的共享成员

B. 静态变量要在定义时就初始化

C. 调用静态方法时要通过类或对象激活

D. 只有静态方法可以操作静态属性

8. 在 Java 中,由 Java 编译器自动导入的默认包是(　　)。

A. java. applet   B. java. awt   C. java. util   D. java. lang

9. 若一个类的成员方法可被其他包中的子类和同包中的其他类访问,则应使用(　　)权限。

A. public　　　　　B. private　　　　　C. protected　　　　D. 默认权限

10.下列关于匿名类说法错误的是(　　)。

A.匿名类是一种内部类

B.匿名类没有名字,故对象只能使用一次

C.接口引用可以指向实现该接口的匿名类对象

D.匿名类可以重写父类方法

11.下列关于内部类说法错误的是(　　)。

A.内部类可以是抽象类　　　　　　B.内部类可以访问外包类的静态成员变量

C.内部类只能是类,不能是接口　　　D.内部类的名字不能与外包类的名字相同

12.关于泛型的说法正确的是(　　)。

A.泛型是 JDK 1.5 出现的新特性　　B.泛型是一种安全机制

C.使用泛型避免了强制类型转换　　　D.使用泛型必须进行强制类型转换

13.在 Vector<? extends Number>x＝new Vector<Integer>();语句中"?"代表的参数化类型是(　　)。

A. Integer 类　　　　　　　　　　B. Number 类

C. Float 类　　　　　　　　　　　D. Number 及其子类

14.下列(　　)是泛型类型参数中使用的通配符。

A. ?　　　　　　　B. ＊　　　　　　　C. ♯　　　　　　　D. &

二、上机测试题

1.定义一个抽象类 Shape,它包含用于计算面积和周长的抽象方法 area()、perimeter()。定义两个非抽象子类分别是长方形 Rectangle 和三角形 Triangle。设计一个主类,分别测试 Rectangle 和 Triangle 的方法。注意:三角形面积公式为:$s＝(a＋b＋c)/2$;　$area＝Math.sqrt(s*(s-a)*(s-b)*(s-c))$。

2.定义一个包含计算面积 area()和计算体积 volume()抽象方法的几何图形接口 Shape。然后再定义实现该接口的正方体、长方体和圆柱体的类。最后设计一个主程序,利用多态特性计算正方体、长方体和圆柱体的面积与体积。

3.定义一个 Compute 接口,由抽象方法 add()、substract()、multiply()和 divide()分别实现加、减、乘、除四种算术运算功能。再定义一个类 Computer,它有两个成员变量 X(int)和 Y(int),两个构造函数(无参数和有两个参数的),四个成员函数(分别获取和修改 X、Y 的值)。用 Computer 类实现 Compute 接口,分别用四个接口方法实现 X 和 Y 两个变量的加、减、乘、除运算。最后定义一个主类 TestComputer,测试 Computer 类以及集合的方法。

4.将第 3 题中的 Computer 类改为泛型类,使其可以实现数值型变量的加、减、乘、除运算功能。

第 5 章 Java 常用类库

Java API(Java Application Interface)是 Java 应用程序编辑接口。Java API 中提供了很多常用的类库,供编程人员使用。本章介绍常用的 Java 类库,包括包装类、Math 类、String 类、StringBuffer 类、Scanner 类、Date 类、SimpleDateFormat 类和集合框架。

5.1 包装类

Java 是面向对象的编程语言,但它包含的 8 种基本数据类型不支持面向对象的编程机制,基本数据类型的变量不能当作对象变量使用。为了解决这个问题,Java 提供了包装类(Wrapper Class)即用来把基本数据类型表示成类。

包装类位于 java. lang 包,每个基本数据类型都有对应的包装类,其对应关系如表 5.1 所示。由于 8 个包装类的使用比较类似,下面主要介绍 Integer 和 Double 类的常用方法,其他包装类相关方法可以参考 java. lang 包中的源文件。

表 5.1 包装类与其对应的基本数据类型

包装类	基本数据类型
Boolean	boolean
Byte	byte
Character	char
short	short
Integer	int
Long	long
Float	float
Double	double

5.1.1 Integer 类

Integer 类是整型包装类,包含了常量属性、构造方法以及各种操作方法。

1. 构造方法

public Integer(int i)   由整型变量创建 Integer 类对象。

public Integer(String s)   由数字字符串创建 Integer 类对象。

例如：Integer i = new Integer(1234);

　　　Integer i = new Integer("1234");

2. 常用方法

public static int parseInt(String s)　将数字字符串 s 转换为整数。

public static int parseInt(String s,int radix)　将 radix 指定进制的数字字符串 s 转换为整数。

例如：将八进制数字字符串"12"转换为 int，则结果为 10。

int n＝Integer. parseInt("12",8);

例如：将十六进制数字字符串"ff"转换为 int，则结果为 255。

int n＝Integer. parseInt("ff",16);

public static Integer valueOf(String s)　将数字字符串 s 转换为整数对象。

public static Integer valueOf(String s,int radix)　将 radix 指定进制的数字字符串 s 转换为整数对象。

public static String toString(int i)　将整数 i 转换为十进制形式的字符串。

public static String toBinaryString(int i)　将整数 i 转换为二进制形式的字符串。

public static String toOctalString(int i)　将整数 i 转换为八进制形式的字符串。

public static String toHexString(int i)　将整数 i 转换为十六进制形式的字符串。

public int intValue()　返回 Integer 对象的值。

【例 5.1】Integer 包装类的应用。

```java
public class IntegerDemo {
    public static void main(String[] args) {
        Integer a1 = new Integer(5);
        Integer a2 = new Integer("5");
        int i1 = a1. intValue();
        int i2 = a2. intValue();
        Integer a = Integer. valueOf("123");
        int i3 = a. intValue();
        int i4 = Integer. parseInt("123");
        String binStr = Integer. toBinaryString(128);
        String octStr = Integer. toOctalString(128);
        String hexStr = Integer. toHexString(128);
        System. out. println("i1 = " + i1);
        System. out. println("i2 = " + i2);
        System. out. println("i3 = " + i3);
        System. out. println("i4 = " + i4);
        System. out. println("binStr = " + binStr);
        System. out. println("octStr = " + octStr);
        System. out. println("hexStr = " + hexStr);
    }
}
```

上述程序运行结果为：

```
i1 = 5
i2 = 5
i3 = 123
i4 = 123
binStr = 10000000
octStr = 200
hexStr = 80
```

5.1.2　Double 类

Double 类是浮点数包装类，包含了常量属性、构造方法以及各种操作方法。

1. 构造方法

public Double (double value)　由浮点型数值创建 Double 类对象。

public Double (String s)　由数字字符串创建 Double 类对象。

2. 常用方法

public static double parseDouble(String s)　将数字字符串 s 转换为浮点数。

public static String toString(double i)　将浮点数 i 转换为字符串。

public static String toHexString(double i)　将浮点数 i 转换为十六进制形式的字符串。

public static Double valueOf(double d)　将浮点数 d 转换为 Double 对象。

public static Double valueOf(String s)　将字符串 s 转换为 Double 对象。

public double doubleValue()　返回 Double 对象的值。

【例 5.2】Double 包装类的应用。

```java
public class DoubleDemo {
    public static void main(String[] args) {
        Double dObject1 = new Double(5.345);
        Double dObject2 = new Double("5.345");
        double d1 = dObject1.doubleValue();
        double d2 = dObject2.doubleValue();
        double d3 = Double.parseDouble("123.2345");
        String hexStr = Double.toHexString(d3);
        System.out.println("d1 = " + d1);
        System.out.println("d2 = " + d2);
        System.out.println("d3 = " + d3);
        System.out.println("hexStr = " + hexStr);
        System.out.println("最大值 = " + Double.MAX_VALUE);
        System.out.println("最小值 = " + Double.MIN_VALUE);
    }
}
```

上述程序运行结果为

  d1 = 5.345

  d2 = 5.345

  d3 = 123.2345

  hexStr = 0x1.ecf020c49ba5ep6

  最大值 = 1.7976931348623157E308

  最小值 = 4.9E - 324

5.1.3　包装类的特点

（1）所有的包装类都是 final 类型，不能派生子类。

（2）包装类是不可变类，包装类的对象自创建后，它所包含的基本数据类型的值不能改变。

（3）从 JDK 1.5 开始，Java 对基本数据类型提供了自动装箱（autoboxing）和自动拆箱（autounboxing）功能，也就是实现了基本数据类型和对应包装类的自动转换。在程序中该使用对象的地方使用了基本数据类型的数据，编译器会自动把该数据包装为对应的包装类对象，这称为自动装箱。类似地，程序中该使用基本数据类型数据的地方使用了包装类对象，编译器会把该对象拆箱，取出所包含基本类型数据，称为自动拆箱。例如：

```
//int 类型会自动转换为 Integer 类型
int m = 12;
Integer in = m;
//Integer 类型会自动转换为 int 类型
int n = in;
```

5.2　Math 类

在程序设计时，有时需要进行一些基本的算术运算，例如计算最大值、最小值、对数运算等。java.lang 包中的 Math 类包含许多用来进行科学计算的方法和数字常量，可满足用户需求。Math 类是 final 类，其所有成员方法都是静态方法，可直接通过类名调用。

1. 常量

Math 类中提供了两个常量字段，即 E 和 PI。

（1）public static final double E：表示自然对数的底数。

（2）public static final double PI：表示周长与直径之比。

2. 常用方法

1）取最小/最大值

public static int max(int val1,int val2)　　返回 val1 和 val2 中最大值。

public static int min(int val1,int val2)　　返回 val1 和 val2 中最小值。

说明，上述方法的参数也可以是其他整型或浮点类型。

2）绝对值

public static int abs(int a)　　返回整数 a 的绝对值。

`说明，该方法的参数也可以是其他整型或浮点类型。

3）数值舍入

public static int round(float a)   返回最接近参数 a 的 int 值。

public static long round(double a)   返回最接近参数 a 的 long 值。

public static double rint(double a)   返回最接近参数 a 的 double 型整数值。

public static double ceil(double a)   返回大于或等于参数 a 最小整数。

public static double floor(double a)   返回小于或等于 a 的最大整数。

说明：round 和 rint 方法表示四舍五入操作；ceil 方法是向上取整；floor 方法是向下取整。

4）幂指数与对数

public static double exp(double a)   求常数 e 的 a 次方。

public static double pow(double a,double b)   求 a 的 b 次方。

public static double log(double a)   求以常数 E 为底 a 的对数。

public static double log10(double a)   求以常数 10 为底 a 的对数。

public static double sqrt(double a)   求 a 的正平方根。

public static double cbrt(double a)   求 a 的立方根。

5）三角函数

public static double sin(double a)   求正弦值。

public static double cos(double a)   求余弦值。

public static double tan(double a)   求正切值。

public static double asin(double a)   求反正弦值。

public static double acos(double a)   求反余弦值。

public static double atan(double a)   求反正切值。

public static double toDegrees(double angrad)   将弧度近似转变为角度。

public static double toRadians(double angdeg)   将角度近似转变为弧度。

【例 5.3】Math 类应用。

```java
public class MathDemo{
    public static void main(String[] args){
        System.out.println("Math.min(19,7) = " + Math.min(19,7));
        System.out.println("Math.max(9,7) = " + Math.max(9,7));
        System.out.println("Math.round(9.4) = " + Math.round(9.4));
        System.out.println("Math.rint(9.4) = " + Math.rint(9.4));
        System.out.println("Math.log(Math.E) = " + Math.log(Math.E));
        System.out.println("Math.exp(Math.E) = " + Math.exp(Math.E));
        System.out.println("Math.pow(3,4) = " + Math.pow(3,4));
        System.out.println("Math.cos(Math.PI/4) = " + Math.cos(Math.PI/4));
        System.out.println("Math.sin(Math.PI/4) = " + Math.sin(Math.PI/4));
        System.out.println("Math.toDegrees(Math.PI/4) = " + Math.toDegrees
            (Math.PI/4));
        System.out.println("Math.toRadians(Math.toDegrees(Math.PI/4)) = " + M
```

```
       ath.toRadians(Math.toDegrees(Math.PI/4)));
     }
   }
```

上述程序运行结果为

　　Math.min(19,7) = 7

　　Math.max(9,7) = 9

　　Math.round(9.4) = 9

　　Math.rint(9.4) = 9.0

　　Math.log(Math.E) = 1.0

　　Math.exp(Math.E) = 15.154262241479262

　　Math.pow(3,4) = 81.0

　　Math.cos(Math.PI/4) = 0.7071067811865476

　　Math.sin(Math.PI/4) = 0.7071067811865475

　　Math.toDegrees(Math.PI/4) = 45.0

　　Math.toRadians(Math.toDegrees(Math.PI/4)) = 0.7853981633974483

5.3　String 类与 StringBuffer 类

　　字符串是若干字符的有限序列。字符串在 Java 中是对象,java.lang 包中提供了 String 和 StringBuffer 来表示字符串。其中 String 对象表示字符串常量,是不能修改的,String-Buffer 对象表示字符串变量,是可扩充和修改的。

5.3.1　String 类

　　String 对象是不可变对象,一经被初始化和赋值,它的值就不能修改。对已经存在的 String 对象的修改都是重新创建一个包含新值的对象。

1. 常用构造方法

public String()　　创建空字符串对象。

public String(String value)　　创建字符串 value 的副本。

public String(char[] value)　　通过字符数组 value 创建字符串对象。

public String(StringBuffer buffer)　　通过 StringBuffer 创建字符串对象。

例如:字符串对象的创建实例。

```
    String str1 = "Hello";              //用字符串常量直接创建字符串对象
    String str2 = new String();         //创建空字符串
    String str3 = new String("Hello");  //创建内容为 Hello 的字符串对象
    String str4 = new String(str1);     //创建内容为 Hello 的字符串对象
    char[] cstr = {'h','e','l','l','o'};  //定义字符数组
    String str5 = new String(cstr);     //创建内容为 hello 的字符串对象
```

2. 字符串提取与定位

字符串提取是指提取字符串中指定位置的字符或子串,定位是指确定指定的字符或子串

在字符串中的位置。这两种操作均与字符串中字符的位置有关。

1）提取操作相关方法

public char charAt(int index)　返回字符串中指定位置 index 处的字符。

public String substring(int bgIndex，int cdIndex)　返回字符串中指定位置（从 beginIndex 至 endIndex-1）中的子串。如果只指定 beginIndex 的值，返回的子串是从指定位置开始直至字符串的最后。

说明：字符串中字符的位置索引从 0 开始。方法的参数不能小于 0 也不能大于字符串本身的长度，否则运行时将抛出 StringIndexOutOfBoundsException 异常。

2）定位操作的相关方法

public int indexOf(int ch)　返回字符 ch 在字符串中首次出现的位置。

public int indexOf(String str)　返回字符串 str 在字符串中首次出现的位置。

说明：上述方法如找不到指定的字符或子串，则返回−1。

【例 5.4】String 类的提取与定位操作方法。

```
public class StrFindAndLocateDemo {
    public static void main(String[] args){
        String str = "Java 语言实用教程";
        char c = c = str.charAt(3);
        String substr1 = str.substring(3);
        String substr2 = str.substring(5,9);
        int index1 = str.indexOf(c);
        int index2 = str.indexOf(substr2);
        System.out.println("c = " + c);
        System.out.println("substr1 = " + substr1);
        System.out.println("substr2 = " + substr2);
        System.out.println("index1 = " + index1 + "; index2 = " + index2);
    }
}
```

上述程序运行结果为：

```
c = a
substr1 = a 语言实用教程
substr2 = 言实用教
index1 = 1; index2 = 5
```

3. 字符串比较

String 类提供有关字符串比较方法，可对两个字符串进行大小或相等比较。

public int compareTo(String str)　比较当前字符串与 str 字符串之间的大小关系，按小于、等于、大于的比较结果，其返回值分别为小于 0、等于 0、大于 0。

public boolean equals(Object obj)　判断当前字符串与 obj 指定的字符串内容是否相等（区分大小写），若相等返回 true，否则返回 false。

public boolean equalsIgnoreCase(String obj)　判断当前字符串与 obj 指定的字符串内容

是否相等(忽略大小写),若相等返回 true,否则返回 false。

运算符"＝＝"用于判断两个字符串引用是否指向同一个字符串对象。

【例 5.5】String 类的字符串比较操作。

```
public class StrCompareDemo {
    public static void main(String[] args){
        String temp = null;
        String
        str[] = {"China","America","Japan","England","Germany","France"};
        String str1 = "java";
        String str2 = "JAVA";
        String str3 = new String(str1);
        //字符串排序
        for(int i = 0;i<str.length;i++)
          for(int j = i+1;j<str.length;j++)
            if(str[i].compareTo(str[j])>0){
                temp = str[i];
                str[i] = str[j];
                str[j] = temp;
            }
        //将排序的结果输出
        for(int i = 0;i<str.length;i++)
            System.out.print(str[i]+";");
        System.out.println("\nstr1 equals str2:" + str1.equals(str2));
         System.out.println("str1 equalsIgnoreCase str2:" + str1.equal-
            sIgnoreCase(str2));
        System.out.println("str1 equals str3:" + str1.equals(str3));
        System.out.println("str1 = = str3:" + str1.equals(str3));
    }
}
```

上述程序运行结果为:

```
America;China;England;France;Germany;Japan;
str1 equals str2:false
str1 equalsIgnoreCase str2:true
str1 equals str3:true
str1 = = str3:true
```

4.其他数据类型转换为字符串

public static String valueOf(type value)　　将指定数据类型的值转换为字符串,其中 type 表示基本数据类型或引用类型。

例如:

```
String str = String.valueOf(true);    //返回字符串为"true"
String str1 = String.valueOf(3.1435);    //返回字符串为"3.1435"
```

5. 字符串大小写转换

public String toLowerCase()　将字符串转换成小写。

public String toUpperCase()　将字符串转换成大写。

6. 字符串替换

public String replaceAll(char oldChar,char newChar)　把字符串中的 oldChar 字符替换为 newChar 字符。

public String replaceAll(String str1,String str2)　用字符串 str2 替换字符串中出现的所有 str1 字符串。

例如:用"abcdefg"字符串常量创建一个字符串对象 str1,并用字符'z'替换字符串中所有的字符'c'。代码如下:

```
String str1 = "abcdefg";
String str2 = str1.replace('c','z');
System.out.println(str1.toString());    //输出结果为 abcdefg
System.out.println(str2.toString());    //输出结果为 abzdefg
```

7. 其他方法

publicString contact(String str)　将字符串 str 连接至当前字符串的尾部。

public String trim()　删除字符串首尾空格。

public int length()　返回字符串的长度。

public String[] split(String regex)　将字符串按指定的分隔符 regex 分隔成若干子串,返回分隔后的字符串数组。

5.3.2　StringBuffer 类

StringBuffer 类是字符串缓冲类,用于创建和操作动态字符串,其对象表示字符串变量,可以扩充和修改。StringBuffe 对象分配的内存会随着内容增加自动扩展。

1. 构造方法

public StringBuffer()　创建空 StringBuffer 对象,默认容量大小为 16 个字符。

public StringBuffer(int length)　创建容量为 length 的 StringBuffer 对象。

public StringBuffer(String str)　用指定字符串 str 创建 StringBuffer 对象,该对象的初始容量为 str.length 加 16。

例如:

```
String str1 = new String("ok");
StringBuffer strb1 = new StringBuffer(256);
StringBuffer strb2 = new StringBuffer(str1);
```

2. 长度与容量

public int length()　获取 StringBuffer 对象字符串有效长度。

public int capacity()　获取 StringBuffer 对象当前容量。

public void setLength(int newlength)　设置字符串的有效长度为 newlength。若当前字符串的长度大于 newLength,则多余的部分将被删除。

3. 字符串的基本操作

public StringBuffer append(String str)　将字符串 str 添加到当前字符串对象的尾部。另外,方法的参数也可以是各种基本数据类型或引用类型,在执行时,系统会调用 String 类的 valueOf 类方法将参数值转换成字符串然后再添加到当前字符串对象的尾部。

public StringBuffer insert(int offset,String str)　将字符串 str 插入到当前字符串指定位置 offset 处。其中,第二个参数类型也可以是基本数据类型或引用类型。

public StringBuffer delete(int start,int end)　删除指定范围内(start 到 end−1)的所有字符。

public StringBuffer replace(int start,int end,String str)　将指定范围内的所用字符用 str 替换。

public StringBuffer reverse()　将当前字符串进行逆置处理,即原来出现在位置 i 中的字符将出现在位置 n−1−i 中,其中 n 是当前字符串的长度。

【例 5.6】StringBuffer 类的长度与容量操作。

```java
public class StringBufferDemo {
    public static void main(String[] args) {
        StringBuffer buffer1 = new StringBuffer();
        StringBuffer buffer2 = new StringBuffer(10);
        StringBuffer buffer3 = new StringBuffer("Hello");
        System.out.println("buffer1 的长度为" + buffer1.length() +";容量为"
            + buffer1.capacity());
        System.out.println("buffer2 的长度为" + buffer2.length() +";容量为"
            + buffer2.capacity());
        System.out.println("buffer3 的长度为" + buffer3.length() +";容量为"
            + buffer3.capacity());
    }
}
```

上述程序运行结果为:

buffer1 的长度为 0;容量为 16

buffer2 的长度为 0;容量为 10

buffer3 的长度为 5;容量为 21

【例 5.7】StringBuffer 类的基本操作。

```java
public class StringBufferOpDemo {
    public static void main(String[] args) {
        String string = "Good morning";
        char charArray[] = {'a','b','c','d','e','f'};
        boolean bl = true;
```

```
char c = ´A´;
StringBuffer sb = new StringBuffer();
sb.append(string);
sb.append(" ");
sb.append(charArray);
sb.append(" ");
sb.append(bl);
sb.append(" ");
sb.append(c);
String result = sb.toString();
System.out.println("追加后的字符串内容为\"" + result + "\"");
sb.insert(0,"你好");
result = sb.toString();
System.out.println("插入后的字符串内容为\"" + result + "\"");
sb.delete(0, 3);
result = sb.toString();
System.out.println("删除后的字符串内容为\"" + result + "\"");
    }
}
```

上述程序运行结果为：

　　追加后的字符串内容为"Good morning abcdef true A"

　　插入后的字符串内容为"你好 Good morning abcdef true A"

　　删除后的字符串内容为"ood morning abcdef true A"

5.4　Scanner 类

java.util.Scanner 是一个使用正则表达式解析基本数据类型和字符串的简单文本扫描器。Scanner 依据分隔符将输入数据分解为一系列标记，默认分隔符为空白（空格、回车、换行、制表符、文件分隔符等），然后使用各种 next 方法将标记转换为不同类型的值。

1. 常用构造方法

public Scanner(File source)　　创建从文件扫描数据的 Scanner 对象。

public Scanner(String source)　　创建从字符串扫描数据的 Scanner 对象。

public Scanner(InputStream source)　　创建从字节输入流扫描数据的 Scanner 对象。

2. 常用方法

public Scanner useDelimiter(String pattern)　　设置 Scanner 分隔符。

public boolean hasNext()　　判断扫描器的输入是否有标记。若有，返回 true。

public String next()　　从扫描器输入中读取标记。

public boolean hasNextLine()　　判断扫描器的输入是否有一行数据。

public String nextLine()　　从扫描器输入中读取行数据。

public boolean hasNextXxx()　　判断扫描器的输入是否有 xxx 类型数据，xxx 表示基本数据类型（不包括 char），如 int、byte、boolean 等。

public Xxx nextXxx()　　从扫描器输入中读取 xxx 类型数据。

public void close()　　关闭当前扫描器。

nextXxx() 和 haseNextXxx() 方法执行时都会堵塞，等待输入数据。通常情况下，在从键盘读取数据时，先使用 hasNextXxx 方法判断读取的数据类型是否存在，然后再调用对应的 nextXxx() 方法读取数据。

下面重点介绍 Scanner 从键盘获取输入数据，首先使用下面的语句创建一个对象：

> Scanner reader＝new Scanner(System. in)；

其中，参数 System. in 为标准输入流，将在第 7 章详细讲解。然后调用相关的 next 方法，读取用户在控制台输入的各种数据类型。

【例 5.8】使用 Scanner 类的 next() 方法实现最简单的数据输入。

```java
import java.util.Scanner;
public class ScannerDemo {
    public static void main(String[] args) {
        Scanner scan = new Scanner(System.in);
        System.out.print("输入的数据:");
        String str = scan.next();           //从键盘接收数据
        System.out.println("输出的数据:" + str);
        scan.close();                       //关闭扫描器
    }
}
```

上述程序运行结果为：

> 输入的数据:goodafternoon
>
> 输出的数据:goodafternoon

但是，如果在以上程序中输入了带有空格的内容，则只能取出空格之前的数据，结果如下所示：

> 输入的数据:good afternoon
>
> 输出的数据:good

从运行结果中可以发现，空格后的数据没有了，造成这样的结果是因为 Scanner 默认分隔符是空白字符，所以调用一次 next 方法只能读取一个标记。为了保证程序的正确，可以将分隔符号修改为"\n"（换行）。

【例 5.9】设置 Scanner 分隔符。

```java
import java.util.Scanner;
public class ScannerDemo {
    public static void main(String[] args) {
        Scanner scan = new Scanner(System.in);
        scan.useDelimiter("\n");   // 设置 Scanner 类的分隔符
```

```
System.out.print("输入的数据:");
String str = scan.next();      //从键盘接收数据
System.out.println("输出的数据:" + str);
scan.close();                    //关闭扫描器
    }
}
```

上述程序运行结果为:

    输入的数据:good morning

    输出的数据:good morning

以上代码完成了字符串内容的输入,如果要输入 int 或 float 类型的数据,在 Scanner 类中也支持,但是在输入之前最好先使用 hasNextXxx()方法进行验证。

【例 5.10】连续输入 int、float 数据,直到输入字符串"q"退出程序。

```
import java.util.Scanner;
public class ScanIntFloatDemo {
    public static void main(String[] args) {
        Scanner scan = new Scanner(System.in);
        int i = 0;
        float f = 0.0f;
        System.out.println("输入整数或实数,输入'q'退出程序!");
        while(true){
            if(scan.hasNextInt()){          //判断输入的是否是整数
                i = scan.nextInt();           //接收整数
                System.out.println("整数:" + i);
            }else if(scan.hasNextFloat()){   //判断输入的是否是小数
                f = scan.nextFloat();         //接收小数
                System.out.println("实数:" + f);
            }else {
                String str = scan.next();
                if(str.equalsIgnoreCase("Q"))
                    break;
                else
                    System.out.println("输入不是整数或实数或'Q',请继续!");
            }
        }
        System.out.println("程序结束。");
        scan.close();                         //关闭扫描器
    }
}
```

5.5　日　期　类

在许多应用中都会涉及日期及其格式的处理。Java 中提供的常用日期类有 Date、Calendar 以及日期格式类 DateFormat。而 Calendar 和 DateFormat 都是抽象类，一般使用时会用它们的子类 GregorianCalendar 和 SimpleDateFormat。本节主要介绍 Date 和 SimpleDateFormat 类的使用。

5.5.1　Date 类

Date 类是 java.util 包中一个相对简单、但使用比较频繁的类，它提供了独立于具体系统的日期和时间的表示形式。Date 类表示特定的时间点，可以精确到毫秒。从 JDK 1.0 起 Date 就开始存在，目前很多构造方法和成员方法都已过时，不再推荐使用，下面仅介绍未过时的方法。

1. 构造方法

public Date()　创建获取当前日期和时间的 Date 对象。

public Date(long date)　创建距离 GMT(格林尼治标准时间)1970 年 1 月 1 日 00:00:00 之前或者之后 date 毫秒数的 Date 对象。

2. 日期比较方法

public boolean before(Date when)　判断此日期是否在指定日期 when 之前。

public boolean after(Date when)　判断此日期是否在指定日期 when 之后。

public boolean equals(Object obj)　比较两个日期是否相等。

3. 日期获取与设置

public long getTime()　返回自 1970 年 1 月 1 日 00:00:00 GMT 之后 Date 对象表示的毫秒数。

public void setTime(long time)　设置此 Date 对象距离 1970 年 1 月 1 日 00:00:00 GMT 之后 time 毫秒的时间点。

5.5.2　SimpleDateFormat 类

java.text.DateFormat 是日期/时间格式化类，它可以用来格式化(日期→文本)或解析(文本→日期)日期或时间。但由于该类是抽象类，不能创建对象，所以通常用其子类 SimpleDateFormat 类来处理日期的格式化。

1. 构造方法

public SimpleDateFormat()　使用默认模式创建 SimpleDateFormat 对象。

public SimpleDateFormat(String pattern)　创建指定模式的 SimpleDateFormat 对象。其中参数 pattern 表示日期时间模式字符串。

日期时间格式由日期时间模式字符串指定。在日期时间模式字符串中，所有的 ASCII 字母被保留为模式字母，用来表示日期或时间字符串元素。文本可以使用单引号引起来，以免进行解释。所有其他字符均不解释，只在格式化时将它们简单作为输出字符串。常用的日期和时间模式字符元素为：

G——表示年代；

y——表示年；

M——表示年中的月份；

w——表示一年中的第几周；

W——表示一月中的第几周；

D——表示一年中第几天；

d——表示一月中第几天；

F——表示一月中第几个星期；

E——表示一周中每日的名称；

a——表示上午(AM)或下午(PM)；

H——表示一天中的小时数(0~23)；

h——表示 am/pm 中的小时数(1~12)；

K——表示 am/pm 中的小时数(0~11)；

k——表示一天中的小时数(1~24)；

m——表示小时中的分钟数；

s——表示分钟中的秒数；

S——表示毫秒数；

z——表示时区。

模式字符通常是可重复的，而字符重复的次数取决于实际需求。如表示年的模式字符串一般为 yy 或 yyyy，表示上午或下午字符用 a 即可。

2. 常用方法

public Date parse(String source)　将日期的字符串解析为 Date。

public final String format(Date date)　将 Date 类型按设定模式转换为 String。

public String toPattern()　返回表示日期格式的模式字符串。

【例 5.11】日期格式化实例。

```
import java.text.SimpleDateFormat;
import java.util.*;
public class SimpleDateFormatDemo {
  public static void main(String[] args){
      Date nowDate = new Date();
      System.out.println("现在的时间:" + nowDate);
      SimpleDateFormat defaultSDF = new SimpleDateFormat();
      System.out.println("默认模式:" + defaultSDF.toPattern());
      System.out.println("默认模式时间:" + defaultSDF.format(nowDate));
      //格式化时间
      String[] pattern = {"yyyy-MM-dd HH:mm:ss.SSS",
            "yyyy.MM.dd G 'at' HH:mm:ss z",
            "EE,MMM d, ''yy","h:mm a",
```

```
              "hh´o´´clock´a, zzzz",
                };
    SimpleDateFormat patternSDF = null;
    for(int i = 0;i<pattern.length;i++){
       //创建指定模式的 SimpleDateFormat 对象
       patternSDF = new SimpleDateFormat(pattern[i]);
       System.out.println("格式化时间:" + patternSDF.format(nowDate));
    }
    Date date = new Date(6000);
    System.out.println("标准基准时间相对应的时间:" + date);
  }
}
```

上述程序运行结果为:

现在的时间:Sun Aug 29 15:57:22 CST 2010

默认模式:yy-M-d ah:mm

默认模式时间:10-8-29 下午 3:57

格式化时间:2010-08-29 15:57:22.250

格式化时间:2010.08.29 公元 at 15:57:22 CST

格式化时间:星期日,八月 29,´10

格式化时间:3:57 下午

格式化时间:03 o'clock 下午,中国标准时间

标准基准时间相对应的时间:Thu Jan 01 08:00:06 CST 1970

5.6　集合框架

在软件开发过程中经常需要处理同类型的一组对象数据。而数组是定长的,如果元素不断增长或缩减,那么利用数组管理对象数据就受到限制。为了使程序能方便存储和操作数目不固定的一组对象数据,Java 语言提供了集合框架来解决这一问题。

集合或容器就是一个动态对象数组,集合中的对象称为元素。集合中存放指向对象的引用而不是对象本身。集合框架就是一个用来表示和操作集合的统一架构,包含了实现集合的接口与类,其中集合接口指定集合类的大部分功能,集合类只是为标准接口提供了不同实现。所以要理解集合框架必须从理解它的接口开始。Java 集合框架主要由 Collection、Set、List、Map 和 Iterator 接口组成。所有与集合相关的类和接口在 java.util 包中定义。集合接口支持泛型,并形成了两个独立的树形结构,其中 Map 是一种特殊的集合接口。它们的关系如图5.1所示。

5.6.1　Collection<E>接口

Collection<E>接口是集合接口树的根,它定义了集合操作的通用方法。对 Collection<E>接口的某些实现类允许有重复元素,而另一些则不允许;某些是有序的而另一些是无序

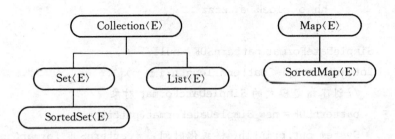

图 5.1 集合 API 核心接口

的。JDK 没有实现 Collection＜E＞接口的类,而是提供了其子接口 Set 和 List 的实现类。说明:"元素"即对象引用,容器中的元素类型都为 Object 类型(除了预定义的泛型),从容器取得元素时,必须把它转换成原来的类型。"重复"是指两个对象通过 equals 判断相等;"有序"是指元素存入的顺序与取出的顺序相同。下面介绍 Collection＜E＞接口中的方法。

1. 集合基本操作方法

int size()   返回当前集合中元素个数。

boolean isEmpty()   判断集合中是否包含元素。

boolean contains(Object o)   判断集合中是否包含参数指定的对象。

boolean add(E e)   向集合中添加元素。

boolean remove(Object o)   删除集合中参数指定的元素。

Iterator＜E＞ iterator()   返回访问集合中元素的迭代器。

2. 集合元素批操作方法

boolean addAll(Collection＜? extends E＞c)   将集合 c 所有元素添加到当前集合中。

boolean retainAll(Collection＜ ＞c)   保留当前集合中属于集合 c 的元素。

boolean removeAll(Collection＜ ＞c)   从当前集合中删除集合 c 中的元素。

boolean containsAll(Collection＜ ＞c)   判断集合中是否包含指定集合中的所有元素。

void clear()   删除集合中所有元素。

说明:若参数指定的集合包含一个或多个与当前集合类型不兼容的元素,抛出 ClassCastException;若参数指定集合中包含一个或多个 null 元素,抛出 NullPointerException。

3. 数组操作方法

Object[] toArray()   返回包含当前集合所有元素的数组。

＜T＞T[] toArray(T[]a)   返回包含当前集合所有元素的数组。若数组 a 能容纳下集合的所有元素,则将集合元素存入 a 并返回,否则创建与数组 a 类型相同、大小等于集合长度的数组并返回。

5.6.2 集合元素遍历接口

Java 语言提供了专门用来对集合进行遍历的接口,包含 Iterator、ListIterator、foreach 等,其中 Iterator 和 ListIterator 使用最普遍。下面分别介绍这两种接口。

1. Iterator＜E＞接口

Iterator 接口是专门用来进行迭代输出的接口。该接口只能从前向后遍历集合。因为 Iterator 接口本身没有子类,所以要想实例化 Iterator 必须依靠 Collection 接口的 iterator()方法完成。Iterator 接口常用方法如下:

boolean hasNext() 判断是否有下一个可访问的元素。

E next() 返回下一个元素。

void remove() 删除当前元素。

2. ListIterator＜E＞接口

ListIterator 接口是 Iterator 接口的子接口,不仅能够从前向后遍历集合,而且也可以从后向前遍历集合。但 ListIterator 接口只能利用 List 接口的子类调用 listIterator()方法进行实例化。ListIterator 接口常用方法如下:

boolean hasNext()

boolean next()

boolean hasPrevious()

boolean previous()

void add(E o)

void set(E o) 替换当前元素。

void remove()

在利用 ListIterator 接口遍历 List 接口时,必须先从前向后,然后才能从后向前访问,因为从前向后访问之后,才有"指针"指向 List 列表的尾部。在遍历 List 集合时,还可对集合进行替换、增加和删除等操作。

5.6.3 Set＜E＞接口及实现类

1. Set＜E＞接口

Set＜E＞接口存放无序且不重复的元素。Set＜E＞接口继承了 Collection＜E＞接口,其方法都是从 Collection＜E＞继承的,没有声明其他方法。

2. Set＜E＞接口实现类

JDK 中提供了 7 个 Set＜E＞接口的实现类,其中最为常用的实现类是 HashSet＜E＞、TreeSet＜E＞和 LinkedHashSet＜E＞。下面主要介绍 HashSet＜E＞类相关方法及用法。

HashSet＜E＞类是采用散列表(Hash 表)来实现 Set 接口。一个 HashSet 对象中的元素存储在一个散列表中,且这些元素无固定顺序。由于采用了散列表,所以当集合中的元素数量较大时,其访问效率比线性列表快。

1)常用构造方法

HashSet() 创建默认容量的散列集;对象的初始容量大小为 16,装载因子是 0.75。也就是说,如果散列集添加的元素超过总容量的 75%,散列集的容量将自动增加 1 倍。

HashSet(int initialCapacity) 创建指定容量的散列集。

HashSet(Collection＜? extends E＞c) 创建散列集,并将集合 c 中所有元素添加到该散列集中。

2)常用方法

参见 Collection 接口中的方法。

【例 5.12】HashSet＜E＞类的相关方法。

```
import java.util. * ;
public class HashSetDemo {
    public static void main(String[] args) {
    HashSet＜String＞ strSet = new HashSet＜String＞();
    strSet.add("China");
    strSet.add("Russian");
    strSet.add("America");
    strSet.add("England");
    System.out.println("HashSet 中有" + strSet.size() + "元素.");
    Iterator＜String＞ iterator = strSet.iterator();
    while(iterator.hasNext()){
    System.out.println(iterator.next());
    }
    }
}
```

上述程序输出结果如下：

HashSet 中有 4 元素。

Russian

China

America

England

从运行结果可知，HashSet 添加元素的顺序与迭代显示的结果顺序并不一致，这也验证了 HashSet 不保存元素加入顺序的特征。

HashSet＜E＞类存储对象时（调用 add 方法），首先根据存储对象的散列码值（调用对象 hashCode()方法获得）计算出它的存储位置，把对象存放在一个叫散列表的相应位置中：若对应的位置无其他元素，就直接存入；若该位置已经有元素了，就会将新对象跟该位置的所有对象进行比较（调用对象的 equals()方法），以查看散列表中是否已经存在该对象，若不存在，就存放该对象，若已经存在，就直接使用该对象。因为 Set 集合中不能加入重复的元素，因此对于要存放到 Set 集合中的自定义的对象，对应自定义类一定要重写 Object 类中的 equals()和 hashCode()，其中 equals 方法判断两对象是否一样，而 hashCode 方法确保相同的对象存储位置也一样。默认情况下，对象的散列码值就是对象的引用。

【例 5.13】HashSet＜E＞类的存放自定义类示例。

```
import java.util. * ;
class Student{
    private String name;
    private int score;
    public Student(String name, int score){
        this.name = name;
```

```
            this.score = score;
        }
        //要显示 Student 类信息,必须重写 Object 类中的 toString 方法
        public String toString() {
            return "name:" + name + " score:" + score;
        }
        //Java 规范中要求,重写 equals()方法,就一定重写 hashCode()方法
        //两对象通过 equals()比较,若返回 true,那么它们 hashCode 的值相等
        public int hashCode() {
            return score * name.hashCode();
        }
        public boolean equals(Object obj){
          Student stu = (Student)obj;
          return score = = stu.score&&name.equals(stu.name);
        }
    }
    public class HashSetTest {
            public static void main(String[] args) {
                HashSet<Student>set = new HashSet<Student>();
                set.add(new Student("张红",90));
                set.add(new Student("王强",86));
                set.add(new Student("冯丽",70));
                //添加重复元素
                set.add(new Student("张红",90));
                set.add(new Student("冯丽",70));
                //添加 null 元素
                set.add(null);
                set.add(null);
                Iterator<Student>iter = set.iterator();
                while(iter.hasNext()){
                    Student stu = iter.next();
                  //调用 toString()方法输出对象信息
                    System.out.println(stu);
                }
            }
    }
```

上述程序输出结果如下:

```
null
name:王强 score:86
```

　　　　name:张红 score:90

　　　　name:冯丽 score:70

从运行结果可知,HashSet 允许添加 null 元素,但对于重复的元素,只能添加一个元素。

5.6.4　List<E>接口及实现类

1. List<E>接口

List<E>接口继承于 Collection<E>接口,是一个允许重复项的有序集合,称为列表或序列。该接口除了继承 Collection<E>接口中方法外,还扩展了面向元素位置的操作以及子列表操作的方法。下面介绍 List<E>接口特有的方法。

1)按位置存取集合元素

E get(int index)　　返回指定位置的元素。

E set (int index,E element)　　修改指定位置的元素。

void add(int index,E element)　　在指定位置添加元素。

E remove(int index)　　删除指定位置的元素。

boolean addAll(int index,Collection<? extends E>c)　　将一集合添加到指定位置。

2)集合元素查找

int indexOf(Object o)　　返回第一次出现指定元素的位置,返回−1 为不存在。

int lastIndexOf(Object o)　　返回最后一次出现指定元素的位置,返回−1 为不存在。

3)集合元素访问

ListIterator<E> listIterator()　　返回访问元素的列表迭代器。

ListIterator<E> listIterator(int index)　　返回访问元素的列表迭代器,并从指定的位置开始访问元素。

4)子列表截取

List<E> subList(int fromIndex,int toIndex)　　返回从指定位置 fromIndex(包含)到 toIndex(不包含)范围中各个元素的列表视图。

2. List<E>接口实现类

JDK 提供了 3 个 List<E>接口实现的常用类:ArrayList<E>、LinkedList<E>和 Vector<E>。下面主要介绍 ArrayList<E>类的使用。

ArrayList<E>类采用可变大小的数组实现了 List<E>接口,其容量会随着元素的增加自动扩大。该类是非同步的,即若多个线程同时对 ArrayList<E>对象并发访问,为了保证 ArrayList 数据的一致性,必须进行同步控制。它是 3 种 List 实现类中效率最高也是最常用的集合。

1)构造方法

public ArrayList()　　创建默认容量为 10 的列表。

public ArrayList(int initialCapacity)　　创建指定容量的列表。

public ArrayList(Collection<? extends E>c)　　创建包含集合 c 中所有元素的列表。

2)常用方法

请参考 Collection 接口和 List 接口方法。

【例 5.14】对 ArrayList 集合添加新元素、删除指定位置的元素、遍历集合的所有元素。

```java
import java.util. * ;
public classArrayListDemo {
    public static void main (String[] args) throws Exception{
        String[] country = {"China","America","England","Japan",
        "Australia","China"};
        List<String>sublist = null;
        ArrayList<String>list = new ArrayList<String>();
        for(int i = 0;i<country.length;i + + ){
            list.add(country[i]);          //向 ArrayList 添加元素
        }
        if(list.isEmpty())
            System.out.println("集合为空!");
        else {
            sublist = list.subList(1,4);   //截取集合指定范围的元素
            System.out.print("sublist 列表中元素:");
            for(String s:sublist)
                System.out.print(s + " ");
        }
        //获得访问列表的迭代器
        ListIterator<String> listiterator = list.listIterator();
        System.out.print("                  \nlist 列表中元素:");
        while(listiterator.hasNext()){
            System.out.print(listiterator.next() + " ");
        }
        list.add(3,"Brazil");             //在指定位置添加元素
        list.remove("Japan");             //删除指定元素
        System.out.print("\nlist 列表修改后元素:");
        for(int i = 0;i<list.size();i + + )
            System.out.print(list.get(i) + " ");
    }

}
```

上述程序运行结果为:

sublist 列表中元素:America England Japan

list 列表中元素:China America England Japan Australia China

list 列表修改后元素:China America England Brazil Australia China

5.6.5　Map 接口及实现类

前面介绍的 Set 接口和 List 接口所表示集合中的每个元素是一个对象,但在实际应用中这种类型的集合不能满足要求。例如,"ProductName＝红牛",其中 ProductName 表示键的信息,"红牛"表示键对应的值。Java 语言提供了 Map 接口来处理这种具有键值对偶元素情况。

1. Map＜E＞接口

Map 接口是实现了"键(key)—值(value)"之间映射的集合,集合中的每个元素都是键—值对,向 Map 集合中加入元素时,必须提供一对"键—值"。Map 中不能包含重复的键,每个键最多只能映射到一个值,通过键可以找到其对应的值。"键"和"值"可以是任意类型的对象。Map 接口采用泛型,其中 K 和 V 是类型参数,分别表示键的类型和值的类型。

1)基本操作

V get(Object key)　返回与键对应的值,若映射表中无该键,则返回 null。

V put(K key,V value)　将"键—值"插入到映射表中。若该键已经存在,value 代替键对应的旧值,返回键对应的旧值;若这个键原先不存在,则返回 null。

V remove(Object key)　根据指定键,将"键—值"从映射表中移除。

boolean containsKey(Object key)　判断映射表中是否有指定键。

boolean containsValue(Object value)　判断映射表中是否有指定值。

int size()　返回映射表中的映射数量。

boolean isEmpty()　判断映射表是否为空。

void clear()　从映射表中删除所有键值对。

2)集合视图操作

Set＜K＞ keySet()　返回映射表中所有键的集合视图。

Collection＜V＞ values()　返回映射表中所有值的集合视图。

Set＜Map. Entry＜K,V＞ entrySet()　返回 Map. Entry 对象的集合视图,即映像表中的键—值对。

说明:当从上述操作的结果即集合视图中删除元素时,也会从映射表中删除相应的元素,但是不能向视图中添加元素。

3)Entry＜K,V＞接口

Entry 接口是 Map 内部定义的一个接口,用来保存键—值对。因此在实例化该接口对象时,类型应该是"外部类. 内部类"即 Map. Entry。使用该接口可以访问映射表中的条目即键值对。该接口主要方法有:

K getKey()　返回键—值(条目 Entry)对中的键。

V getValue()　返回键—值(条目 Entry)对中的值。

V setValue(V value)　设置在映射表中与新值对应的值,并返回旧值。

2. Map＜E＞接口实现类

JDK 提供的实现 Map 接口的常用类有 HashMap、TreeMap 和 Properties 等。下面主要介绍 HashMap 类的相关方法和使用。

HashMap 是 Map 接口实现类,是基于散列表来存储键—值对。当添加一个键—值对时,系统将调用键对象的 hashCode()方法得到其散列码值,并根据该散列码值来决定该键—值对的存储位置。也就是说系统决定 HashMap 中的键—值对存储位置时,仅仅根据键来计算并决定键—值对的存储位置,完全没有考虑键—值对中的值。HashMap 是非同步的并且允许有空的键—值,不允许键重复(通过键对象的 equals()方法进行比较判断是否有重复的键,若有重复的键,则用新键—值对覆盖原来的键—值对),不保证键—值对的顺序。

1)常用构造方法

HashMap()　创建空的散列映射表。

HashMap(int initialCapacity)　创建指定容量的散列映射表。

HashMap(int initialCapacity,float loadFactor)　用指定的容量和装填因子创建空散列映射表。装填因子取值为 0.0~1.0,该数值决定散列表填充百分比。一旦达到这个比例,就要将散列表再散列到更大的表中,默认装填因子为 0.75。

2)常用方法

参见 Map 接口中的方法。

【例 5.15】向 HashMap 集合中添加 key-value 元素并根据 key 取得 value。

```java
import java.util.*;
public class chapter5_15 {
    public static void main(String[] args) {
        //声明 map 对象,key 是 Integer 类型,value 为 String 类型
        Map<Integer,String>map = null;
        map = new HashMap<Integer,String>();//实例化 Map 对象
        map.put(1,"孔子");              //整数 1 自动装箱为 Integer 对象
        map.put(2,"苏轼");
        map.put(3,"鲁迅");
        map.put(2,"牛顿");              //键重复,覆盖原来的键—值对
        System.out.println(map);  //输出 map 集合
        System.out.println("1 = " + map.get(1));
        System.out.println("2 = " + map.get(2));
    }
}
```

上述程序运行结果为:

{1 = 孔子,2 = 牛顿,3 = 鲁迅}

1 = 孔子

2 = 牛顿

【例 5.16】对 Map 集合操作时,经常需要分别获取 key 和 value 的信息,其中 key 和 value 也分别是集合,可以利用迭代器 Iterator 进行获取。

```java
import java.util.*;
public class Chapter5_16 {
    public static void main(String[] args) {
        Map<Integer,String> map = null;
```

```java
map = new HashMap<Integer,String>();
map.put(1,"孔子");
map.put(2,"苏轼");
map.put(3,"鲁迅");
map.put(2,"牛顿");
Set<Integer> keys = map.keySet();        //获取 key 的 Set 集合
  Iterator<Integer> iterKey = keys.iterator();
                          //获取基于泛型的 Set 集合的迭代器
while(iterKey.hasNext()){
Integer key = iterKey.next();
System.out.println("key 值是:"+key);
}
Collection<String> values = map.values();
                      //获取 value 的 Collection 集合
Iterator<String> iterValue = values.iterator();
                      //获取基于泛型 Collection 集合的迭代器
while(iterValue.hasNext()){
String value = iterValue.next();
System.out.println("value 值是:"+value);
}
}
}
```

程序运行结果为:

```
key 值是:1
key 值是:2
key 值是:3
value 值是:孔子
value 值是:牛顿
value 值是:鲁迅
```

小　结

　　Java 提供了功能丰富的类库,使得编程方便、快捷。本章介绍了 Java 程序中常用的类及其方法。

　　包装类用来完成基本数据类型转换为对象以及对基本数据类型的操作。Math 类包含了用来进行科学计算的方法和一些数字常量。String 类和 StringBuffer 类分别处理不变字符串和可变字符串。Scanner 类是解析基本数据类型和字符串的简单文本扫描器,它使用分隔符将其输入分解为一系列标记,然后调用相应的 nextXXX()方法将得到的标记转换为相应类型的数据。Date 类用来表示特定的时间点,其单位可以精确到毫秒。SimpleDateFormat 类用特定的格式对日期进行格式化。集合表示一组对象数据,Java 集合框架定义对各种数据结构实现标准化操作的类和接口,主要的接口有 Collection、Set、List 和 Map,其中 Set 和 List 是 Collection 子接口;Map 与其他接口不同,是一种独立用于存储键—值对的集合。

习　题

一、选择题

1. 在 Java 中,存放字符串常量的对象是( )类。

A. Character　　　　B. String　　　　　C. StringBuffer　　　　D. HashSet

2. 顺序执行下列程序语句后,b 的值是( )。

```
String a="Hello";
String b=a. substring(0,2);
```

A. He　　　　　　B. he　　　　　　C. Hel　　　　　　D. null

3. 欲构造泛型为 Double 类型的 ArrayList 实例,下列哪个方法是正确的? ( )

A. ArrayList<Double> myList=new Object();

B. List<Double> myList=new ArrayList<Double>();

C. ArrayList<Double> myList=new List<Double>();

D. List<Double> myList=new List<Double>();

4. 下面的程序运行后,变量 a、b、c 的值分别是( )。

```
int a,b,c;
a=(int)Math. round(-4. 51);
b=(int)Math. ceil(-4. 51);
c=(int)Math. floor(-4. 51);
```

A. -5,-4,-5　　B. -4,-4,-5　　C. -5,-5,-5　　　　D. -4,-4,-4

5. 定义字符串 String s="Micrsoft 公司";执行 char c=s. charAt(9);语句的值为( )。

A. 产生数组下标越界异常　　　　　　B. 司

C. null　　　　　　　　　　　　　　D. 公

6. 执行 String[] s=new String[10]语句后,下列哪个结论是正确的? ( )

A. s[10]为""　　　　　　　　　　B. s[10]为 null

C. s[0]为未定义　　　　　　　　　D. s. length 为 10

7. 对日期进行格式化处理选用( )类。

A. Date　　　　　B. DateFormat　　　C. SimpleDateFormat　　D. Calendar

8. 下面的程序段输出的结果是( )。

```
StringBuffer buff=new StringBuffer(20);
System. out. println(buff. length+","+buff. capacity());
```

A. 0,20　　　　　　B. 0,null　　　　　C. 20,20　　　　　D. 0,0

9. 下面的语句输出结果为( )。

```
String s="ABCD";
s=s. concat("E");
s=s. replace('C','F');
```

System. out. println(s);

A. ABCDEF　　　　　　B. ABFDE　　　　　　C. ABCEE　　　　　　D. ABCD

10. Java 语言中采用(　　　)接口处理键—值对的集合。

A. Set　　　　　　　　B. List　　　　　　　C. Map　　　　　　　D. Collection

11. String、StringBuffer 都是(　　　)类,都不能被继承。

A. static　　　　　　　B. abstract　　　　　　C. final　　　　　　D. private

12. 下列关于数据类型的包装类说法中,不正确的是(　　　)。

A. char 类型被包装在 Charater 类中　　B. int 类型被包装在 Integer 类中

C. 包装类有自己的常用方法和常数　　　D. 包装类可以被其他类继承

13. 下面哪个选项是正确计算 42°余弦值的语句?(　　　)

A. double d＝Math. cos(42);

B. double d＝Math. cosine(42);

C. double d＝Math. cos(Math. toRadians(42))

D. double d＝Math. cos(Math. toDegress(42));

14. 应用程序的 main 方法中有以下语句,则输出的结果是(　　　)。

String s1＝"0.5",s2＝"12";

double x＝Double. parseDouble(s1);

int　y＝Integer. parseInt(s2);

System. out. println(x＋y);

A. 12.5　　　　　　　　B. 120.5　　　　　　C. 12　　　　　　　D. "12.5"

二、上机测试题

1. 自定义学生类,每个学生对象包括学号、姓名、性别、年龄、联系方式和地址等属性。编写一个程序能够对学生对象进行插入、修改、删除、浏览、统计人数等功能。要求:利用相关集合类。提示如下:

(1)定义学生类。

类的成员变量:学号(String)、姓名(String)、性别(boolean)、年龄(int)、联系方式(String)和地址(String)。

类的方法:构造方法、设置和读取各数据成员的方法。

(2)定义管理学生对象的类。

类的成员变量:用于存放全部学生对象的集合和学生人数(int)。

类的方法:构造方法(创建存储学生对象集合),完成学生对象的添加、删除、修改、浏览和统计人数五个方法。

(3)定义主类进行测试。

2. 利用 Scanner 类从键盘读入一行字符串。请编写程序实现下面功能:

(1)将字符串中的字符按字母顺序排序后输出;

(2)统计每个字符出现的次数和位置。

3. 编写一个机动车驾驶证管理程序,实现驾驶证的查询、添加、浏览等功能。其中把身份证号码作为键,驾驶证包括驾照类型、颁发日期、年检日期等信息作为键所对应的值。

提示:利用 Map 相关类。

第 6 章 异常处理

在程序设计中,所编写的程序经常会出现各种各样的错误,而程序员又时常会不自觉地忽视它们,或者事先并没有意识到,使得潜伏的错误与程序共存,这对于应用程序的正确性、可靠性等都将构成极大的威胁。因此,在编写程序时,应事先充分考虑到可能出现的异常情况,主动采取技术措施,对异常情况进行检测,并给出相应的处理,保证程序的正常运行。

Java 提供了一种面向对象的异常处理机制来处理程序在运行时产生的各种异常,以确保正常运行的程序不会因为异常导致终止。本章主要介绍异常和异常类、异常的捕获、异常声明、异常的抛出、自定义异常和断言等。

6.1 异常处理概述

6.1.1 异常

计算机程序错误包括语法错误、运行时错误和逻辑错误。语法错误是指程序中由于不符合语法规则而导致的错误,例如关键字作为变量名、选择语句格式错误等,在编译阶段编译器会对语法进行检测,把检测到的语法错误提取出来并给出提示信息;运行时错误是指程序在运行过程中出现的错误,例如除数为 0、数组下标越界、访问的文件不存在等;逻辑错误是指程序正常运行后没有得到预期的结果。

异常属于运行时错误,是指程序在运行时中断正常程序执行流程的任何不正常的情况,例如除数为 0、数组下标越界、访问的文件不存在、网络连接中断等。在设计程序时,不仅要保证应用程序的正确性,还应充分考虑各种意外情况,使程序具有较强的容错能力。

【例 6.1】数据下标越界异常程序。

```
1 public class ArrayIndexOutDemo {
2   public static void main(String[] args) {
3     char str[] = {'节','约','用','电'};
4     for(int i = 0;i< = str.length;i + + ){
5         System.out.println(str[i]);
6     }
7       System.out.println("开始保存数据...!");
8   }
9 }
```

上述程序运行结果为:

节 约 用 电

Exception in thread "main" java.lang.ArrayIndexOutOfBoundsException：4 at ArrayIndexOutDemo.main(ArrayIndexOutDemo.java：5)

程序说明：程序第 3 行定义了 4 个元素的数组，在第 5 行引用第 5 个元素出现了数组下标越界异常的错误提示。而第 7 行以后的语句没有得到正常运行。

【例 6.2】对象引用为空异常程序。

```
1 public class ObjectRefNullDemo {
2   public static void main(String[] args) {
3       String str = "Hello World!";
4       StringBuffer strbuffer = null;
5       System.out.println(str.substring(2));
6       System.out.println(strbuffer.substring(1));
7   }
8 }
```

上述程序运行结果为：

llo World!

Exception in thread "main" java.lang.NullPointerException

　　　at ObjectRefNullDemo.main(ObjectRefNullDemo.java：9)

程序说明：程序第 4 行声明 StringBuffer 对象引用但没有实例化，所以在第 6 行使用该对象的方法将产生空指针异常。

上述两个示例说明，如果没有对 Java 程序产生的异常进行处理，程序则会终止于异常发生之处，对用户表现为无任何异常的情况下程序中断执行。

6.1.2　异常类

Java 中异常类是描述运行时错误的特殊类，每一种异常类对应一类特定的运行时错误；而异常是异常类的实例，表示某种具体的运行时错误。

1. 异常类继承关系

Java 语言中所有的异常类都是 java.lang.Throwable 的子类，Throwable 类有两个直接子类：Error（错误）和 Exception（异常）。这两个类一般用来表示程序发生了异常情况，每个类都派生出许多表示不同异常的子类，它们之间的继承关系如图 6.1 所示。

（1）Error 类及其子类主要是由 Java 运行环境内部错误而引起的，它表示出现了严重的系统问题。包括动态链接失败、虚拟机错误等。程序通常无法处理这类异常，也就不属于异常处理范畴。

（2）Exception 类及其子类代表 Java 程序运行期间所导致的各种可能发生的异常，例如读取文件不存在、数组下标越界、除数为零等。Java 异常处理机制主要处理这类异常。

2. Exception 异常类

Exception 异常类分为不检查异常（unCheckedException，又称运行时异常）和检查异常（CheckedException，又称编译时异常）。

RuntimeException 类及其子类属于不检查异常，这种异常是由程序自身问题导致的，在

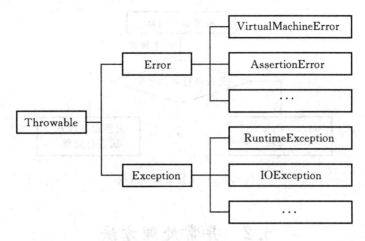

图 6.1　异常类继承关系

程序运行过程中有可能产生,Java 编译器对这类异常不强制程序必须处理,而是由 Java 运行系统来处理。也就是说当程序中出现这类异常时,即使没有 try...catch...finally 语句捕获,也没有用 throws 声明抛出,程序依然会通过编译。

　　Exception 类及其子类(除 RuntimeException 类及其子类)属于检查异常,该类异常是程序运行时某些外部问题导致的,如访问文件不存在、网络中断等。Java 编译器在编译程序时对这类异常强制程序进行处理,即要么用 try...catch...finally 语句捕获,要么用 throws 声明抛出,否则编译不会通过。

　　3. 异常类常用方法

　　异常类包含了运行时错误的信息和处理错误的方法,通过异常类提供的方法,程序员可以很容易地获取足够多的信息来诊断异常产生的原因。Throwable 类提供的获取异常信息的方法如下:

　　public String getMessage()　返回描述当前异常对象的详细信息。

　　public void printStackTrace()　无返回信息,在控制台上输出产生异常的错误信息以及导致该错误的方法调用。

6.1.3　异常处理流程

　　每当 Java 程序在运行过程中发生一个可识别的运行错误时,系统都会产生一个相应异常类的对象即异常,并由系统中相应的机制来处理,以确保不会产生死机、死循环或其他对操作系统有损害的结果,从而保证了整个程序运行的安全性。

　　当 Java 程序在运行过程中产生异常时,则由 Java 虚拟机自动地根据异常的类型实例化异常对象,然后采用图 6.2 所示的两种方式处理异常:

　　(1)如果程序中没有任何异常处理操作,则由 Java 异常处理机制的预设处理方法(Java 虚拟机默认处理方式)来处理,程序会被终止执行并输出异常信息给用户;

　　(2)如果程序中使用 Java 语言提供的 try...catch...finally 语句处理异常,保证程序在有异常的情况下仍能正常执行。这种方法的优点是将处理异常的代码与程序正常代码的主线分离开来,增强了程序的可读性,此外,还可减少因中途中断程序运行而可能带来的危害。

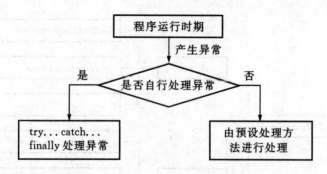

图 6.2　Java 异常处理流程

6.2　异常处理方法

异常处理是指程序捕获异常并处理,然后继续程序执行的处理技术。为了增强程序安全性,Java 要求如果程序中调用的语句有可能产生某种类型的异常,那么程序必须采取相应的措施来处理异常。异常处理具体有两种方式。

(1)捕获并处理异常。

(2)将方法中产生的异常抛出。

6.2.1　异常捕获并处理

1. try...catch...finally 语句

Java 语言中通常使用 try...catch...finally 语句来捕获程序中产生的一个或多个异常,然后针对不同的异常采用不同的处理方式。其基本语法格式如下:

```
try{
    ⋮        //可能出现异常的代码
}catch(异常类 异常对象){
    ⋮        //处理异常的语句
}[catch(异常类 异常对象){
    ⋮        //处理异常的语句
}...]
[finally{
    ⋮        //无论是否发生异常,都将执行的代码
}]
```

try...catch...finally 语句执行流程如图 6.3 所示。

如果在 try 语句中产生了异常,则程序会自动跳转到 catch 语句中找到匹配的异常类型进行相应处理。最后不管程序是否会产生异常,都会执行 finally 语句,finally 语句是异常的统一出口,通常在 finally 语句中执行关闭文件或资源释放工作,如关闭打开的文件、关闭打开数据库连接等。但是 finally 语句是可以省略的,若省略了 finally 语句,则在 catch 语句运行结束后,程序会跳到 try...catch 之后继续执行。

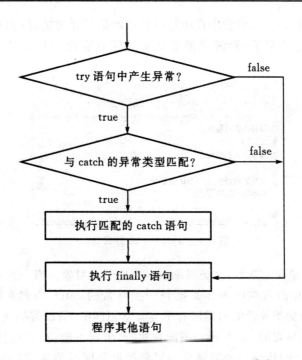

图 6.3　try…catch…finally 语句执行流程

【例 6.3】使用 try…catch 语句捕获除数为 0 的异常。

```java
import java.util.*;
public class TryCatchDemo{
    public static void main(String[] args){
        //输入城市森林面积和人口数,计算人均拥有森林面积
        Scanner scanner = new Scanner(System.in);
        System.out.println("请输入森林面积:");
        int   forest = scanner.nextInt();          //从键盘输入整数表示森林面积
        System.out.println("请输入人口总数:");
        int   population = scanner.nextInt();       //从键盘输入整数表示人口总数
        try{
            double   average = forest/population;
            System.out.println("人均森林面积为:" + average);
        }catch(ArithmeticException e){              //捕获 ArithmeticException 异常
            System.out.println("出现算数异常:" + e.getMessage());
        }
        System.out.println("程序正常结束。");
    }
}
```

当输入 population 的值为 0 时,forest/population 算式中除数为 0,Java 虚拟机抛出 ArithmeticException 异常对象,然后由 catch 语句捕获并处理。而在 try 中产生异常语句后

面的输出语句将不会执行。虽然程序在运行过程中产生了异常情况，但程序执行了最后一条语句，说明该程序正常结束了，异常处理增加了程序可靠性。上述程序运行结果如图 6.4 所示。

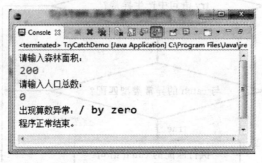

图 6.4　try...catch 异常处理

由于 Java 允许对象向上造型，父类对象可以指向子类对象。当一个 try 语句后跟多 catch 语句捕获异常时，catch 语句顺序应该是捕获子类异常的 catch 语句在前，捕获父类异常的 catch 语句在后。因为父类异常能与其所有子类异常相匹配，所以若捕获父类异常的 catch 语句在前，会使捕获子类异常的 catch 语句不能被执行，出现不能访问的代码。在 Java 中，无法访问的代码会导致编译时错误。如果捕获的异常类型是同级关系，则 catch 语句顺序就无所谓前后。

如下代码所捕获的异常类型之间关系为：FileNotFoundException 是 IOException 子类，IOException 又是 Exception 子类。

```
try{
    FileInputStream fis = new FileInputStream("a.txt");
    fis.read();
}catch(Exception e){...}
catch(IOException e){...}
catch(FileNotFoundException e){...}
```

此处，尽管代码看起来没有问题，但是因为第一个 catch 语句捕获了所有异常，所以后面的 catch 语句都不会被执行，这导致了编译时错误。

如果只想捕获程序中出现的异常，但并不关心具体的异常类型，可利用 catch(Exception e)语句捕获 try 语句中的所有异常。在实际应用中，一般用它作为通用的异常捕获处理。上述代码可以改写为：

```
try{
    FileInputStream fis = new FileInputStream("a.txt");
    fis.read();
}catch(Exception e){...}
```

在 JDK 1.7 及以上版本中，当捕获的多个异常之间不存在继承关系时，有一种方法可避免使用多条 catch 语句捕获异常，就是在 catch 语句中用"|"或语法来处理多个异常类型。如 ArithmeticException 和 ArrayIndexOutOfBoundsException 之间不存在继承关系，在进行异常捕获时可以用一个 catch 语句：

```
    try{
          ⋮
    }catch(ArithmeticException|ArrayIndexOutOfBoundsException e){ }
```

【例 6.4】多 catch 语句捕获并处理异常。

```
import java.util. * ;
public class MultiCatchDemo {
    public static void main(String[] args) {
        String score[] = new   String[3];              //创建字符串数组存放成绩
        double total = 0;                              //定义总成绩变量
        Scanner scanner = new Scanner(System. in);     //从键盘输入学生成绩
        System. out. println("请输入学生成绩:");
        try{
          for(int i = 0;i<4;i + + ){
              score[i] = scanner. next();
              total + = Double. parseDouble(score[i]);
          }
        }catch(ArrayIndexOutOfBoundsException e){
          System. out. println("数组下标越界异常:" + e);
        }catch(NumberFormatException e){
          System. out. println("数字格式转换异常:" + e);
        }catch(Exception e){
          System. out. println("发生异常:" + e);
        }
        System. out. print("输入学生成绩为:");
        for(String str:score)
          System. out. print(str + ",");
        System. out. println("\n 学生成绩平均分为:" + total/score. length);
        System. out. println ("程序正常结束!");
    }
}
```

在 for 循环中,对数组元素赋值时,可能会出现数组下标越界异常,需对 ArrayIndexOf-BoundsException 进行捕获;在将每个数组元素值解析为 double 类型时,可能出现数据格式转换异常,需对 NumberFormatException 进行捕获;最后使用 Exception 来匹配其他所有可能出现的异常。

上述程序运行结果分两种情况:第一种情况是输入 4 个数值字符串,将产生数组下标越界异常,运行结果如图 6.5(a)所示;第二种情况是输入第二成绩是非数值字符串,将产生数据格式转换异常,运行结果如图 6.5(b)所示。由于 ArrayIndexOfBoundsException 和 Number-FormatException 之间不存在继承关系,所以捕获它们的 catch 子句可以合并为 catch(Array-IndexOfBoundsException|NumberFormatException e)。另外若不考虑捕获具体的异常类型,

可采用通用的异常捕获处理，即上面的三个 catch 语句可以用 catch(Exception e)来代替。

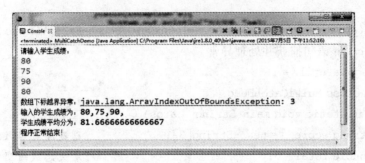

（a）输入 4 个数值数据

（b）输入成绩包含非数值字符

图 6.5　多 catch 语句异常捕获及处理

【例 6.5】带有 finally 语句异常捕获。

```java
public class FinallyTryCatchDemo {
  public static void main(String[] args) {
    String[] members = new String[4];
    for(int count = 0;count<3;count + + ) {
      try {
      int x;
      if(count = = 0) x = 1/0;
      if(count = = 1) members[4] = "Tom";
      if(count = = 2) return;          //return 表示结束 main()函数
    }catch(ArrayIndexOutOfBoundsException e){
      System.out.println("下标越界异常");
    }catch(ArithmeticException e) {
      System.out.println("被零除异常");
      continue;
    }finally {
      System.out.println("finally 语句总会被执行");
    }
    System.out.println("循环:" + count);
```

```
                                            //for 循环结束
    System.out.println("程序正常结束!");
    }
  }
```

无论 try 语句中是否有异常,finally 语句都会被执行。而且当 try 语句或 catch 语句中存在如 break、continue 或 return 等语句时,在执行这些语句前,先要执行 finally 语句。上述程序运行结果如图 6.6 所示。

图 6.6 带有 finally 语句的异常处理

2. 嵌套的 try 语句

try 语句可以嵌套在另一 try 语句中。当内层的 try 语句中产生异常时,首先由内层的 catch 语句来捕获,如果内层的 catch 语句没有捕获到这个异常,那么该异常将传递到外层的 try 语句,并由外层 catch 语句对异常进行捕获。

【例 6.6】嵌套 try 语句异常捕获。

```java
public class NestedTryDemo {
  public static void main(String[] args) {
    int[] numer = {4,6,8,10};            //定义数组
    int[] denom = {2,0,4};
    try{                                  //外层 try
      for(int i = 0;i<numer.length;i++){
        try{                              //内层 try
          System.out.println(numer[i]+"/"+denom[i]+"="+ numer[i]/denom[i]);
        }catch(ArithmeticException ie){
          System.out.println("算术异常:"+ie);
        }
      }
    }catch(ArrayIndexOutOfBoundsException oe){
      System.out.println("数组越界异常:"+oe);
    }
    System.out.println("程序正常结束!");
```

```
        }
    }
```

上述程序运行结果如图 6.7 所示。内部的 try 语句产生的除 0 异常可以处理，但产生的数组越界异常内部不能处理，传递给外层 try 语句捕获。

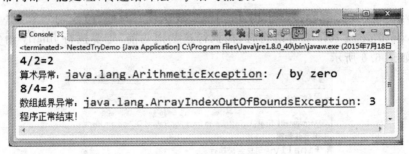

图 6.7   嵌套异常处理

3. 带资源的 try 语句

finally 语句常用的用法就是确保在 try 语句中使用的资源得到释放，而不管代码如何退出该语句块。该方法存在两个问题：首先在关闭资源前要检查资源是否已经释放；其次若在 finally 语句中处理多个资源，有可能释放某个资源时产生异常，这样会导致其他资源释放工作未能完成。但是 JDK 1.7 中增加了一项新特性，通过 try 增强语句即"带资源的 try 语句"形式来自动处理资源释放，这样不但有效防止资源在不使用后没有释放的情况发生，而且也无需进行额外的资源释放判断工作。

带资源的 try 语句语法格式为：

```
try(资源声明、初始化语句)
{
    //可能出现异常的代码
}[catch(异常类 异常对象){...}
...
    finally{...}]
```

try 关键字后面紧跟一对圆括号，在圆括号中可以声明、初始化一个或多个资源（此处的资源是指那些必须在程序结束时显式关闭的资源，比如数据库连接、网络连接、流的关闭等），多条资源语句用"；"分隔。并且当控制离开 try 语句时，这些资源通过调用它们的 close() 方法而自动关闭，资源关闭顺序与其创建的顺序相反，因此可满足它们之间的依赖性。try 语句中声明的资源必须实现 java. lang. AutoCloseable 或者 java. io. Closeable 接口的类，而且声明的资源隐式声明为 final 类型，这意味着不能在创建资源后给它再赋值。同时，资源的作用域也限制在 try 语句中。

注意：在带资源的 try 语句中，可以像普通的 try 语句那样有 catch 和 finally 语句，而 catch 或者 finally 语句都是在声明的资源被关闭以后才执行。

下面是一个读取文件里所有单词的例子：

```
try(Scanner in = new Scanner(new FileInputStream("aa.txt"))){
    while(in. hasNext())
```

```
        System.out.println(in.next());
    }
```

该 try 语句不论是否有异常,在离开 try 块时都会调用 in.close()方法来释放资源,就像使用 finally 语句一样。

还可以指定多个资源。例如:

```
    try(Scanner in = new Scanner(new FileInputStream("infile.txt");
            PrintWriter out = new PrintWriter("outfile.txt"))
    {
        while(in.hasNext())
            out.println(in.next());
    }catch(Exception e){...}
```

不论这个 try 语句如何退出,in 和 out 资源都会被关闭,另外 in 和 out 的作用域只能在 try 语句块内可见。更多带资源的 try 语句使用方法参见"输入/输出流与 JDBC"相关内容。

6.2.2　将方法中产生的异常抛出

第二种异常处理的方法是:将方法中产生的异常抛出,也就是说方法在执行时产生异常,方法本身不进行异常处理,而是将异常抛出去让调用者去处理。此时方法需要用到 throw 和 throws 关键字。

1. 声明异常

异常声明是在方法声明中使用 throws 关键词声明所抛出的异常类型,基本格式为:

```
    返回类型  方法名([参数列表])  throws 异常类型列表{
        ⋮      //方法体
    }
```

throws 可声明多个异常类型,异常类型之间用逗号分隔。使用 throws 声明异常的方法是由调用它的方法进行处理;如果被声明抛出的异常在调用方法中未被处理,则该异常将沿着方法的调用关系继续上抛,直到被处理。如果异常返回到 main()方法还未被处理,则该异常将由 Java 虚拟机处理并非正常终止程序执行。另外 throws 所声明的异常一般都是检查异常,而不检查异常要么不可控制(Error),要么就应该避免发生(RuntimeException 及其子类),所以一般不声明不检查异常。如果方法中可能产生的检查异常没有全部声明,编译器就会报错。

例如:readDataFile()方法中声明 FileNotFoundException 和 IOException 检查异常。

```
    public void readDataFile(String file)
            throws FileNotFoundException,IOException{
        //创建文件输入流可能产生 FileNotFoundException
        FileInputStream fis = new FileInputStream(file);
        //从输入流 fis 中读取数据可能产生 IOException
        int c = fis.read();
        ⋮
    }
```

　　带有 throws 的方法所抛出的异常有两种来源：一是方法中调用了声明抛出异常的方法，如上述 readDataFile()方法；二是方法体中生成并抛出的异常。

2. 抛出异常

　　异常的抛出是通过 throw 语句实现的。该语句的一般格式如下：

throw someThrowableObject；//抛出一个异常对象

其中 someThrowableObject 必须是 Throwable 类或其子类的对象。

　　使用 throw 语句时还应注意以下两个问题：

　　(1)一般这种异常抛出语句应该在满足一定条件时执行，例如把 throw 语句放在 if 语句中。

　　(2)含有 throw 语句的方法，如果在方法中未进行异常处理，则应该在方法的声明中用 throws 关键词声明所有可能抛出的异常，以便通知调用者进行异常处理。

　　例如：队栈中弹出元素的方法异常声明及抛出。

```java
public Object pop() throws EmptyStackException{
    Object obj;
    if(size = = 0)
        throw new EmptyStackException();//抛出异常对象
    obj = getObjectAt(size - 1);
    setObjectAt(size - 1,null);
    size - - ;
    return obj;
}
```

　　执行 throw 语句后，程序立即停止，throw 下一条语句将暂停执行，系统转向调用者程序，检查是否有 catch 语句能匹配抛出的异常类型。如果找到相匹配的类型，系统转向该 catch 语句；如果没有找到，则转向上一层调用程序，这样逐层向上，直到最外层的异常处理程序。

　　【例 6.7】抛出 IllegalArgumentException 异常，并用 try...catch 语句进行捕获处理。

```java
public class ThrowExceptionDemo {
    //定义声明抛出 IllegalArgumentException 异常的静态方法
    public static double squareRoot(double d) throws
            IllegalArgumentException{
        if(d<0){
            IllegalArgumentException e = new IllegalArgumentException("不能对负
                数开平方");      //创建异常对象
            throw e;          //抛出异常对象
        }
        return Math. sqrt(d);
    }
    public static void main(String[] args){
        try{
            System. out. println(squareRoot( - 3));
```

```
        }catch(IllegalArgumentException e){
            System.out.println(e.getMessage());
        }
    }
}
```

上述程序运行结果如下：

```
java.lang.IllegalArgumentException:不能对负数开平方
```

6.3　自定义异常类

Java 语言提供了大量内置异常类，但这些异常类不一定能满足开发者的需求，因此 Java 语言还提供了自定义异常类的机制。由于 Java 异常处理机制只能处理 Throwable 类或其子类的对象，所以用户自定义的异常类必须继承于 Throwable 或其子类。Java 异常处理机制主要捕获处理 Exception，所以自定义的异常类都继承于 Exception。

注意：一般不将自定义的异常类作为 RuntimeException 子类，除非该类确实是一种运行时类型的异常。另外，从 Exception 派生的自定义异常类名字一般以 Exception 结尾。

1. 定义异常类

用户自定义的异常类是以 Exception 为父类，这样的异常类可包含普通类的成员，如构造方法、成员方法等。其基本的语法格式为：

```
[访问权限]class 异常类名 extends  Exception {
    ⋮            //异常类的类体
}
```

例如：通信应用中定义实现客户端与服务器之间连接的类，该类需要定义描述连接超时的异常。

```
public class ServerTimeOutException extends Exception{
    private String reason;
    private int port;
    public ServerTimeOutException(String reason,int port){
        this.reason = reason;
        this.port = port;
    }
    public String getReason(){
        return reason;
    }
    public int getPort(){
        return port;
    }
}
```

2. 抛出自定义异常

定义了自定义异常类后,程序中的方法就可以在适当时候将该异常抛出,注意要在方法的声明中用 throws 声明抛出该类型异常,在方法体中用 throw 抛出该异常。例如在连接方法 connectMe()中,若连接指定的服务器超时,则抛出 ServerTimeOutException 异常。

```
publi void connectMe(String serverName)throws ServerTimeOutException
{      int success;
       int portToConnect = 8080;
       success = open(serverName,portToConnect);
       if(success = = - 1)
         throw new ServerTimeOutException ("连接到" + serverName +"超时",
            8080);
}
```

3. 自定义异常的处理

Java 程序在调用声明抛出自定义异常的方法时,要进行异常处理。具体处理的方法是 try…catch…finally 语句和在方法中声明抛出异常。

【例 6.8】自定义异常类案例。

```
import java.util. * ;
class AlcoholException extends Exception{      //自定义酒精含量异常类
public AlcoholException(String msg){
    super(msg);      //调用父类的构造方法
}
}
public class UserDefineExceptionDemo {
public static void main(String[] args) {
System.out.println("请输入检测酒精含量:");
  try(Scanner scanner = new Scanner(System.in))      //带资源 try 语句
  {
     int alcoholecontent = Integer.parseInt(scanner.next());
     if(alcoholecontent> = 80)
       throw new AlcoholException("醉驾,请接受处罚!");
     else if(alcoholecontent> = 20)
       throw new AlcoholException("酒驾,请接受处罚!");
     else
       throw new AlcoholException("正常驾驶,谢谢配合!");
  }catch(AlcoholException e){
    System.out.println(e);
  }
}
```

　　　　　　　}

　　上述程序运行结果如图 6.8 所示。程序中利用 throw 抛出异常类对象,并通过带资源 try...catch 语句进行捕获处理。

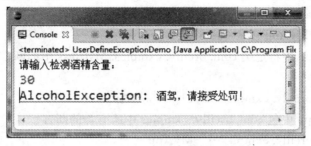

图 6.8　自定义异常类

6.4　断　言

　　断言(assertion)是软件开发中的一种常用的调试方式,很多编程语言都支持这种机制,如 C、C++等,但是支持的形式不尽相同,有的是通过语言本身,而有的是通过库函数等。Java 语言直接提供了对断言的支持,从而可以在运行时将其打开或关闭,这样就避免了在代码中加入断言可能带来的任何开销,为 Java 程序提供了一种健壮的错误检查机制。

　　每个断言都包含一个 boolean 表达式。如果程序没有错误,则运行 assert 语句时该表达式的值为 true。如果该表达式的值为 false,则系统将抛出一个错误。通过验证断言中 boolan 表达式的值,来确认程序行为的正确性。经验证明,在编程时使用断言是发现程序错误最快和最有效的方法之一。断言相当于程序内部处理的文档,增强了程序的可维护性。

6.4.1　开启和关闭断言

　　默认情况下,断言语句在运行时是不执行的。断言检查通常在开发和测试时开启,而在软件开发完毕投入运行后,为了提高性能,通常将断言检查关闭。

　　根据 Java 运行环境不同,断言开启和关闭的设置方式也不同。下面主要介绍命令窗口和 Eclipse 环境中断言的开启和关闭设置。

1. 命令窗口断言开启和关闭

　　在命令行中运行 Java 程序时,在解释命令 java 后使用 enableassertions(ea)或 disableassertions(da)选项实现断言开启或关闭。而且解释命令可以跟多个 ea 或 da。

　　开启断言命令:

　　　　java　-ea[:<...>|:<packagename>...|:<classname>]　主类名

　　关闭断言命令:

　　　　java　-da[:<...>|:<packagename>|:<classname>]　主类名

　　如果-ea 或-da 选项后没有任何参数,则将对程序中除了系统类之外的所有其他类打开或关闭断言检查。另外,在-ea 或-da 选项后带有类名、包名等参数,可使断言检查控制到类、包和包的体系。其中...表示默认包,-ea:packagename...表示开启包断言;-da:packagename 表示禁用包断言,注意包名后面不需跟...省略号。需要注意的是 Java 对包启用或关闭断言,同时也对其所有下级包完成了启用或关闭。

例 1:开启 MyApp 中除系统类外所有类的断言,其中 MyApp 是包含 main()方法的类;相反关闭断言只需将 ea 改为 da。

        java -ea   MyApp

例 2:开启 MyApp 中特定类 com. oreilly. exmples. MyClass 中的断言;相反关闭断言只需将 ea 改为 da。

java   -ea:com. oreilly. exmples. MyClass   MyApp

例 3:开启 MyApp 中包 com. oreilly. exmples 中所有类的断言。

java   -ea:com. oreilly. exmples…   MyApp

例 4:开启 MyApp 中 com. oreilly. examples 包断言,禁用 com. oreilly. examples. text 包断言,同时对此包中的 MonkeyTypeWriters 类例外。

        java   -ea:com. oreilly. exmples…   -da:com. oreilly. examples. text   -ea:com. oreilly. examples. text. MonkeyTypeWirter   MyApp

2. Eclipse 中断言开启或关闭(Assert)

在 Eclipse 中开启或关闭断言功能具体步骤如下:打开 Eclipse,点击菜单栏上的菜单【Run】→【Run Configurations】→【Arguments 页签】→【VM arguments】,在文本框中加上断言开启或关闭的标志-ea 或-da 即可,有关参数详细设置同命令窗口中断言的开启和关闭设置。

注意:开启或关闭断言时不必重新编译程序。开启或关闭断言是类加载器的功能。当断言被关闭后,类加载器将跳过断言代码,因此不会降低程序的运行速度。

6.4.2　断言语句的定义

断言是通过 assert 关键字来声明。Java 提供的断言语句有两种形式,语法比较简单。

1. assert expression

expression 是 boolean 类型表达式。当系统运行该断言语句时将求出该表达式的值,如果 expression 值为 false,则说明程序处于不正确的状态,系统将抛出一个没有任何详细信息的 java. lang. AssertionError 类型的错误,并且退出。如果 expression 的值为 true,则程序继续执行。

2. assert expression1:experssion2

当系统运行上述断言语句时,如果 expression1 的值为 true,则 expression2 将不被计算,程序继续执行。如果 expression1 的值为 false,则系统将计算出 expression2 的值,然后以该值为参数调用 AssertionError 类的构造方法,创建一个包含详细描述信息的 AssertionError 对象抛出并终止程序。expression2 表达式的值可以是基本数据类型或引用类型,无论何种类型其唯一用途就是在断言失败时将该值转化为字符串,显示给用户。

如果在计算表达式时,表达式本身抛出异常,那么断言语句将停止运行,而抛出该异常。

例如:

```
assert false;
```

```
assert array.length>min;              //检测数组 array 长度是否大于 min
assert a>0:a;                         //显示给用户 a 的值
assert foo! = null:"foo is null";     //显示给用户"foo is null"
```

对于断言失败的情况,上述语句中,前两个断言只会打印出一条通用消息,而第 3 个断言则会打印出 a 的值,最后断言会输出"foo is null"消息。

6.4.3　断言的使用

断言的合理使用可以提高程序的可靠性。断言常用来检查程序中的一些关键值,并且这些值对程序整体功能或局部功能的完成有很大影响。对于下列情况可以利用断言。

1. 保证控制流的正确性

在 if else 语句和 switch 语句中,可以在不应该被执行的控制流下,使用 assert false 语句。如果控制流异常,则会抛出 AssertionError 异常。例如:设有一名为 direction 的值,它总应当包含常量值 LEFT 或 RIGHT:

```
if(direction = = LEFT)
    doLeft();
else if(direction = = RIGHT)
    doRight();
else
    assert false:"unvalid direction";
```

2. 检查私有方法输入参数的有效性

在私有方法调用时,会直接使用传入的参数。如果私有方法对参数有特定要求,可在方法开始处使用断言进行参数检查。例如,如果要求输入的参数不能为 null,则可以在方法开始加上如下断言语句:

```
assert  param1! = null:"parameter is null in test";
```

3. 检查方法的返回结果是否有效

对于一些做运算的方法,在方法返回某个结果的时候,要检查返回结果是否有效,确保返回结果满足必要的性质,因此可通过在 return 语句之前使用 assert 语句检查返回结果。例如,对于一个计算绝对值的方法,可在方法返回结果之前加入下列断言:

```
assert value> = 0:"value should be bigger than 0:" + value;
```

4. 检查程序不变量

程序不变量是在程序某个特定点或某些特定点都保持为真的一种特性。不变量反映程序的特性,通过分析程序关键点上的不变量,可以检测到程序运行中的异常。例如若 $x \geqslant 0$,则可以在下面程序流控制中的关键点使用断言语句。一旦出现 x 为负数的情况,则会抛出错误。

```
if(x>0){
    ⋮
}else {
    assert(x = = 0);
}
```

　　断言使用中,要注意不要使用断言进行 public 方法参数有效性检查。因为一般来说, public 方法在调用时,系统必须进行参数检查,而私有方法是直接使用的。另外,不要用断言语句执行程序所需要完成的正常操作。

小　结

　　为了能使程序更易检测并处理可能出现的错误,Java 提供了一种面向对象的异常处理机制来处理程序运行时产生的异常。

　　异常是指程序在运行时中断正常程序执行流程的任何不正常的情况。异常是异常类的对象,异常类是对程序设计中出现的错误或不正常情况的抽象描述。通过调用异常对象的方法,程序员很容易获取足够多的信息来诊断异常产生的原因。

　　异常分为运行时异常和编译时异常。对编译时异常必须捕获或声明抛出,否则编译器会报错;对运行时异常,Java 编译器不作检查,程序可不对该类异常进行处理。所以在程序设计时尽量避免运行时异常。异常的处理方法:一种是 try...catch...finally 语句,另一种是使用 throws 关键词声明抛出异常,把它交给调用者去处理。而异常通常是在满足一定条件下使用 throw 语句抛出。

　　断言(assert)是软件开发中常用的一种调试方式。每个 assert 都包含一个 boolean 表达式,根据 boolean 表达式的值检查程序的正确性。assert 检测通常在开发和测试时开启,在程序发布后关闭。

习　题

一、选择题

1.无论是否发生异常,都需要执行(　　　)。

A. try 语句块　　　　　　B. catch 语句块　　　　　　C. finally 语句块　　　　　　D. return 语句

2.以下描述中不正确的是(　　　)。

A. try 语句内允许不引发异常　　　　　　B. try 语句内仅允许引发一个异常

C. try 语句内允许引发多个异常　　　　　　D. try 语句内允许包含另一个 try 语句

3.异常产生的原因很多,常见的有(　　　)。

A. 程序设计本身的错误　　　　　　B. 程序运行环境改变

C. 软、硬件设置错误　　　　　　D. 以上都是

4.以下有关多 catch 语句写法中正确的是(　　　)。

A. catch(Exception e){...}

　　catch(ArithmeticException e){...}

　　catch(ArrayIndexOutOfBoundsException e){...}

B. catch(ArithmeticException e){...}

　　catch(ArrayIndexOutOfBoundsException e){...}

　　catch(Exception e){...}

C. catch(ArithmeticException e){...}

        catch(Exception e){...}
        catch(ArrayIndexOutOfBoundsException e){...}
    D. catch(ArrayIndexOutOfBoundsException e){...}
        catch(Exception e){...}
        catch(ArithmeticException e){...}

5. 在 Java 编程时,若欲根据当前情况判断主动地引发异常,则需在 try 语句内使用(　　)
语句。

    A. throws   B. throw   C. finally   D. catch

6. (　　)是除 0 异常。

    A. RuntimeException   B. ClassCastException
    C. ArihmetticException   D. ArrayIndexOutOfBoundException

7. 关于 try...catch...finally 语句结构描述不正确的是(　　)。

    A. 可以是 try...catch...finally   B. 可以仅是 try,既无 catch,也无 finally
    C. 可以是 try...catch,无 finally   D. 可以是 try...finally,无 catch

8. 关于 Java 关键字 throws 与 throw 的叙述中不正确的是(　　)。

    A. throw 语句通常在方法体内使用;而 throws 子句出现在方法定义首部

    B. 使用 throw 语句仅能用于引发一个异常;而使用 throws 子句可以后跟多个异常

    C. 关键字 throw 用于表示一个动作,即引发一个异常;而关键字 throws 用于表示一种状态,即声明调用包含 throw 子句的方法时可能会引发哪些异常

    D. 关键字 throw 与 throws 的含义与功能并无区别,仅是使用英文单复数而已

9. 所有的异常类都继承于下面哪一个类?(　　)

    A. java.io.Exception   B. java.lang.Throwable
    C. java.lang.Exception   D. java.lang.Error

10. 所有属于(　　)子类的异常都是不检查型异常。

    A. RuntimeException B. Exception   C. Error   D. 以上都不对

11. 当方法产生异常不进行处理时,应该(　　)。

    A. 声明异常   B. 捕获异常   C. 抛出异常   D. 嵌套异常

12. Java 编译程序对于(　　)需要强制捕获或声明要求。

    A. 异常   B. 错误   C. 不检查型异常   D. 检查型异常

13. 在 try 语句中声明的变量作用域是(　　)。

    A. 仅 try 语句块内   B. catch 语句块内   C. try 语句所在程序内 D. 都不对

14. 有关断言 assert 的描述不正确的是(　　)。

    A. 断言是 JDK 1.4 新增的功能,默认情况下 Java 中的断言是禁用的

    B. 断言可以在运行时开启或禁用,禁用的断言仍存在程序中,但不会执行

    C. 可以对整个包开启和禁用断言,但不可以对类

    D. 通常断言只在项目开发和测试阶段使用,而在项目发布后断言应该禁用

15. 若执行如下语句:int score=58;assert false:score>=60?"passed":"Don't pass";断言
输出消息是(　　)。

    A. passed   B. Don't pass   C. 打印一条通用信息   D. score=58

二、上机测试题

1. 定义 ExceptionTest 类，其中的静态成员方法 div(int a,int b)实现返回两参数相除的结果，该方法对可能产生的除数为 0 的算术异常不做处理只声明抛出异常；而在 main()方法中调用 div()方法，并用 try...catch...finally 语句捕获。按要求编写程序。

2. 自定义数字范围异常类 NumberRangeException,该类成员有：描述异常信息的成员变量 message、对 message 进行初始化的构造方法以及重写返回 message 值的 toString()方法。

请编写程序计算两个整数之和，当任意一个数超出自定义范围时，抛出 NumberRangeException 异常。

3. 自定义表示栈满和栈空的异常类 StackFullException 和 StackEmptyException。当向满了的栈里存储元素时产生 StackFullException 异常；当删除空栈中元素时会产生 StackEmptyException 异常。每个自定义异常类的构造方法都调用父类 Exception 中的带参数构造方法，并且两个类都重写 toString()方法，该方法返回描述异常的信息。

请编写简单的栈类 SimpleStack,该类成员包含：

(1)存放栈中元素的数组和栈顶索引；

(2)创建指定大小空栈的构造方法；

(3)提供栈的基本功能的方法：将数据压入栈中 push()方法，移除栈顶数据 pop()方法、判断栈满 isFull()方法以及判定栈空 isEmpty()方法。并在 push()和 pop()方法中分别添加栈满和栈空异常，以报告错误。

第 7 章　输入/输出

数据输入/输出是程序中一种十分重要的操作,大多数程序需要从外部设备诸如磁盘、键盘等读取数据进行处理,然后将处理的结果输出到外部设备诸如磁盘、显示器等。

在 Java 语言中,提供一个功能强大的具有输入/输出功能的类库,它们负责完成从数据源读取数据供程序处理以及把处理后的数据存储到目的地。所有这些类都在 java.io 包中定义,其中最重要的类是文件类、字节流类、字符流类、字节流与字符流转换类、随机存取文件类等。本章将详细介绍这些类的功能及其用法。

7.1　文件类

java.io 包中的文件类 File 是对文件和目录的抽象表示。File 对象可以代表文件,也可以代表目录。操作 File 对象就相当于操作磁盘中的文件或目录。利用 File 类可以获取文件和目录的属性、创建文件和目录、删除文件和目录以及获取文件的读写状态等。File 类不提供对文件数据的读写功能,这些功能由 java.io 包中的流提供。

7.1.1　创建 File 对象

创建 File 对象时,需通过参数指明它所表示的是文件还是目录。File 类常用的构造方法如下。

1. public File(String pathname)

参数 pathname 表示包含文件或目录的绝对或相对路径。pathname 可以是包含绝对路径的文件,如:"C:\\myProgram\\Sample.java"或"C:/myProgram/Sample.java";也可以是包含相对路径的文件,如:"\\myProgram\\Sample.java"或"/myProgram/Sample.java";还可以是某个目录,如"C:/myProgram/java"或"myProgram\java"。一般说来,为保证程序的可移植性,最好使用相对路径。例如:

```
File file = new File("C:/myProgram/Sample.java");
File file = new File("/myProgram/source");
```

2. public File(String parent,String child)

参数 parent 表示文件或子目录的绝对或相对路径,参数 child 表示文件或子目录名。

3. public File(File parent,String child)

参数 parent 表示文件或子目录的父目录的 File 对象,参数 child 表示文件或子目录名。

注意:Java 语言能够正确识别 UNIX 系统的路径分隔符号"/",也能识别 Windows 系统的路径分隔符号"\",但对于 Windows 平台路径分隔符需使用转义序列(\\)。在实际软件开发中,因不同的运行平台所采用的路径分隔符不同,为了使程序具有可移植性,一般使用 File. separator 来获得系统的路径分隔符号。

7.1.2　获取文件对象信息的方法

File 类提供许多方法获取 File 对象所对应文件的各种属性。获取文件对象信息的常用方法有:

public String getName()　若 File 对象表示文件则返回文件名;若 File 对象表示目录,则返回最后一级目录名。

public String getParent()　返回 File 对象表示文件或目录的上一级路径字符串,如果没有父目录,则返回 null。

public String getPath()　返回 File 对象所表示的包含文件或目录的路径字符串。

public String getAbsolutePath()　返回 File 对象所表示的包含文件或目录的绝对路径字符串。

public long length()　若 File 对象表示文件,返回文件字节长度;若文件不存在,返回 0;若 File 对象表示目录,则返回值不确定。

public long lastModified()　获取文件或目录最近一次修改时间(单位为毫秒)。

【例 7.1】在 Eclipse 中新建 Java 项目 Chapter7,并在其中创建 FileInfoDemo. java 文件。使用 File 类的方法获取项目下"src\FileInfoDemo. java"文件信息。

```java
import java.io. * ;
import java.util.Date;
public class FileInfoDemo {
    public static void main(Stringargs[]){
        File f = new File("src/FileInfoDemo. java");
        System.out.println("文件名:" + f.getName());
        System.out.println("文件绝对路径:" + f.getAbsolutePath());
        System.out.println("文件父目录:" + f.getParent());
        System.out.println("文件路径:" + f.getPath());
        System.out.println("文件长度:" + f.length() + "B");
        System.out.println("文件的最后修改时间为:" + new
Date(f.lastModified()));
    }
}
```

上述程序运行的结果如图 7.1 所示。

7.1.3　文件属性测试操作

File 类中提供了用于测试 File 对象是否具有可读、可写、隐藏等属性的方法。其常用的方法如下。

public boolean exists()　判断文件或目录是否存在。

public boolean isDirectory()　判断是否是目录。

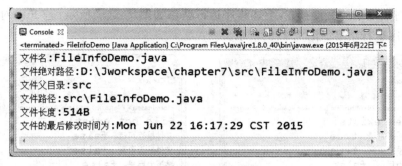

图 7.1　文件对象相关信息

public boolean isFile()　判断是否是文件。

public boolean canRead()　判断文件是否可读。

public boolean canWrite()　判断文件是否可写。

public boolean isAbsolute()　判断文件或目录的路径是否是绝对路径。

public boolean isHidden()　判断文件或目录是否被隐藏。

【例 7.2】在 Eclipse 中 Chapter7 项目中，新建 FileAttribTest. java，使用 File 类的相关方法测试 src 目录下 FileAttribtest. java 文件属性。

```java
import java.io. * ;
public class FileAttribTest {
  public static void main(Stringargs[]){
    File f = new File("src/FileAttribTest.java");
    if(f.exists()){
      System.out.println("File  exists!");
      System.out.println("文件是否可读:" + f.canRead());
      System.out.println("文件是否可写:" + f.canWrite());
      System.out.println("是否为目录:" + f.isDirectory());
      System.out.println("是否为文件:" + f.isFile());
      System.out.println("是否为隐藏:" + f.isHidden());
      System.out.println("是否为绝对路径:" + f.isAbsolute());
    }else {
      System.out.println("File not exist!");
      System.out.println("文件是否可读:" + f.canRead());
      System.out.println("文件是否可写:" + f.canWrite());
      System.out.println("是否为目录:" + f.isDirectory());
      System.out.println("是否为文件:" + f.isFile());
      System.out.println("是否为隐藏:" + f.isHidden());
      System.out.println("是否为绝对路径:" + f.isAbsolute());
    }
  }
}
```

　　若 File 对象表示的文件存在,上述程序运行结果如图 7.2(a)所示;若 File 对象表示的文件不存在,程序运行结果如图 7.2(b)所示。

(a)文件存在的测试信息　　　　　　　　　　(b)文件不存在的测试信息

图 7.2　文件属性测试结果

7.1.4　文件创建、删除与重命名操作

File 类中还定义了一些允许对文件进行创建、修改和删除的方法。其方法定义如下。

public boolean createNewFile()　创建文件,若创建成功则返回 true,否则返回 false。

public boolean delete()　删除 File 对象表示的文件,如果表示的是目录,则该目录必须为空才能删除。若删除成功则返回 true,否则返回 false。

public boolean renameTo(File newFile)　为文件重命名。

【例 7.3】在 Eclipse 中 Chapter7 项目中,新建 FileCreateDeleteDemo.java 文件,利用 File 类的方法实现文件创建或删除。

```java
import java.io.*;
public class FileCreateDeleteDemo {
    public static void main(String[] args) {
    //使用 File.separator 表示路径分隔符
    String pathname = "D:" + File.separator + "m.txt";
    File file = new File(pathname);
    if(file.exists()){
      if(file.delete())
        System.out.println("文件删除成功!");
    }else{
      try{
      if(file.createNewFile())
        System.out.println("文件创建成功!");
      }catch(IOException e){ }
    }
```

```
    }
  }
```

上述程序运行后,如果文件不存在就输出"文件创建成功";若文件存在就输出"文件删除成功"。

7.1.5 目录操作

File 类除了支持普通文件操作外,还支持对目录的操作,如目录创建、删除、显示目录中的内容等。File 类有关目录操作的方法如下。

public boolean mkdir()　创建单级目录。若 File 对象表示多级目录,当且仅当所创建目录的父目录存在才能创建成功。例如:File 对象表示"cn/edu/tust"多级目录,若"cn/edu"在磁盘上存在,则调用 mkdir()方法可以创建目录 tust。

public boolean mkdirs()　创建 File 对象所表示的目录。

public String[] list()　将当前目录下的所有文件和子目录存放于字符串数组。

public File[] listFiles()　将当前目录下的所有文件和子目录存放于 File 对象数组。

【例 7.4】利用递归方法输出指定目录及其子目录中的所有文件信息。注意:使用该程序时,请为 main()方法中的 dirName 变量指定有效的路径。

```java
import java.io. * ;
public class ListDirAllDemo {
  public static void listAllDir(File file){
    if(file.isDirectory()){
      File f[] = file.listFiles(); //取出该目录下所有文件
      if(f! = null){
        for(File fl:f){              //对文件数组每个元素进行处理
          listAllDir(fl);           //递归处理文件
        }
      }
    }else{                          //该文件对象不是目录则直接输出文件信息
          System.out.println(file);
    }
  }
  public static void main(String[] args) {
      String dirName = "d:" + File.separator + "Nuke Lessons";  //指定有效路径
      File file = new File(dirName);
      listAllDir(file);
  }
}
```

【例 7.5】利用递归方法删除指定目录。注意:在使用 delete()方法删除目录时,只有满足目录为空的条件才可以删除。

```java
import java.io. * ;
```

```
public class DeleteNotFullDirDemo {
    public static boolean deleteDir(File dir){    //删除目录递归方法
        if(dir.isDirectory()){                    //文件对象是否是目录
            String[] children = dir.list();
            for(int i = 0;i<children.length;i++){
                boolean success = deleteDir(new File(dir,children[i]));
                if(! success) return false;
            }
        }
        return dir.delete();                      //删除文件或空目录
    }
    public static void main(String[] args) {
        String dirName = "d:" + File.separator + "temp";   //指定要删除的目录
        if(deleteDir(new File(dirName)))
            System.out.println(dirName + "目录已经被删除!");
        else
            System.out.println(dirName + "目录没有被删除!");
    }
}
```

7.2　输入/输出(I/O)概述

7.2.1　流的概念

Java 程序中,对于数据的输入/输出操作都是以"流"的方式进行。流是指从起点到终点的数据有序集合。流中的数据依据先进先出原则,具有严格的顺序。因此流式 I/O 是一种顺序读写方式。

Java 中有两种基本流:输入流和输出流。至于是输入流还是输出流则一般以程序为参考。如果数据的流向是从 Java 程序至外部,该流称为输出流,反之称为输入流。当 Java 程序需要读取数据的时候,就会打开一个通向数据源的输入流;同样,当 Java 程序需要输出数据时,就会打开一个通向目的地的输出流。输入/输出流读写数据模型如图 7.3 所示。因为流具有方向性,所以只能从输入流读数据,向输出流写数据。其读写操作具体过程如下:

输入流读数据过程:打开流→当流中有数据时执行读操作→关闭流。

输出流写数据过程:打开流→当有数据需要输出时执行向流中写操作→关闭流。

Java 中实现输入/输出流的类都在 java.io 包中。根据 I/O 流可读/写数据单位的不同,将流分为字节流和字符流。

字节流:流中数据以字节为单位进行读写,这些类分别由 InputStream 类和 Output-Stream 类派生。

字符流:流中的数据以字符为单位进行读写,这些类分别由 Reader 和 Writer 派生。

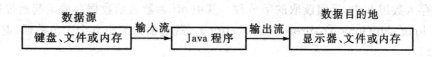

图 7.3　Java I/O 处理模型

另外,根据 I/O 流相对于程序的另一个端点不同,分为节点流和过滤流。

节点流:以特定源如磁盘文件、内存或线程之间的管道为端点创建的 I/O 流,它是最基本的流。

过滤流:以其他已存在的流为端点构造的 I/O 流,它要对与其相连的另一个流进行转换。

7.2.2　字节流

InputStream 和 OutputStream 分别表示字节输入流和字节输出流,是所有字节流的顶层父类。它们提供了字节输入流类和字节输出流类的通用方法。字节流一般用于读写二进制数据,如图像和声音数据。其中字节流 ObjectInputStream 和 ObjectOutputStream 是用来实现对象的输入和输出即对象的串行化。

1. 字节输入流 InputStream

从 InputStream 类派生出许多具体的子类,来提供各种读数据功能。字节输入流的类层次结构如图 7.5 所示。其中带阴影的类是节点流,其他类是过滤流。

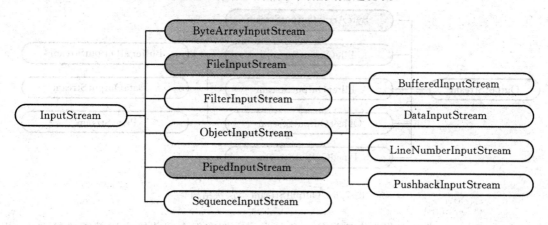

图 7.5　InputStream 类层次结构

InputStream 类是字节输入流类的抽象父类,它拥有很多字节输入流都需要的方法,可通过使用 InputStream 类提供的方法实现从输入流读取字节或字节数组数据的功能。InputStream 类方法及其功能描述如下。

public abstract int read() throws IOException　从流中读入一个字节作为方法返回值。若返回值是−1,则表示从流中读取数据结束。

public int read(byte b[]) throws IOException　从输入流中读取的数据存放在指定的字节数组中,并返回读取的字节数。

public int read(byte b[], int off, int len) throws IOException　从输入流中读取长度为

len 的数据存入数组 b 中, 返回读取的字节数。其中 off 参数表示数据存放的起始位置。

public long skip(long n) throws IOException   跳过输入流中 n 个字节数据, 返回实际跳过的字节数。

public int available() throws IOException   返回输入流中可读取的字节数。

public boolean markSupport()   判断输入流是否支持标记即支持回读数据, 如支持返回true。

public void mark(int readlimit)   对输入流当前位置加标记, 参数 readlimit 指定在标记位置失效前调用 reset() 方法能够重复读取的最大字节数。但是, 如果在调用 reset() 方法之前可以从流中读取多于 readlimit 的字节数据, 则 readlimit 参数不起作用。

public void reset() throws IOException   将读取数据位置定位到最近输入流标记处。

public void close() throws IOException   关闭输入流, 并释放和这个流相关的系统资源。对于过滤流, 则把最顶层的流关闭, 会自动自顶向下关闭所有流。

说明: 输入流在创建时自动打开, 使用完毕后可以用 close() 方法显式地关闭, 或在对象不再被引用时, 由垃圾回收器隐式地关闭。

2. 字节输出流 OutputStream

从 OutputStream 类派生出许多具体的子类, 提供各种输出数据功能。字节输出流的类层次结构如图 7.6 所示。其中带阴影的类是节点流, 其他类是过滤流。

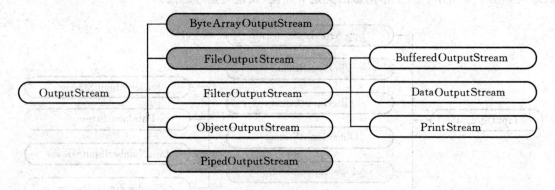

图 7.6   OutputStream 类层次结构

OutputStream 类是字节输出流类的抽象父类。它拥有很多字节输出流都需要的方法, 可通过使用 OutputStream 类提供的方法实现向输出流写字节或字节数组数据的功能。Output-Stream 类成员方法及其功能描述如下。

public abstract void write(int b) throws IOException   向输出流写入一个字节。

public void write(byte b[]) throws IOException   将字节数组写入输出流。

public void write(byte b[], int off, int len) throws IOException   将字节数组 b 中从 off处开始的 len 个字节数据写入到输出流。

public void flush() throws IOException   刷新输出流, 将缓冲区中的数据强制写入输出流。

public void close() throws IOException   关闭输出流, 并释放占用的所有资源。

7.2.3　字符流

在很多实际应用中,程序需要对文本文件进行读写操作,而文本文件是基于字符编码的文件。对于不同系统平台的文本采用的字符编码可能也不同,如中文 Windows 操作系统中采用 GBK 字符编码,Java 平台中采用 Unicode 字符编码。所以在 Java 平台下操作文本就需要处理字符编码之间的转换问题。而 Java 提供的字符流完成 Unicode 编码与其他字符编码之间的转换。

Reader 与 Writer 是 java.io 包中两个字符流类的顶层抽象父类。Reader 类能够将输入流中的其他编码的字符转换为 Unicode 字符,Writer 类能够把内存中 Unicode 字符转换为其他编码的字符,然后写到输出流。默认情况下,Reader 和 Writer 在 Unicode 编码和本地操作系统编码之间进行转换。如果需要在 Unicode 字符编码与指定字符编码之间进行转换,则需要采用 OutputStreamWriter 和 InputStreamReader。

1. 字符输入流 Reader

从 Reader 类派生出许多具体的子类,提供各种输入数据功能。字符输入流的类层次结构如图 7.7 所示。其中带阴影的类是节点流,其他类是过滤流。

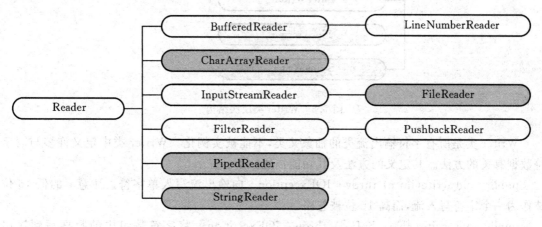

图 7.7　Reader 类层次结构

Reader 类是所有字符输入流类的抽象父类,不能实例化。Reader 类中定义许多与读取字符数据有关的方法。其定义的方法及其功能描述如下。

public abstract int read() throws IOException　从流中读取单个字符,如果到达流末尾,则返回-1。常将此方法的返回值强制转换为 char 类型。

public int read(char cbuf[]) throws IOException　从输入流中读取数据存放在指定字符数组中,返回读取的字符数。

public abstract int read(char cbuf[],int offset,int len) throws IOException　从输入流中读取 len 个字符,存放在数组指定位置 offset 中,返回读取的字符数。

public long skip(long n) throws IOException　从输入流中跳过 n 字符,返回实际跳过的字符数。

public boolean ready() throws IOException　判断当前流是否准备好读数据。

public boolean markSupport()　　测试此流是否支持标记。

public void mark(int readlimit)　　在输入流的当前位置加标记。

public void reset() throws IOException　　将输入流重新定位到最近标记位置,并从该位置读取数据。

public void close() throws IOException　　关闭输入流,并释放与该流相关联的所有系统资源。

2. 字符输出流 Writer

从 Writer 类派生出许多具体的子类,提供各种输出数据功能。字符输出流的类层次结构如图 7.8 所示。其中带阴影的类是节点流,其他类是过滤流。

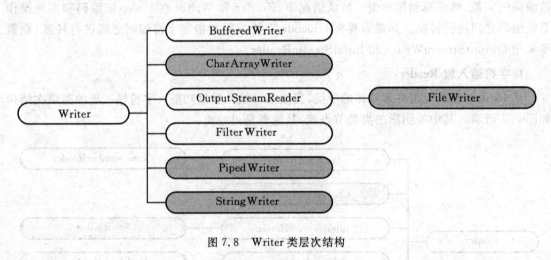

图 7.8　Writer 类层次结构

Writer 类是所有字符输出流类的抽象父类,不能被实例化。Writer 类中定义许多与写字符数据有关的方法。其定义的方法及其功能描述如下。

public void write(int c) throws IOException　　向输出流写入单字符。注意 c 的低 16 位被作为一个字符写入流,而高 16 位被忽略。

public void write(char cbuf[]) throws IOException　　将字符数组中的数据写到输出流中。

public abstract void write(char cbuf[],int offset,int len) throws IOException　　将字符数组 cbuf 中从位置 offset 开始的 len 个字符写到输出流中。

public void write(String str) throws IOException　　向输出流写入字符串。

public void write(String str,int offset,int len) throws IOException　　从字符串的 offset 位置开始,将 len 个字符写入输出流。

public void flush() throws IOException　　刷新输出流,强制将缓冲区中的数据写入到输出流。

public void close() throws IOException　　关闭输出流并释放与该流相关联的所有系统资源。

3. 字节流与字符流

从上述介绍可知,字节流与字符流主要的区别在于处理的数据类型不同。Reader/Writer

与 InputStream/OutputStream 具有相类似的 API,并且每个核心的字节输入/输出流,都有相对应的字符输入/输出流。在实际使用中,计算机磁盘或网络传输的数据都是字节数据,如图片、音乐和各种可执行程序。很显然,字节流要比字符流应用更加广泛,但是在进行中文处理过程中,字符流又比字节流方便。

7.3　文件流

文件流是专门用于对磁盘文件进行读/写的流。在利用文件流读/写数据时,首先创建连接磁盘文件的文件流对象,然后调用流对象的方法进行读/写数据。文件流包括文件字节流和文件字符流。

7.3.1　文件字节流

FileInputStream 和 FileOutputStream 是以字节为操作单位的文件输入流和文件输出流。

1. FileInputStream 类

FileInputStream 是 Inputstream 子类,用于从文件中读取数据,其所有方法都是从 Inputstream 类继承而来的。FileInputStream 类的常用构造方法如下。

public FileInputStream(String name)　利用文件名创建 FileInputStream 对象。

public FileInputStream(File file)　利用文件对象创建 FileInputStream 对象。

FileInputStream 流是顺序读取文件,只要不关闭流,每次调用 read 方法顺序地读取文件中剩余的内容,直到文件的末尾或流被关闭。在使用 FileInputStream 创建输入流对象时,若指定的数据源文件不存在,则会产生 FileNotFoundException 异常;而在进行流的读操作时,则会产生 IOException。上述两种异常属于编译时异常,必须在程序中进行捕获或声明,否则编译通不过。

【例 7.7】在 Eclipse 中新建 Java 项目 Chapter7,并在其中创建 ReadPrintByte. java 文件,在该类的 main()方法中使用 FileInputStream 类依次读取文件 ReadPrintByte. java 中的数据并输出。

```java
import java.io. * ;
public class ReadPrintByte {
    public static void main(String[] args) {
        File file = new File("src/ReadPrintByte. java"); //实例化文件对象
        FileInputStream fis = null;
        int b = 0;
        try{
            fis = new FileInputStream(file);                    //实例化文件输入流
            while((b = fis.read())! = -1){
            //将读取字节数据强制转换为 char 型输出
             System. out. print((char)b);
            }
            fis.close();                                       //关闭输入流
```

```
              }catch(Exception e){
                  e.printStackTrace();
              }
          }
      }
```

上述程序运行结果输出 ReadPrintByte. java 文件中内容,其中字符正常显示,而注释的汉字出现乱码。因为字节输入流是按字节为单位读数据,而一个汉字占两个字节,相当于一个汉字利用 read()方法分两次读取并分两次输出。所以在依次读取并输出的时候如果有汉字会出现乱码。

利用 FileInputStream 逐字节读数据不但会增加 I/O 次数降低系统性能,而且遇到中文还会出现乱码。所以通常采用字节数组作为缓冲区保存数据,一次性读取所有数据并保存到字节数组中。为了使由字节读取方法读取的内容能完整地输出,采用 new String(byte[])方法把字节数组转换成字符串输出。

【例 7.8】在 Eclipse 中的 Chapter7 项目中创建 BytesReadFile. java 文件,在该类的 main() 方法中使用 FileInputStream 类一次读取文件 ReadPrintByte. java 中的所有数据并输出。

```
import java.io. * ;
public class BytesReadFile {
    public static void main(String[] args) {
        File file = new File("src/ReadPrintByte. java");
        int len = (int)file. length();          //获取文件的长度
        FileInputStream fis = null;
        try{
            fis = new FileInputStream(file);    //实例化文件输入流
            byte[] b = new byte[len];           //创建存放读取数据的字节数组
            fis. read(b);                        //把输入流中所有数据读到 b 中
            System. out. println(new String(b)); //把字节数组转换为字符串输出
            fis. close();                        //关闭输入流
        }catch(Exception e){
            e. printStackTrace();
        }
    }
}
```

上述程序运行结果同例 7.7,只是没有中文乱码,而且读取的效率也提高了。

2. FileOutputStream 类

FileOutputStream 是 OutputStream 的子类,用于向文件中写入数据,其所有方法都是从 OutputStream 类继承而来的。FileOutputStream 类的常用构造方法如下。

public FileOutputStream(String name)   利用文件名创建 FileOutputStream 对象。

public FileOutputStream(File file)   利用 File 对象创建 FileOutputStream 对象。

public FileOutputStream(String name,boolean append)   创建采用追加数据方式的 File-

OutputStream 对象。append 为 true,将数据追加到文件末尾;否则覆盖文件原来的数据。

　　FileOutputStream 流也是顺序向文件中写数据,只要不关闭流,每次调用 write 方法就顺序地向文件写内容,直到流被关闭。另外,使用 FileOutputStream 创建输出流对象时,若指定的目标文件不存在,则会自动创建该文件;若指定的目标文件存在,默认情况下向输出流写入的数据会覆盖原文件的数据。

　　FileOutputStream 与 FileInputStream 相对应,可以完成逐字节写数据和一次性写所有数据。

　　【例 7.9】在 Eclipse 中的 Chapter7 项目中创建 BytesWriteFile. java 文件,在该类的 main方法中使用 FileOutputStream 类把字符串中的数据一次性写入到 chunxiao. txt 文件中。

```java
import java.io. * ;
public class BytesWriteFile{
    public static void main(String[] args) {
        String str = "春晓　　春眠不觉晓,处处闻啼鸟。夜来风雨声,花
        落知多少。";
        FileOutputStream fos = null;
        try{
            fos = new FileOutputStream("chunxiao.txt");   //实例化文件输出流
            byte[]b = str.getBytes();    //把字符串转换为字节数组
            fos.write(b);                //把字节数组中数据全部写入输出流中
            fos.close();                 //关闭输出流
        }catch(Exception e){ }
    }
}
```

　　【例 7.10】在 Eclipse 中的 Chapter7 项目中创建 FileCopyDemo. java 文件,在该类的 main()方法中使用文件字节流将 FileCopyDemo. java 文件中的数据复制到文件 file2. txt。

```java
import java.io. * ;
publicclass FileCopyDemo{
    public static void main(String args[]){
    try{
    File inFile = new File("src/FileCopyDemo.java");   //源文件对象的创建
    File outFile = new File("file2.txt");    //目标文件对象的创建
    FileInputStream fis = new FileInputStream(inFile);
    FileOutputStream fos = new FileOutputStream(outFile);
    int c;
    while((c = fis.read())! = -1){   // 从输入流读字节,如到流尾结束循环
      fos.write(c);                  // 将读取的字节数据c写入输出流
    }
    fis.close();               //输入流关闭
    fos.close();               //输出流关闭
```

```
        } catch(FileNotFoundException e){   //文件找不到异常捕获
            System.out.println("异常为:"+e.getMessage());
        } catch(IOException e){                //I/O异常捕获
            System.out.println("异常为:"+e.getMessage());
        }
    }
}
```

说明:用文件字节输出流往文件中写入中文字符没有乱码。这是因为程序先把中文字符转成字节数组,然后再向文件中写字节数据,而利用文本工具打开文件时能自动识别出中文字符。

7.3.2　文件字符流

FileReader 和 FileWriter 是以字符为操作单位的文件输入流和文件输出流。

1. FileReader 类

FileReader 是 Reader 间接子类,按照本地操作系统的字符编码从文件中读取字符数据,用户不能指定字符编码类型。FileReader 类的常用构造方法如下。

public FileReader(String name)　使用文件名 name 创建 FileReader 对象。

public FileReader(File file)　使用 File 对象创建 FileReader 对象。

2. FileWriter 类

FileWriter 是 Writer 间接子类,按照本地操作系统的字符编码向文件写入字符数据,用户不能指定字符编码类型。FileWriter 类的常用构造方法如下:

public FileWriter(String name)　使用文件名 name 创建 FileWriter 对象。

public FileWriter(File file)　使用 File 对象创建 FileWriter 对象。

public FileWriter(File file,boolean append)　使用文件对象创建 FileWriter 对象,参数 append 为 true 表示采用追加的方式向文件写数据。

文件字符流与文件字节流的使用相同,只是操作的数据单位不同。文件字符流内未定义方法,而是继承了其父类和间接父类中的方法。

【例 7.11】在 Eclipse 中的 Chapter7 项目中创建 CharReadFile. java 文件,在该类的 main()方法中使用 FileReader 类逐字符读取 Chapter7 目录下 test. txt 文件中的数据,并统计文件中有多少中文字符。说明:中文字符的 Unicode 编码范围为[\u4E00－\u9FA5]。

```
import java.io. * ;
public class CharReadFile {
    public static void main(String[] args) {
        int ch;
        int len = 0;                       //保存文件中除空白字符外的字符数量
        int count = 0;                     //保存文件中汉字数量
        try{
            FileReader fr = new FileReader("test.txt");
```

```
    while((ch = fr.read())! = -1){
        char c = (char)ch;
        if('\u4E00' <= c&&c <= '\u9FA5')    //判断是否中文字符
            count + +;                       //中文字符个数加 1
        if(! Character.isWhitespace(c))      //判断是否空白字符外的字符
            len + +;                          //字符个数加 1
    }
    fr.close();
    }catch(Exception e){}
    System.out.println("文件内中文字符数为:" + count);
    System.out.println("文件内总字符数为:" + len);
    }
}
```

上述程序运行结果显示文件 test.txt 中的中文字符数量和总字符数量(除空白字符,如空格、TAB、回车换行等)。

7.4　缓冲流

利用文件流逐个字节或字符读写文件中的数据时,需要进行频繁的 I/O 操作。为了提高数据读写效率,Java 提供了带缓冲功能的缓冲流即缓冲输入流和缓冲输出流。在使用缓冲流时,会创建一个内部缓冲区数组并嵌套一个已存在的流。在使用缓冲输入流读数据时,先读取缓冲区中的数据,只有当缓冲区为空时,才会利用嵌套的输入流从数据源读取成批数据填充缓冲区,然后再读取缓冲区中的数据。在使用缓冲输出流写数据时,先把数据写入缓冲区,然后一次性将缓冲区内的数据通过嵌套的输出流写入到数据目的地。这种方式大大提高了流的读写数据的效率。缓冲流读写数据原理如图 7.9 所示。

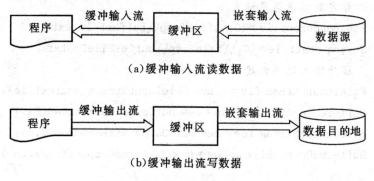

(a)缓冲输入流读数据

(b)缓冲输出流写数据

图 7.9　缓冲流读写数据原理示意图

缓冲流分为字节缓冲流 BufferedInputStream/BufferedOutputStream 和字符缓冲流 BufferedReader/BufferedWriter。缓冲流属于过滤流,也就是说,缓冲流并不直接操作数据源,而是对直接操作数据源的节点流的包装,以此增强它们的功能。使用过滤流的过程中,当关闭过滤流时,它会自动关闭所包装或嵌套的流。

7.4.1 字节缓冲流

1. BufferedInputStream 类

BufferedInputStream 字节缓冲输入流是 InputStream 间接子类。在创建字节缓冲输入流对象时,要指定一个 InputStream 类型的流作为与数据源相连的前端流,并可指定缓冲区的大小。BufferedInputStream 类常用构造方法如下。

public BufferedInputStream(InputStream in)　创建前端流为 in 的缓冲输入流对象。

public BufferedInputStream(InputStream in,int size)　创建前端流为 in、缓冲区大小为 size 的缓冲输入流对象。

2. BufferedOutputStream 类

BufferedOutputStream 字节缓冲输出流是 OutputStream 间接子类。在创建字节缓冲输出流对象时,要指定一个 OutputStream 类型的流作为与数据目的地相连的前端流,并可指定缓冲区的大小。BufferedOutputStream 类常用构造方法如下。

public BufferedOutputStream(OutputStream out)　创建前端流为 out 的缓冲输出流对象。

public BufferedOutputStream(OutputStream out,int size)　创建前端流为 out、缓冲区大小为 size 的缓冲输出流对象。

【例 7.12】在 Eclipse 中的 Chapter7 项目中创建 BufferByteCopyFile. java 文件,在该类的 main()方法中使用文件字节流和字节缓冲流将指定路径的源文件复制到相应的位置。

```
import java.io. * ;
public class BufferByteCopyFile{
  public static void main(String[] args){
    try{
      //指定数据源与目标文件
      Stringsourcefile = "C:\\fileTemp\\bufferFile.txt";
      String destfile = "C:\\fileTemp\\bufferFileTo.txt";
      //缓冲输入流的创建
      FileInputStream fis =   new FileInputStream(sourcefile);
      BufferedInputStream bis = new BufferedInputStream(fis);
      FileOutputStream fos = new FileOutputStream(destfile);
      BufferedOutputStream bos = new BufferedOutputStream(fos);
      int b;
      while((b = bis. read())!  = - 1){
        bos. write(b);//写入缓冲输出流
      }
      bos. flush();
      bos. close();
```

```
            bis.close();
            System.out.println("文件复制完成!");
        }catch(Exception e){
            System.out.println("文件复制未完成!");
            System.out.println("异常信息" + e.getMessage());
        }
    }
}
```

7.4.2 字符缓冲流

1. BufferedReader 类

BufferedReader 字符缓冲输入流是 Reader 间接子类。在创建字符缓冲输入流对象时,要指定一个 Reader 类型的流作为与数据源相连的前端流,并可指定缓冲区的大小。BufferedReader 类常用构造方法如下:

public BufferedReader(Reader in)

public BufferedReader(Reader in,int size)

BufferedReader 类增加了 public String readLine()方法。该方法返回一行字符(不包含行结束标记);若返回 null,则表示到达流末尾。行结束标记是换行符('\n')或回车符('\r'),或回车符和换行符('\n\r')。

2. BufferedWriter 类

BufferedWriter 字符缓冲输入流是 Writer 的子类。在创建字符缓冲输出流对象时,要指定一个 Writer 类型的流作为与数据目的地相连的前端流,并可指定缓冲区的大小。BufferedWriter 类常用构造方法如下:

public BufferedWriter(Writer out)

public BufferedWriter(Writer out,int size)

BufferedWriter 也相应增加 public void newLine()方法。该方法写入一个行分隔符。行分隔符由系统属性 line.separator 定义。因为不同操作系统的行分隔符是不一样的,所以使用该方法可使程序具有很好的跨平台特性。

【例 7.13】在 Eclipse 中的 Chapter7 项目中创建 BufferCharWRFile.java 文件,在该类的 main()方法中利用 FileWriter 和 BufferedWriter,将来自 Scanner 类读取的行字符串写入文件 out.txt 中,同时利用 FileReader 和 BufferedReader 将 out.txt 文件的内容输出。

```
        import java.io. * ;
        import java.util. * ;
        public class BufferCharWRFile {
        //main()方法声明 IOException 异常
            public static void main(String[] args) throws IOException{
                Scanner reader = new Scanner(System.in);//从键盘读取数据
                FileWriter fw = new FileWriter("out.txt");
```

```
//创建 BufferedWriter 对象
BufferedWriter bw = new BufferedWriter(fw);
System.out.println("将输入数据保存在文件中,结束请输´exit´!");
while(reader.hasNextLine()){//检测是否有下一行数据
   String line = reader.nextLine();//读取行数据
   if(line.equalsIgnoreCase("exit"))break;//结束输入数据
   else{
      bw.write(line);//将行数据写入缓冲输出流
      bw.newLine();//写入行分隔符
   }
}
bw.flush();
bw.close();
System.out.println("输出文件 out.txt 中的内容:");
FileReader fr = new FileReader("out.txt");
BufferedReader br = new BufferedReader(fr);
String str = null;
while((str = br.readLine())! = null){
   System.out.println(str);
}
br.close();
System.out.println("程序结束。");
         }
      }
```

7.5 打印流

　　打印流提供了非常方便灵活的输出功能,可以输出任何类型的数据,也可以进行格式化输出,而且数据输出目标可以是显示器,也可以是磁盘文件。打印流分为字节打印流 PrintStream 和字符打印流 PrintWriter。PrintStream 主要操作字节,而 PrintWriter 用来操作字符。

7.5.1 字节打印流

　　字节打印流 PrintStream 在 OutputStream 基础之上提供了增强输出功能,可以方便地输出各种类型的数据以及格式化表示形式。还可以创建具有自动刷新功能的 PrintStream 对象,也就是说在写入字节数组、调用 println()方法、写入行结束符或换行符('\n')后自动调用flush()方法刷新输出缓冲区。此类中的方法不会抛出 I/O 异常,不过可以调用其 checkError ()查询是否有异常发生。

1. 常用构造方法

public PrintStream(String fileName) 创建数据输出目标为磁盘文件且无自动行刷新的打印流。

public PrintStream(OutputStream out) 创建嵌套流为 out 且无自动行刷新的打印流。

public PrintStream(OutputStream out,boolean autoFlush) 创建嵌套流为 out 且有自动刷新的打印流。参数 autoFlush 为 true,表示有自动刷新功能。

2. 常用方法

PrintStream 虽然是 OutputStream 的子类,但它的方法并不是 OutputStream 类中所定义的方法,而是由 PrintStream 类定义的。

public void println(数据类型 x) 输出数据 x 后换行。

public void print (数据类型 x) 输出数据 x 不换行。

public void write(byte buf[], int off, int len)

public void flush()

public void close()

说明:通过 PrintStream 打印的所有字符都要转换为平台默认字符编码的字节。

【例 7.14】通过 PrintStream 相关方法把不同类型数据保存在文件中。

```java
import java.io. * ;
public class PrintStreamPrint {
    public static void main(String[] args) {
        // 使用带资源的 try 语句
        try(FileOutputStream fos = new FileOutputStream("test1.txt");
        PrintStream ps = new PrintStream(fos)){//使用文件输出流实例化打印输出流
            ps.println(true);
            ps.println(3.14);
            ps.println("保护环境");
            char ch[] = {'a','b','c'};
            ps.println(ch);
        }catch(Exception e){}
    }
}
```

3. 格式化输出方法

在 JDK 1.5 中 PrintStream 提供类似 C 语言中的格式化输出数据方法 printf(),其语法格式为:public PrintStream printntf(String format,Objec,... args),其中,参数 format 是描述数据输出格式字符串,它可以包含固定文本以及一个或多个格式说明符;参数 args 是格式字符串中格式说明符引用的参数列表。格式说明符的语法格式为:%[参数索引 $][标志][宽度][.精度]转换字符。

1)参数索引 $

参数索引 $ 是一个整数,用于表示格式字符串中的格式说明符所对应的参数在参数列表中的位置。"1$"表示对应参数列表中第一个参数,"2$"表示对应参数列表中第二个参数,依此类推。若格式说明符中没有使用"参数索引 $",则格式字符串中格式说明符个数与参数列表中参数个数保持一致。

例如,使用"参数索引 $"程序片段如下:

```
1 double price = 36.52;
2 double realp = 34.5;
3 String name = "Java 程序设计";
4 out.printf("书名:%1$s,价格:%2$5.2f,支付价格:%2$5.1f",name,price);
```

输出结果为:

　　书名:Java 程序设计,价格:36.52,支付价格:36.5

上述方法中格式字符串包含三个格式说明符"%1$s"、"%2$5.2f"和"%2$5.1f",格式字符串中"书名"、"价格"、"支付价格"和"逗号"作为固定文本直接输出,参数列表是 name 和 price。

2)标志

标志用来指定数据的输出格式,有效标志取决于转换类型。表 7.1 中列出转换类型所支持的标志。

表 7.1　转换类型与标志符支持关系

标志	参数类型	说　　明	示例输出
—	任何类型	结果向左对齐	'good　'
+	数字	在为正值的结果前加'+'	+30
0	数字	左面用零补齐,以达到所需宽度	00002
,	数字	用逗号来格式化数字	2,345,700
空格	数字	在正值前加上一个空格	'　23'

3)宽度

宽度表示在输出数据时所占字符的个数。若数据本身的宽度比指定的宽度小,其余的部分将以空格或指定的字符进行填充;否则将按照实际数据的宽度输出。

4)精度

精度通常用来限制字符数,特定行为取决于转换类型。对于浮点类型,精度是指小数的有效位数。若小数部分的精度比指定的精度高,则按照指定精度进行四舍五入;若小数部分的精度比指定精度小,将使用 0 来进行填充。对于字符串、布尔类型,精度是将向输出中写入的最多字符数。对于其他类型,精度是不适用的;如果提供精度,则会抛出异常。

5)转换字符

转换字符表示参数以何种数据类型输出。表 7.2 列出常用的转换字符。

表 7.2   格式说明符中常用的转换字符

转换字符	说明	转换字符	说明
d	十进制整数	x 或 X	十六进制整数
o	八进制整数	f	浮点数
s 或 S	字符串	c 或 C	字符
b 或 B	布尔值	e 或 E	用科学计数表示

说明：如果转换字符是大写，则对应输出的字母字符都是大写。

【例 7.15】通过 PrintStream 类把数据格式化输出到显示器。

```java
import java.io.*;
public class FormatPrintDemo {
  public static void main(String[] args) {
    try(PrintStream ps = new PrintStream(System.out)){
      String country = "中国";
      double population = 1400000000;
      double area = 963.406;
      ps.printf("国籍：%s\n",country);
      ps.printf("人口：%1$,.2f,%1$.2e,%1$+.2E\n",population);
      ps.printf("面积：%1$f,%1$.3f,%1$.2f万平方公里\n",area);
    }catch(Exception e){ }
  }
}
```

上述程序运行结果如图 7.10 所示。

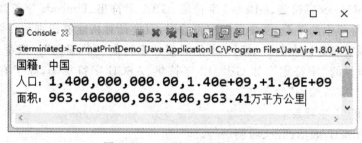

图 7.10   printf()方法输出结果

7.5.2   字符打印流

字符打印流 PrintWriter 类也能进行格式化数据输出。此类除了具有 PrintStream 中的 print()和 println()方法，还提供写字符的 write()方法，但它没有处理原始字节的方法，如 write(int)和 write(byte[],int,int)。此类的方法也不会抛出 I/O 异常。另外若启用自动刷新功能，则 PrintWriter 只在调用 println()方法时才执行自动刷新缓冲；而不像 PrintStream

遇到一个换行符就刷新缓冲。

1. 常用构造方法

public PrintWriter(String fileName)

public PrintWriter(OutputStream out)

public PrintWriter(OutputStream out,boolean autoFlush)

public PrintWriter(Writer out)

public PrintWriter(Writer out,boolean autoFlush)

2. 常用方法

这里只列举与 PrintStream 不同的方法。

public void write(char[] buf)

public void write(String s)

public void write(String s,int off,int len)

PrintWriter 与 PrintStream 用法和功能类似,它除了嵌套 OutputStream 之外,还可以嵌套 Writer 作为输出对象。所以在需要写入字符而非原始字节数据时,使用 PrintWriter 比较合适。有关该类的应用这里不再介绍。

7.6　字节流与字符流的转换

7.6.1　字符编码之间转换方法

1. 常用字符集及字符编码

字符是各种文字和符号的总称,包括各个国家文字、标点符号、图形符号、数字等。字符集合是多个字符组成的集合。字符集种类较多,每个字符集包含的字符个数不同,常见字符集有 ASCII 字符集、ISO8859 字符集、GB2312 字符集、GBK 字符集、Unicode 字符集等。计算机要准确处理各种字符集中的字符,需要进行字符编码,以便计算机能够识别和存储各种字符。

另外,各个国家和地区在制定编码标准的时候,“字符集”和“编码”一般都是同时制定的。因此,平常我们所说的“字符集”,如 GB2312 字符集、ASCII 字符集等,除了有“字符集”含义外,同时也包含了“字符编码”的含义。

1)ISO－8859－1 字符集

作用:扩展 ASCII,表示西欧、希腊语等。

位数:使用一个字节表示。

范围:从 00 到 FF,兼容 ASCII 字符集。

2)GB2312 字符集

作用:国家简体中文字符集,兼容 ASCII。

位数:使用两个字节表示,能表示 7445 个符号,包括 6763 个汉字,几乎覆盖所有高频率汉字。

范围:高字节从 A1 到 F7,低字节从 A1 到 FE。将高字节和低字节分别加上 0XA0 即可得到编码。

3)GBK 字符集

作用：它是 GB2312 的扩展，加入对繁体字的支持，兼容 GB2312。

位数：使用两个字节表示，可表示 21886 个字符。

范围：高字节从 81 到 FE，低字节从 40 到 FE。

4)Unicode 字符集

作用：为全世界 650 种语言进行统一编码，兼容 ISO-8859-1。

位数：Unicode 字符集有多种编码方式，分别是 UTF-8、UTF-16 和 UTF-32。其中 UTF-8 编码是不定长编码，每个字符的长度为 1～4 个字节不等。通常英文字母用单字节表示，而汉字使用三个字节表示。UTF-16 编码是每个字符用两个字节表示；UTF-32 编码是每个字符用四个字节表示。

2. 字符与字节转换方法

在 Java 中，字符串在内存中总是按 Unicode 编码存储，每个字符占用两个字节。下面介绍 String 类中字节与字符之间转换的主要方法。

（1）public byte[] getBytes(String charsetName)　将字符串用指定的编码格式编码为字节数组，即每个字符用编码指定的字节长度表示，完成 Unicode→charsetName 转换。

（2）public String(byte[] bytes, String charsetName)　将字节数组以指定的编码格式解码为字符串，即将一个或多个字节解码为一个字符，完成 charsetName→Unicode 转换。

3. Unicode 编码与各编码之间的直接转换

下面以字符串"a 中文"的 Unicode 编码为例，来了解 Unicode 编码与其他编码之间的转换，其中"a 中文"的 Unicode 编码为/u0061/u4E2D/u6587（十六进制）。

1)Unicode 编码和 GBK 编码之间转换

编码过程中 Unicode 字符若为中文则用两个字节表示，否则用单字节表示；解码过程是可逆的，即将一个或两个字节解码为一个 Unicode 字符，恢复原字符串。

String→GBK→ByteArray：/u0061/u4E2D/u6587→0x61 0xD6 0xD0 0xCE 0xC4

ByteArray→GBK→String：0x61 0xD6 0xD0 0xCE 0xC4→/u0061/u4E2D/u6587

2)Unicode 编码和 UTF-8 编码之间转换

编码过程中 Unicode 字符若为中文字符则用三个字节表示，否则用单字节表示；解码过程是可逆的，即将一个或多个字节解码为一个 Unicode 字符，恢复原字符串。

String → UTF-8 → ByteArray：/u0061/u4E2D/u6587 → 0x61 0xE4 0xB8 0xAD 0xE6 0x96 0x87

ByteArray → UTF-8 → String：0x61 0xE4 0xB8 0xAD 0xE6 0x96 0x87 →/u0061/u4E2D/u6587

3)Unicode 编码和 ISO-8859-1 编码之间转换

编码过程中将 Unicode 字符用单字节表示，而中文字符 ISO-8859-1 编码无法用单字节表示，将其编码为 0x3F（对应字符为?）；解码时将每个字节转换为一个 Unicode 字符，对于编码为 0x3F 的汉字解码为"?"，即解码过程不可逆。

String→ISO-8859-1→ByteArray：/u0061/u4E2D/u6587→0x61 0x3F 0x3F

ByteArray→ISO-8859-1→String：0x61 0x3F 0x3F→/u0061/u003F/u003F(a??)

4. Unicode 编码与各编码之间的交叉转换

对于字符串（Unicode）编码的字节数组，若使用正确的解码可恢复原字符串；若使用错误解码，则会出现乱码，无法正常恢复。通过上机编程验证，对于使用不正确的解码后的字符串仍然能通过编码转换恢复原字符串。具体编码转换过程如下。

（1）字符串使用 GBK 编码为字节数组，然后使用 ISO-8859-1 解码出现乱码解决方法

String→GBK→ByteArray→ISO-8859-1→String（乱码字符串）→ISO8859-1→ByteArray－GBK→String（恢复原字符串）

（2）字符串使用 UTF-8 编码为字节数组，然后使用 ISO-8859-1 或 GBK 解码出现乱码解决方法

String→UTF-8→ByteArray→ISO-8859-1→String（乱码字符串）→ISO-8859-1→ByteArray→UTF-8→String（恢复原字符串）

String→UTF-8→ByteArray→GBK→String（乱码字符串）→GBK→ByteArray→UTF-8→String（恢复原字符串）

7.6.2　InputStreamReader 和 OutputStreamWriter

Java 采用不同的方式来处理字节流和字符流，在实际应用中需要在这两种不同的数据流之间进行转换。Java 提供的 InputStreamReader 和 OutputStreamWriter 可实现字节流与字符流之间的互相转换，其转换原理与上节所介绍的字节与字符之间转换原理相同。

1. InputStreamReader

InputStreamReader 是 Reader 子类。它是字节流通向字符流的桥梁，使用指定的字符编码将从字节流中读取的字节解码为字符，实现字节流向字符流的转换。InputStreamReader 使用的字符编码可以显式指定，也可以是平台默认的字符编码。为了实现字节到字符更高效的转换，通常将 InputStreamReader 与缓冲流 BufferedReader 嵌套使用。

1）常用构造方法

public InputStreamReader(InputStream in)　使用当前平台的字符编码，将字节输入流转换成字符输入流。

public InputStreamReader(InputStream in, String charsetName)　使用指定的字符编码，将字节输入流转换成字符输入流。

2）常用方法

public int read()　读取单个字符。

public int read(char[] cbuf)　将读取的字符存到数组中，返回读取的字符数。

2. OutputStreamWriter

OutputStreamWriter 是 Writer 子类。它是字符流通向字节流的桥梁，使用指定的字符编码将要写入字节流中的字符编码成字节，实现字符流向字节流转换。OutputStreamWriter 使用的字符编码可以显式指定，也可以是平台默认的字符编码。为了获得更高的转换效率，可将 OutputStreamWriter 与 BufferedWriter 嵌套使用，以避免频繁调用转换。

1）常用构造方法

public OutputStreamWriter(OutputStream out)　使用当前平台字符编码，将字符输出

流转换成字节输出流。

public OutputStreamWriter(OutputStream out,String charsetName) 使用指定的字符编码,将字符输出流转换成字节输出流。

public String getEncoding() 获取此流使用的字符编码名称。

2)常用方法

public void write(int c) 将单个字符写入流。

public void write(char[] str,int off,int len) 将字符数组某部分写入流。

public void write(String str,int off,int len) 将字符串某部分写入流。

public String getEncoding() 获取此流使用的字符编码的名称。

【例 7.16】利用 InputStreamReader 分别按照 GBK 编码和 UTF-8 编码读取内容编码是 GBK 的文本文件。

```java
import java.io.*;
public class ByteToCharStream {
    public static void main(String[] args) throws Exception {
    //实例化文件对象,且文件内容采用 GBK 编码
    File file = new File("fileGBK.txt");
    InputStream inUTF = new FileInputStream(file);
    InputStream inGBK = new FileInputStream(file);
    //创建 InputStreamReader 对象,按照 UTF-8 编码把字节流解码为字符流
    InputStreamReader isrUTF = new InputStreamReader(inUTF,"UTF-8");
    //创建 InputStreamReader 对象,按照 GBK 编码把字节流解码为字符流
    InputStreamReader isrGBK = new InputStreamReader(inGBK,"GBK");
    char[] chUTF = new char[1024];
    char[] chGBK = new char[1024];
    int lenUTF = isrUTF.read(chUTF);    //将字节流中字节解码为字符保存在数
                                           组中
    int lenGBK = isrGBK.read(chGBK);
    isrUTF.close();
    isrGBK.close();
    System.out.println("内容(UTF)为:" + new String(chUTF,0,lenUTF));
    System.out.println("内容(GBK)为:" + new String(chGBK,0,lenGBK));
    }
}
```

上述程序运行结果如图 7.11 所示。程序中文件 fileGBK.txt 的内容是按照 GBK 编码存储即 String→GBK→ByteArray。利用 InputStreamReader 按照 UTF-8 编码将字节流解码为字符流即 ByteArray→UTF-8→String,采用的解码与编码不一致会导致乱码;而按照 GBK 编码将字节流解码为字符流即 ByteArray→GBK→String,采用的解码与编码一致正常显示。

【例 7.17】利用 OutputStreamWriter 将同一编码格式的字符串分别存储在不同编码格式的文本文件中。

图 7.11　不同字符编码的文件内容

```java
import java.io. * ;
public class CharToByteStream {
    public static void main(String[] args) {
        File fUTF = new File("testUTF.txt");
        File fGBK = new File("testGBK.txt");
        try{
          FileOutputStream fosUTF = new FileOutputStream(fUTF);
          FileOutputStream fosGBK = new FileOutputStream(fGBK);
          //创建 OutputStreamWriter 对象,按照 UTF-8 编码把字符流编码为字节流
          OutputStreamWriter oswUTF = new OutputStreamWriter(fosUTF,"UTF-8");
          //创建 OutputStreamWriter 对象,按照 GBK 编码把字符流编码为字节流
          OutputStreamWriter oswGBK = new OutputStreamWriter(fosGBK,"GBK");
          char[] str ="中华人民共和国,China!".toCharArray();
          oswUTF.write(str);
          oswGBK.write(str);
          oswUTF.close();
          oswGBK.close();
        }catch(Exception e){
          System.out.println(e.getMessage());
        }
        System.out.println("UTF-8 编码文件大小:" + fUTF.length());
        System.out.println("GBK 编码文件大小:" + fGBK.length());
    }
}
```

　　程序运行结果如图 7.12 所示。程序中利用 OutputStreamWriter 按照 UTF-8 编码将字符流转换为字节流即 String→UTF-8→ByteArray,并保存在 testUTF.txt 文件中;按照 GBK 编码把字符流转换为字节流即 String→GBK→ByteArray,并保存在 testGBK.txt 文件中。因为 UTF-8 编码一个中文符号用 3 B 表示,而 GBK 用 2 B 表示。程序结果显示采用 UTF-8 编码的文件比采用 GBK 编码的文件多 9 B。

　　实际上所有的字符数据在保存或传输时,都是按照一定字符编码格式转换为字节数据,而字符只是计算机对字节处理后显示的结果。在 Java 开发中经常会遇到字符乱码的问题。乱码问题的主要原因是编码和解码不一致。要想避免出现乱码,首先要知道环境所支持的字符

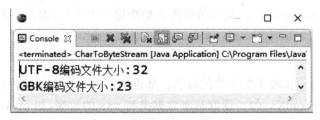

图 7.12　不同编码文件大小

编码是什么；其次要理解 Unicode 编码与其他字符编码的转换过程。

7.7　随机存取文件类

前面学习的 Java 的输入/输出流都是顺序访问流，即流中的数据必须按顺序进行读写。而在某些情况下，程序需要不按照顺序随机地访问磁盘文件中的内容。为此，Java 中提供了一个功能很强大的随机存取文件类 RandomAccessFile，它可以实现对文件的随机读写操作。

RandomAccessFile 类也在 java.io 包中，但与包中的输入/输出流类不相关，它既不是 InputStream 类的子类，也不是 OutputStream 类的子类。RandomAccessFile 类与 I/O 流相比，很大的区别是该类创建的流既可对文件进行读操作，也可以对文件进行写操作。它直接继承 Object，并且同时实现了接口 DataInput 和 DataOutput。DataInput 接口中描述了用于从输入流中读取基本数据类型值的一组方法。DataOutput 接口中描述了将基本数据类型值写入输出流中的一组方法。

7.7.1　随机存取文件的创建

通过调用 RandomAccessFile 类的构造方法可以创建随机存取文件对象。其常用的构造方法为：

(1)public RandomAccessFile(String name,String mode)

(2)public RandomAccessFile(File file,String mode)

说明：参数 name 或 file 用来指定访问的文件名或文件对象名；参数 mode 是指访问文件的模式，它规定了 RandomAccessFile 对象用何种方式打开和访问指定的文件。mode 常用取值有两种："r"表示以只读方式打开文件，如果文件不存在，系统会抛出 FileNotFoundException 异常；"rw"表示以读写方式打开文件，如果文件不存在，则系统会自动创建该文件。

7.7.2　随机存取文件的操作

RandomAccessFile 类提供的操作主要有：文件指针操作、读数据操作和写数据操作。

1.文件指针操作

文件位置指针或文件指针是指以字节为单位的相对于文件开头的偏移量，是下次读写的位置。

public long getFilePointer()　　获得文件指针。

public void seek(long pos)　　将文件指针定位到参数 pos 位置处。

public long length()　　以字节为单位返回文件长度。

public int skipBytes(int n)　　从当前位置开始跳过 n 个字节,返回值表示实际跳过的字节数。

2. 读数据操作

public int read()　　读取 1 个字节的数据。如返回值为－1,表示文件已到达末尾。

public final xxx readXxx()　　读取基本数据类型 xxx 的数据,如 int readInt()等。

public final String readLine()　　读取一行文本数据。且返回的字符串中不包括行结束符。

public int read(byte b[])　　把从文件中读取的数据存放在指定的字节数组中。

3. 写数据操作

public void write(int b)　　向文件写入 1 个字节数据。

public final void writeXxx(xxx v)　　向文件写入基本数据类型为 xxx 的数据。如 void writeInt(int v)等。

public void write(byte b[])　　将字节数组数据写入文件中。

说明:RandomAccessFile 类的所有方法都声明抛出 IOException 异常,使用这些方法时要进行异常声明或捕获。

4. 文件指针操作规律

利用 RandomAccessFile 类对文件进行随机访问,关键在于掌握好文件位置指针的操作。文件指针遵循以下规律:

(1)创建的 RandomAccessFile 对象的文件指针位于文件的开头处;

(2)每次读写操作后,文件指针都相应后移读写的字节数;

(3)利用 seek()方法可移动文件指针到一个新的位置;

(4)利用 getFilePointer()方法可获得当前文件的指针位置;

(5)利用 length()方法可得到文件的字节长度,利用 getFilePointer()和 length()方法可以判读读取的文件是否到达文件末尾。

【例 7.18】使用 RandomAccessFile 类对不同数据类型的数据进行读写操作。

```java
import java.io. * ;
public class RandomRWDataDemo {
    public static void main(String[] args) {
        try{
        //创建随机访问文件类对象
        RandomAccessFile raf = new RandomAccessFile("file2.txt","rw");
        long startoff = raf.getFilePointer();//获得文件的初始指针位置
        System.out.println("文件开始指针位置为" + startoff);
        raf.writeBoolean(true);
        raf.writeByte(10);
        raf.writeChar('b');
        raf.writeDouble(123.123);
        raf.writeInt(123);
```

```
        raf.seek(startoff);//设置文件的指针为文件开始位置
        System.out.println("读取 boolean 的值为" + raf.readBoolean());
        System.out.println("读取 byte 的值为" + raf.readByte());
        System.out.println("读取 char 的值为" + raf.readChar());
        System.out.println("读取 double 的值为" + raf.readDouble());
        System.out.println("读取 int 的值为" + raf.readInt());
        raf.close();//关闭流
        }catch(Exception e){      }
    }
}
```

上述程序运行结果如图 7.13 所示。

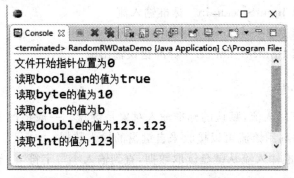

图 7.13 RandomAccessFile 类读写数据运行结果

【例 7.19】使用 RandomAccessFile 类读取文件内容。

```
import java.io. * ;
public class RandomReadDemo{
    public static void main(String args[]) throws Exception{
        long filePoint = 0 ;
        String s;
        RandomAccessFile raf = new RandomAccessFile("src/RandomReadDemo.
            java","r");
        long fileLength = raf.length();
        while (filePoint< fileLength){
            s = raf.readLine();
            System.out.println(s);
            filePoint = raf.getFilePointer();
        }
        raf.close();
    }
}
```

上述程序运行结果是将 src 文件夹下的 RandomReadDemo.java 文件输出,如果该文件不存在,系统抛出 FileNotFoundException 异常。

7.8   System 类对 I/O 的支持

前面介绍的输入流 InputStream 和 Reader 及输出流 OutputStream 和 Writer,用户每次使用时需要进行实例化,程序结束后要及时关闭流以释放这些流所占用的资源。而对于从键盘读数据或向显示器写数据这些非常频繁的操作,若每次操作都创建输入/输出流来完成,会极大地影响系统的运行效率。为此,Java 提供了与系统标准输入和输出相对应的标准输入流和标准输出流。这些标准流在 Java 虚拟机启动时会自动创建,并且在程序运行时随时可以使用,除非显式关闭它们。在 java. lang. System 类中定义的 3 个静态常量 in、out 和 err 都是标准流,它们是:

    public static final InputStream in   标准输入流
    public static final PrintStream out   标准输出流
    public static final PrintStream err   标准错误输出流

7.8.1   System. in

System. in 是标准输入流,默认的标准输入对象是键盘。一般情况下,标准输入流都会连接到键盘设备,也就是利用该流可以接收来自键盘的输入数据。

【例 7.20】利用标准输入流从键盘读取数据,直到输入小写字符'q',输入结束。

```
import java.io. * ;
public class StdInStremDemo {
    public static void main(String[] args) {
      try{
        System. out. println("请输入字符或数字,退出请输入'q'。");
        int ch = System. in. read();            //读取字节数据
        while(ch! = 'q'){
          if(Character. isLetterOrDigit(ch))    //判断输入是否是字母或数字字符
            System. out. println("输出字符为:" + (char)ch);
          ch = System. in. read();
        }
      }catch(IOException e){
        System. out. println(e.getMessage());
      }
      System. out. println("程序结束!");
    }
}
```

上述程序中,System. in. read()方法每次读取一个字节数据。该方法不但读取有效的输入字符,同时也把回车和换行符作为独立的字节数据读取。所以在程序中为了不显示读入的回车符和行号符,利用 if 语句将其过滤掉,只显示输入的有效字符。

说明:在利用 System. in 进行输入时,为了避免输入异常通常采用 Scanner scanner= new Scanner(System. in)或 BufferedReader br= new BufferReader(new InputStreamReader (System. in))方式获取键盘输入数据。

7.8.2 System. out

System. out 是标准输出流,默认标准输出设备是显示器。它是 PrintStream 对象,因此可使用 print()和 println()方法进行输出;也可以利用对象的多态性把 System. out 对应的默认输出设备改变为文件。

【例 7.21】System. out 的简单应用。

```java
import java.io. * ;
public class StdOutStreamDemo {
    private static void outFile(String fileName,String str){
    try{
        FileOutputStream fos = new FileOutputStream(fileName);
        //改变默认输出设备为文件
        PrintStream ps = new PrintStream(fos);
        ps.println(str);//把字符串输出到文件
        ps.close();
    }catch(Exception e){
        e.printStackTrace();
    }
        }
    public static void main(String[] args) {
        //实例化 PrintStream 对象,默认输出为显示器
        PrintStream ps = new PrintStream(System.out);
        ps.println("读的书愈多,愈亲近世界,愈明了生活的意义。");
        String str ="没有人不爱惜他的生命,但很少珍视他的时间。";
        outFile("test.txt",str);
        }
}
```

7.8.3 System. err

System. err 是标准错误输出流,表示错误信息的输出,默认的输出设备为显示器。与 System. out 一样,也是 PrintStream 对象。与 System. out 的区别是后者输出程序正确运行时的信息,而前者输出程序出错时的信息。因此在开发程序时,程序正确运行时的信息应该用 System. out 输出,程序的出错信息应该使用 System. err 输出。

【例 7.22】标准错误流实例。

```java
public class StdErrStreamDemo {
    public static void main(String[] args) {
```

```
        try{
            int i = Integer.parseInt("34d");
            System.out.println(i);
        }catch(NumberFormatException e){
            //输出的信息颜色是红色的
            System.err.println(e.getMessage());
        }
    }
}
```

7.9　管道流

管道是用来把一个程序、线程或代码块的输出连接到另一个程序、线程或代码块的输入。java.io 包中提供了管道输入流和输出流。管道输入流作为一个通信管道的接收端;管道输出流作为发送端。管道流必须是输入/输出并用,即在使用管道前,两者必须进行连接。管道流分为管道字节流和管道字符流。

1. 管道字节流

管道字节流包括 PipedInputStream 和 PipedOutputStream。PipedInputStream 是 Input-Stream 的子类,称为管道字节输入流类,其功能是从管道中读取字节数据。PipedOutput-Stream 是 OutputStream 的子类,称为管道字节输出流类,其功能是向管道写入字节数据,管道输入流类与管道输出流类必须配合使用才能构成一个完整的管道。

1) PipedInputStream 主要方法

public PipedInputStream()　创建一个不含连接的管道输入流,创建后可以使用 connect()方法建立与管道输出流的连接。

public PipedInputStream(PipedOutputStream pos)　可直接创建一个与管道输出流 pos 连接的管道输入流。

public void connect(PipedOutputStrem pos)　将管道字节输入流连接到管道字节输出流 pos 上。如该管道输入流已被连接到其他的管道输出流,则抛出 IOException 异常。

public void read()　从管道输入流中读取一个整数(取值为 0~255 即一个字节)。

public void close()　关闭管道输入流,并释放与该流相关的所有资源。

2) PipedOutputStream 主要方法

public PipedOutputStream()　创建一个不含连接的管道输出流,创建后可以使用 connect()方法建立与管道输入流的连接。

public PipedOutputStream(PipedInputStream pos)　可直接创建一个与管道输入流 pos 连接的管道输出流。

public void connect(PipedInputStrem pis)　将当前输出流连接到输入流 pis 上。

public void close()　关闭管道输出流,并释放所有相关资源。

public void write(int b)　向管道输出流写整数 b。

2. 管道字符流

管道字符流包括 PipedReader 和 PipedWriter。PipedReader 是 Reader 的子类,称为管道字符输入流类,其功能是从管道中读取字符数据。PipedWriter 是 Writer 的子类,称为管道字符输出流类,其功能是向管道写入字符数据。管道字符输入流类与管道字符输出流类必须配合使用才能构成一个完整的管道。

1)PipedReader **主要方法**

public PipedReader()

public PipedReader(PipedWriter src)

public void connect(PipedWriter src)

public void close()

public int read()　　从管道字符输入流读取一个整数(即两个字节)。

2)PipedWriter **主要方法**

public PipedWriter()

public PipedWriter(PipedReader src)

public void connect(PipedReader src)

public void close()

public void write()　　从管道字符输入流读取一个整数(即两个字节)。

说明:管道字节流与管道字符流的根本区别就是读写的数据单元不同,前者是字节,后者是字符。

管道数据流主要应用在线程间的数据通信,通过管道输出流向管道写入数据的线程称为生产者,通过管道输入流从管道读取数据的线程称为消费者。有关管道流的应用结合后续线程章节进行说明。

小　结

java.io 包涉及的类主要有文件类、字节流类、字符流类、字节流与字符流转换类、随机存取文件类等。

File 类是对操作系统下的文件或和目录的抽象描述,利用 File 类能够完成文件的创建和删除等操作,同时可获取文件的相关属性。但是 File 类不具有操作文件内容的功能,这些功能由 I/O 流完成。

I/O 流主要分为字节流和字符流。前者读写的数据单位为字节;而后者读写的数据单位是字符。InputStream 和 OutputStream 分别是字节输入流和字节输出流的父类,是抽象类;Reader 和 Writer 分别是字符输入流和字符输出流的父类,是抽象类。

FileInputStream 和 FileOutputStream 是顺序读写文件中的数据。字节缓冲流和字符缓冲流引入缓冲技术,读写操作不再直接操作数据源或目的地,而是缓冲区,这样可以减少实际读写操作的次数,提高读写文件数据的效率。PrintStream 和 PrintWriter 打印流提供了输出任何类型的数据的功能,还可以对数据进行格式化输出,而且数据输出目标可以是显示器,也可以是磁盘文件。InputStreamReader 和 OutputStreamWriter 是实现字节流与字符流互相转换的桥梁。InputStreamReader 将字节输入流转换成字符输入流,而 OutputStreamWriter 将字符输出流转成字节输出流。RandomAccessFile 类可实现对文件的随机读写操作,但该类非流式处理。管道流是用于 Java 程序、线程或代码段之间数据交换的桥梁。

习　题

一、选择题

1. 下列叙述中错误的是(　　　)。

A. File 类能够读写文件　　　　　　　　　　　B. File 类能够创建文件

C. File 类能够获取文件目录信息　　　　　　　D. File 类能够获取文件名称及大小

2. 下列说法中正确的是(　　　)。

A. 类 FileInputStream 和 FileOutputStream 用来进行文件 I/O 处理,由它们所提供的方法可打开本地主机上的文件,并进行顺序读/写。

B. 通过类 File 的实例或表示文件名称的字符串可以创建文件输入/输出流,在流对象生成的同时,文件被打开,但还不能进行文件读/写。

C. 对于 Inputstream 和 OutputStream 来说,它们的实例都是非顺序访问流,即只能进行非顺序的读/写。

D. InputStream、OutputStream、Reader、Writer 是基本输入/输出流的抽象类,可以直接创建对象来完成输入/输出操作。

3. File 类中的哪个方法用来创建目录?(　　　)

A. dir()　　　　　　B. mkdirs()　　　　　　C. list()　　　　　　D. listRoots()

4. 如在文件读取时使指针随机定位,则使用 RandomAccessFile 类的哪个方法?(　　　)

A. go(long pos)　　　　　　　　　　　B. seeking(long pos)

C. seek(long pos)　　　　　　　　　　D. skipBytes(int n)

5. Java 程序是通过什么来完成输入/输出的?(　　　)

A. 流　　　　　　　B. 类　　　　　　　C. main()方法　　　D. 键盘接收

6. (　　　)包提供了用来实现文件处理的类及其方法。

A. java. io　　　　　B. java. files　　　　C. java. stream　　　D. 以上答案都不对

7. 字符流与字节流的区别是(　　　)。

A. 每次读入的字节数不同　　　　　　　B. 前者带有缓冲,后者没有

C. 前者是块读写,后者是字节读写　　　　D. 二者没有区别,可以互换使用

8. Java 中哪个类提供了随机访问文件的功能?(　　　)

A. RandomAccessFile　　　　　　　　　B. RandomFile

C. File　　　　　　　　　　　　　　　　D. AccessFile

9. 下面 File 参数书写格式中正确的一项是(　　　)。

A. File("d://file//problem1. txt")　　　　　B. File("d:\\file\\problem1. txt")

C. File("d:\file\problem1. txt")　　　　　　D. File("d:\file\problem1. txt")

10. 下列说法中错误的一项是(　　　)。

A. FileReader 类提供将字节转换为 Unicode 字符的方法

B. InputStreamReader 类可实现字节流转换为字符流

C. FileReader 对象可以作为 BufferedReader 类的构造方法的参数

D. InputStreamReader 对象可作为 BufferedReader 类的构造方法参数

11. System.in 的作用是（　　　）

A. 控制台输入数据的读取　　　　　　B. 控制带输出的数据读取

C. 磁盘文件的顺序读写　　　　　　　D. 对文件的随机访问

12. 下面哪个类具有数据格式化输出功能？（　　　）

A. PrintStream　　　B. FileReader　　　　　C. InputStream　　　D. BufferedWriter

13. BufferedReader 类的（　　　）方法能够读取文件中的一行。

A. readLine()　　　B. read()　　　　　　C. readline()　　　D. read(char[])

14. 在与 FileWriter 类结构结合使用时，（　　　）类能够将字符串和数值写入一个文件。

A. OutputFile　　　B. StreamWriter　　　C. PrintWriter　　　D. BuffereReader

15. File 类的 public File[] listFiles() 方法作用是（　　　）。

A. 将文件和目录以 File 对象形式返回

B. 在当前目录下生成指定的目录

C. 将文件和目录以字符串对象形式返回

D. 判断该 File 对象所对应的是否是文件

二、上机测试题

1. 编写一个程序，接收用户从键盘上输入的文件名或目录名，然后判断该文件或目录是否存在。如存在，对于文件要输出该文件的相关信息；对于目录要输出该目录下所有文件及目录。若不存在，则创建相应的文件或目录，并输出相关信息。

2. 利用文件输入/输出流和缓冲流编写一个实现文件拷贝的程序，源文件名和目标文件名通过 Scanner 类从控制台获取。

3. 利用 System.in、InputStreamReader 和 BufferedReader 实现读取键盘输入的数据，同时使用 PrintWriter 和 System.out 将读取到的数据保存在文件中和输出到显示器。

4. 自定义文件 data.dat，该文件包括国家名称和人均消耗能源数据。为了保证存取的统一，国家名用 16 字节保存，人均能源消耗用 8 字节 double 类型保存。使用 RandomAccessFile 类首先向该文件写入 10 个国家及能源消耗数据，然后再将数据打印出来。

第 8 章　基于 Swing 的图形用户界面

图形用户界面(Graphics User Interface,GUI)是应用程序的外观,是用户和程序之间交互的接口。友好和美观的图形界面可以帮助用户更好地理解程序的功能,也为使用带来了很多便捷。设计和构造友好的图形用户界面是软件开发中的一项重要工作。为了方便编程人员开发图形用户界面,Java 提供了两个图形用户界面工具包:抽象窗口工具包(Abstract Window Toolkit,AWT)和 Swing 包。编程人员可方便地使用这两个包编写各种标准图形界面元素并处理各种事件。本章主要介绍基于 Swing 的 GUI 设计方法、GUI 事件处理模型以及 Swing 组件。

8.1　图形用户界面概述

Java 提供了 AWT 和 Swing 两种技术构造 GUI,分别由 java. awt 及其子包和 javax. swing 及其子包进行支持。

8.1.1　AWT 简介

在 Java 的早期版本 JDK 1. 0 中,包含了一个用于 GUI 程序设计的类库,Sun 称它为 AWT。AWT 提供了一套与本地图形界面进行交互的接口,AWT 中的组件与操作系统所提供的 GUI 组件之间有着一一对应的关系,称之为 peers(对等组件)。当利用 AWT 编写图形用户界面时,实际上是在利用本地平台所提供的 GUI 组件,也就是说 AWT 将处理用户界面元素的任务委托给每个目标平台的 GUI 组件负责完成。例如,当使用 AWT 在窗口上放置一个文本框时,就会创建一个底层的"对等体"文本框,用来真正地处理文本输入。AWT 组件包含本地代码,这样的组件属于重量级。不同平台的 GUI 组件的样式和功能是不一样的,在一个平台上存在的功能在另一个平台上则可能不存在。为了满足 Java 程序的可移植性要求,AWT 不得不通过牺牲组件功能和特征来实现平台无关性,即 AWT 只拥有所有平台上都具有的组件和特征。例如,AWT 中无表或树等高级组件,因为它们在某些平台上不支持;AWT 按钮不能包含图片,因为在 Motif 平台上,按钮是不支持图片的。

使用重量级组件构建 GUI 会导致许多问题。首先,因为操作系统间的差异,在不同的平台上,相同的 AWT 组件外观看起来不一致;其次,由于外观受制于平台,所以每个组件的外观在特定平台是固定的,不能够轻易更改;再次,对等组件会消耗许多系统资源。

AWT 的组件类库都保存在 java. awt 包中,该包描述的主要组件类与接口以及它们之间的层次关系如图 8.1 所示。AWT 的所有组件都是抽象类 Component 或 MenuComponent 类的子类;容器类 Container 是用来组织其他界面成分和元素的组件;布局管理器接口 LayoutManager 用来决定控制组件在容器中的部署;事件类 AWTEvent 用来定义相应组件所发生的各种事件。

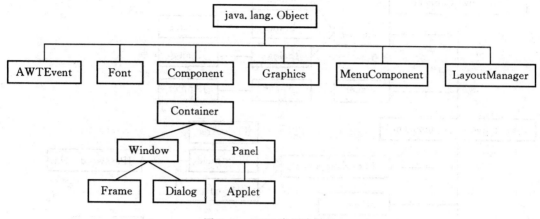

图 8.1　AWT 类层次结构

8.1.2　Swing 简介

为了解决 AWT 存在的问题，JDK 1.2 在 AWT 基础之上新增了一个 GUI 开发工具包 Swing。Swing 组件是轻量级的，它完全由 Java 语言实现（AWT 用 C 语言实现），具有平台独立的 API 和平台独立的实现。Swing 不但克服了 AWT 设计的 GUI 外观受平台限制的不足，而且提供了比 AWT 更加丰富的组件，并增加了很多新的特性和功能，使用 Swing 能够更轻松地构建不同平台上的图形用户界面。虽然 Swing 相比 AWT 具有更好的灵活性和可移植性，但是 Swing 并没有完全取代 AWT，而且 AWT 的布局管理器、事件处理模型等依然被 Swing 采用。Swing 的这些优势使其已经成为开发 GUI 的主流技术。

1. Swing 类层次结构

Java 中所有 Swing 类和接口都保存在 javax. swing 包中。在 javax. swing 包中，定义了两种类型的组件：重量级组件和轻量级组件。JWindow、JFrame、JApplet、JDialog 是重量级组件，而 JComponent 是轻量级组件。Swing 组件是围绕 JComponent 组件建立的，JComponent 类是从 AWT 的 Container 类派生的。

Swing 的类层次结构如图 8.2 所示。该图只是一个简略的示意，实际的结构要复杂得多，更详细的类结构请参阅 JDK DOC 文档。Swing 由许多包组成，主要的包如下。

javax. swing 包是 Swing 提供的最大包，它包含近一百个类和几十个接口。除了 JTable-Header 类和 JTextArea 类分别在 javax. swing. table 和 javax. swing. text 包中，几乎所有的 Swing 组件都在此包中。

javax. swing. event 包与 java. awt. event 包类似，包含了事件类和监听器接口。原来在 java. awt. event 包中定义的事件类和监听器接口在 Swing 中仍然使用，javax. swing. event 包中主要定义了 Swing 组件增加的事件类和监听器接口。

javax. swing. table 包中主要包括了表格组件 JTable 相关类。

javax. swing. tree 包中主要包括了树组件 JTree 相关类。

javax. swing. border 包中主要包括设置特定组件边框的类和接口。

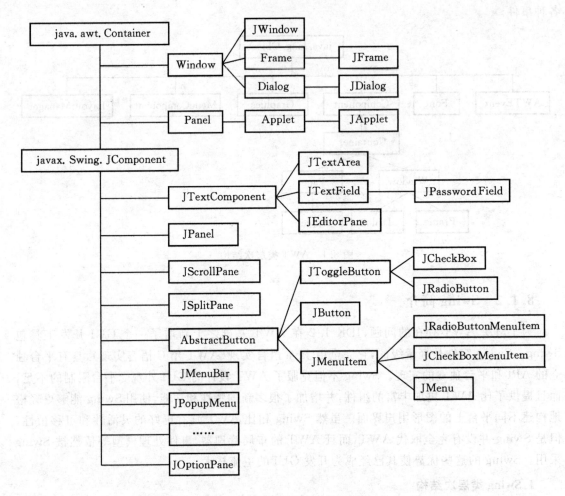

图 8.2   Swing 的类层次结构

javax. swing. text、javax. swing. text. html、javax. swing. html. parser 以及 javax. swing. text. rtf 都是用于显示和编辑 HTML 和 RTF 格式文档的包。

javax. swing. plaf、javax. swing. plaf. basic、javax. swing. plaf. metal 和 javax. swing. plaf. multi 都是实现组件各种显示感观(L&F)的包。

2. Swing 的特性

1)Swing 组件是轻量级

Swing 组件是纯 Java 实现的轻量级组件,没有本地代码,不依赖操作系统的支持,这是它与 AWT 组件的最大区别。Swing 组件在不同的平台上表现一致,并且有能力提供本地窗口系统不支持的其他特性。Swing 组件以"J"开头,除了有与 AWT 类似的按钮、标签、复选框等基本组件外,还增加了丰富的高层组件集合,如表格(JTabel)、树(JTree)等。

2)采用分离模型结构

MVC 是模型(Model)—视图(View)—控制器(Controller)的缩写,是一种软件设计典范,用一种业务逻辑、数据、界面显示分离的方法组织代码。模型是程序所操作数据的逻辑结构;

视图是模型中数据的可视化表示法;控制器是控制和执行对用户操作的响应,根据应用逻辑操作模型中的数据。MVC 模式三要素间相互独立又相互关联:视图使用控制器指定其事件响应机制,控制器在视图事件的驱动下改变模型中的数据,而当模型发生改变时,它会通知所有依赖于它的视图做相应调整。

为了简化组件的设计工作,在 Swing 组件中视图和控制器结合一体作为 UI 组件,它们是不可分的,所以 Swing 组件是采用可视组件与模型两者构成的分离模型结构。例如,按钮 JButton 有一个存储其状态的分离模型 ButtonModel 对象。很多情况下,程序并不直接操作组件的数据模型,而且组件的模型是自动设置的,因此一般不需要知道组件所使用的模型。但对于某些组件,例如 JTree、JTable 等高级组件,这种分离模型结构具有很大的优点:

(1)程序员可灵活定义组件数据的存储和检索方式;

(2)方便组件之间进行数据和状态的共享;

(3)组件的数据变化将由模型自动传递到所有相关的组件中,容易实现 GUI 和数据之间的同步。

3)可插入的外观感觉(Pluggable Look and Feel,L&F)

在 AWT 组件中,由于控制组件外观的对等体与具体平台相关,使得 AWT 组件总是只有与本机操作系统相关的外观。例如,AWT 程序在 UNIX 平台上运行,界面是 Motif 风格;而在 Windows 平台上运行,界面是 Windows 风格。但是 Swing 程序在同一平台上运行时可设置为不同的外观,即 UNIX 平台的 Motif 风格、Java 默认的 Metal 风格以及 Windows 平台的 Windows 风格,用户可以选择自己习惯的外观,而各种风格的差别主要在于组件形状与字体等。另外,Swing 提供的 Metal 风格在任何平台上都具有一致的外观。

4)可存取性支持

所有 Swing 组件都实现了 Accessible 接口,提供对可存取性的支持,使得一些输入/输出辅助功能如屏幕阅读器能够十分方便地从 Swing 组件中得到信息。

5)支持键盘操作

在 Swing 组件中,使用 JComponent 类的 registerKeyboardAction()方法为 Swing 组件提供热键,使用户能够用键盘代替鼠标操作组件。

6)设置边框

对 Swing 组件可以设置一个或多个边框。Swing 中提供了各种边框供用户选用,也能构造组合边框或自定义边框。

7)使用图标

与 AWT 组件不同,许多 Swing 组件如按钮、标签除了使用文字外,还可以使用图标来对其进行修饰。

8.1.3　如何编写 Swing 程序

javax. swing 包中组件从功能上分为三种:顶层组件、中间组件和基本组件。顶层组件又称为顶层容器;而中间组件又称为中间容器(包含特殊容器)。

顶层容器:JWindow、JFrame、JDialog、JApplet。顶层容器是可独立显示的组件,是图形编程的基础,一切图形化的东西都必然包括在顶层容器中。

中间容器:JPanel、JScrollPane、JSplitPane、JToolBar。中间容器充当载体容纳基本组件

或其他中间容器,简化组件的布局。中间容器不能独立显示,必须要依托顶层容器才可显示。

特殊容器:在 GUI 上起特殊作用的中间层,如 JInternalFrame、JLayeredPane、JRootPane、JDestopPane 等。

基本组件:实现人机交互,直接向用户展示信息或获取用户输入的组件,也不能独立显示,通常依赖于中间容器或顶层容器才可显示。如 JButton、JLabel、JComboBox、JTextField 等。

Swing 的 GUI 程序按照顶层容器—中间容器—基本组件的层次包含关系构建,其中顶层容器是包含层次结构的根节点。每个 Swing 的 GUI 应用必须至少有一个顶层容器。

基于 SwingGUI 应用程序设计的一般步骤为:

(1)导入 Swing 包。

程序中一般需要导入的包如下:

import javax. swing. * ;

import java. awt. * ;

import java. awt. event. * ;

根据程序的需要,也可能导入 javax. swing 包的子包。

(2)选择 GUI 的界面风格(L&F)。一般在 main()方法中,在创建顶层容器之前设置 GUI 的外观风格。

(3)设置顶层容器。创建 GUI 的顶层容器并进行布局管理器等设置。

(4)创建组件,根据需要为组件添加事件处理。根据应用的需求创建所需的 Swing 组件,进行相应设置,并为其添加事件处理器。另外,在 Swing 的 GUI 中应全部使用轻量级组件,避免与 AWT 组件混合使用。

(5)向容器中添加组件。将创建的组件都一一添加到容器中,由容器自动按照设置的布局管理器进行部署。未添加到容器中的组件将不会在 GUI 界面上显示。

(6)显示顶层容器,将整个 GUI 显示出来。

8.2 GUI 界面外观(L&F)设置

GUI 界面外观(L&F)就是指图形界面的样式,包括颜色、形状、字体等静态要素(即所谓"look")和按钮、对话框、菜单等动态要素的行为(即所谓"feel")。下面介绍 Swing 所支持的界面样式以及如何为 Swing 程序设置 L&F。

1. Swing 支持的 L&F

Swing 定义了抽象类 LookAndFeel 来表达所有 L&F 实现的核心信息,每种 L&F 实现都是 LookAndFeel 的子类。下面是 Swing 支持的 L&F 完整类名及所表示的界面外观。

javax. swing. plaf. metal. MetalLookAndFeel:Metal 风格(默认)。

com. sun. java. swing. plaf. windows. WindowsLookAndFeel:Windows 风格。

com. sun. java. swing. plaf. windows. WindowsClassicLookAndFeel:Windows 经典风格。

com. sun. java. swing. plaf. motif. MotifLookAndFeel:Motif 风格。

javax. swing. plaf. nimbus. NimbusLookAndFeel:Nimbus 风格,该风格在 Java 6 Update 10 中首次出现。

2. L&F 管理类 UIManager

在 Swing 中，UIManager 类是管理 Swing 界面外观(L&F)的核心。利用 UIManager 类提供的静态方法可获取或设置程序的界面外观(L&F)。

public static String getSystemLookAndFeelClassName() 获得当前平台的 L&F 名称。

public static String getCrossPlatformLookAndFeelClassName() 获得跨平台的 L&F 名称。

public static LookAndFeel getLookAndFeel() 返回当前平台的 L&F 对象。

public static LookAndFeelInfo[] getInstalledLookAndFeels() 返回已安装的表示 L&F 信息的 LookAndFeelInfo 数组，通过 LookAndFeelInfo 对象可获得 L&F 相关信息。

public static void setLookAndFeel(LookAndFeel newLookAndFeel) 使用 L&F 对象设置界面风格。

public static void setLookAndFeel(String className) 使用 L&F 完整类名设置界面风格。

例如：为当前 Swing GUI 界面设置 Nimbus 风格的语句如下：

String lnfName="javax. swing. plaf. nimbus. NimbusLookAndFeel";

UIManager. setLookAndFeel(lnfName);

当 GUI 显示后，也可使用 setLookAndFeel()方法动态更新外观。为了改变已存在的显示风格，需要对每个顶层容器调用 SwingUtilities. updateComponentTreeUI(Component c) 方法。例如：

UIManager. setLookAndFeel(lnfName);

SwingUtilities. updateComponentTreeUI(frame);

说明：由于 JFrame、JDialog、JApplet(顶层容器)为重量级组件，因此它们的外观只与操作系统平台有关系，不能更改其界面外观。Swing 界面风格设置只是针对顶层容器中的组件风格设置。

8.3 Swing 顶层容器

常用的 Swing 顶层容器是 JWindow、JFrame、JDialog 或 JApplet 等。其中 JFrame 用来设计类似于 Windows 系统中的窗口形式的应用程序；JDialog 和 JFrame 类似，只不过 JDialog 是用来设计对话框；JApplet 用来设计可以嵌入在网页中的 Java 小程序。

每个顶层容器都有一个内容面板(Content Pane)，内容面板是添加可视组件的地方，也就是说添加到顶层容器中的所有组件实际上是添加到内容面板上。另外，在顶层容器中也可以添加菜单栏组件，而菜单栏一般放在内容面板之外。说明：内容面板属于 Container 类型。

在操作 Swing 顶层容器时要特别注意：与 AWT 组件不同，Swing 组件不能直接添加到顶层容器中，必须添加到一个与顶层容器相关联的内容面板上。为了便于组件布局的规划和设计更复杂的 GUI，一般建立一个中间容器如 JPanel 或 JDesktopPane 等存放所有组件，然后把该中间容器放入顶层容器的内容面板中或将该中间容器设置为顶层容器的内容面板。

下面以 JFrame 为例说明 Swing 组件添加方式，所有组件的添加都是调用容器的 add()方法完成。

（1）首先获取 JFrame 的内容面板，然后使用内容面板调用 add() 方法向其添加组件。例如：

JFrame　frame＝new JFrame()；

Container　contentPane＝frame.getContentPane()；//获取内容面板

contentPane.add(new JButton("OK"))；

（2）建立中间容器 JPanel 等，把组件添加到中间容器中，然后调用内容面板的 setContent-Pane() 方法将该容器设置为顶层容器的内容面板。例如：

JFrame　frame＝new JFrame()；

JPanel panel＝new JPanel()；

panel.add(new JButton("OK"))；

frame.setContentPane(panel)；//或 frame.getContentPane().add(panel)；

从 JDK 1.5 以后，为了使用方便，重写了 add()、setLayout()、remove() 方法，顶层容器调用这些方法可直接完成对内容面板的操作。例如：

frame.add(new JButton("OK"))；等价于 contentPane.add(new JButton("OK"))；

8.3.1　JFrame

JFrame 是最常用的顶层容器，通常作为 Java 应用程序的主窗体。JFrame 创建的窗体包含标题、边框以及最大化、最小化、关闭按钮等，具有通用窗体的功能。

1. 构造方法

public JFrame()　建立无标题的窗体。

public JFrame(String title)　建立指定标题的窗体。

2. 常用方法

public void setBound(int a,int b,int width,int height)　设置窗体显示位置和大小。

public void setSize(int width,int height)　设置窗体的大小。

public void setVisible(boolean flag)　显示或隐藏窗体。当 flag 为 true 时，显示窗体；反之，隐藏窗体。隐藏窗体只是将窗体显示区域移走，而窗体本身并没有消失。

public void setTitle(String title)　设置窗体的标题。

public void pack()　将窗体尺寸调整到能够显示所有组件的合适大小。

public void setResizable(Boolean b)　设置窗体大小为可更改。

public Container getContentPane()　获得窗体的内容面板对象。

public void setJMenuBar(JMenubar)　设置窗体的菜单栏组件。

public void setIconImage(Image image)　设置窗体图标。

public void setLayout(LayoutManager manager)　设置窗体布局管理器。

public void setDefaultCloseOperation(int operation)　设置窗体关闭执行的操作。参数 operation 的值为下列 WindowConstants 接口（javax.swing 包）中的常量值选项之一。

- WindowConstants.DO_NOTHING_ON_CLOSE：不执行任何操作。
- WindowConstants.HIDE_ON_CLOSE：自动隐藏该窗体。
- WindowConstants.DISPOSE_ON_CLOSE：关闭窗体并释放该窗体所占有的资源。

- JFrame. EXIT_ON_CLOSE：调用 System. exit(0)方法退出应用程序。

3. 创建窗体方法

创建窗体的方法有两种：一种是直接编写代码调用 JFrame 类的构造方法，此方法适合简单窗体情况；另一种是继承 JFrame 类，在继承的类中编写代码对窗体进行详细配置，此方式适合窗体比较复杂的情况。实际开发中，大多数情况下开发人员都是通过继承 JFrame 类来编写自己的窗体。

注意：创建的 JFrame 窗体默认情况下是不可见的，且大小为 0。

【例 8.1】通过继承 JFrame 类定义窗体。

```java
import javax.swing. * ;//导入 Swing 组件所在包
public classJFrameDemo extends JFrame{
    public FrameDemo(boolean b){
        this.setTitle("自定义窗体");  //设置窗体的标题
        this.setBounds(80,80,300,200);//设置窗体的显示位置和大小
        this.setResizable(b);//设置窗体大小是否可更改
        this.setVisible(true);//设置窗体的可见性
        //点击窗体上关闭按钮执行关闭窗体
        this.setDefaultCloseOperation(JFrame.EXIT_ON_CLOSE);
    }
    public static void main(String[] args){
        JFrame frame = new JFrameDemo(false);  //创建窗体对象
    }
}
```

上述程序运行结果如图 8.3 所示。

图 8.3　JFrame 窗体界面

8.3.2　JDialog

JDialog 也是顶层容器，通常用它创建对话框。它一般用作临时窗体，主要用于显示提示信息或接收用户输入。所以，在 JDialog 中一般不需要菜单栏、最大化按钮和最小化按钮。

JDialog 可创建模式对话框和无模式对话框。模式对话框在显示时将阻塞用户对所有其他窗口的操作，直到对话框关闭；而无模式对话框在显示时并不阻塞用户对窗口的操作。对话

框通常会依赖于一个窗体 JFrame,会随着窗体的关闭而关闭,随着窗口的最小化而隐藏。

JDialog 类定义了很多构造方法,其中常用构造方法如下。

public JDialog()　创建无标题、无模式且无依附窗体的 JDialog。

public JDialog(Frame f)　创建无标题、无模式的依附窗体 f 的 JDialog。

public JDialog(Frame f,boolean flag)　创建依附窗体 f 和设置工作模式的 JDialog。当 flag 为 true 表示模式对话框;flag 为 false 表示无模式对话框。

public JDialog(Frame f,String title,boolean flag)　创建依附依附窗体 f、指定标题和设置工作模式的 JDialog。

使用 JDailog 类创建和管理对话框的方式与 JFrame 一样。例如,可向 JDailog 的内容面板添加组件、设置对话框布局管理器、设置对话框大小及其可见性、修改对话框的模式 setModal(boolean modal)等。若要将对话框从屏幕中移除,可使用 setVisible()方法或 dispose()方法。若在同一应用程序中要重复使用同一对话框,则使用 setVisible();若不再显示对话框,则使用 dispose()方法,该方法会释放与对话框关联的所有资源。

【例 8.2】创建自定义的 JDialog 类。

```
import javax.swing. * ;
public class JDialogDemo extends JDialog{
    public JDialogDemo(){
        setTitle("自定义对话框");          //设置对话框标题
        setBounds(150,150,300,200);        //设置对话框显示位置大小
        setVisible(true);                  //设置对话框可见
        //设置对话框关闭方式
        setDefaultCloseOperation(JDialog.EXIT_ON_CLOSE);
    }
    public static void main(String[] args){
        new JDialogDemo();                 //创建对话框对象
    }
}
```

上述程序运行结果如图 8.4 所示。

图 8.4　自定义对话框

8.4 中间容器

为了便于组件的位置规划,构造复杂美观的图形用户界面,通常需要借助中间容器。中间容器可放置基本组件,也可以嵌套其他中间容器。常用的中间容器有 JPanel、JScrollPane、JSplitPane、JTabbedPane、JInternalFrame、JDesktopPane 等。下面详细介绍前 3 种中间容器。

8.4.1 JPanel

JPanel 面板是一种无边框,不能移动、放大、缩小或关闭的中间容器。JPanel 中不仅可以添加组件,而且还可以将 JPanel 加入到其他中间容器中去。但是它不能独立存在,只能作为容器组件加入到 JFrame 等顶层容器中。有效地利用 JPanel 可以使图形界面管理更为容易。

1. 常用构造方法

public JPanel()   创建默认布局管理器的 JPanel。

public JPanel(LayoutManager layout)   创建指定布局管理器的 JPanel。

2. 常用方法

public void setLayout(LayoutManager layout)   设置 JPanel 布局管理器。

public Component add(Component comp)   向 JPanel 添加组件 comp。

【例 8.3】使用 JPanel 面板在窗体内布局两个按钮。

```
import javax.swing.*;
publicclass JPanelDemo extends JFrame{
public JPanelDemo(){
    super("JPanel 面板");
  JPanel p1 = new JPanel();//定义两个面板
  JPanel p2 = new JPanel();
  //创建两个按钮组件
  JButton b1 = new JButton("小赵");
  JButton b2 = new JButton("小孙");
  p1.add(b1);
  p2.add(b2);
  //将 p1 到 p2 按照 BorderLayout 布局方式放置到窗体中
  add(p1,"North");
  add(p2,"South");
  setSize(300,200);
  setVisible(true);
  setDefaultCloseOperation(JFrame.EXIT_ON_CLOSE);
}
public static void main(String[] args){
 new JPanelDemo();
```

```
        }
    }
```

上述程序运行结果如图 8.5 所示。

图 8.5　JPanel 面板应用

8.4.2　JScrollPane

JScrollPane 是带滚动条的面板,是用于实现单个组件自动水平或垂直滚动的中间容器。JScrollPane 只允许放入一个组件,如果容纳的组件超过了 JScrollPane 大小,系统会自动添加滚动条,通过滚动条来浏览滚动面板中的组件。如果希望在 JScrollPane 中放置多个组件,只需将所要放置的组件先添加到 JPanel 面板中,然后再将该面板添加到 JScrollPane 中即可。

1. 常用构造方法

public JScrollPane()　创建不包含组件的 JScrollPane。

public JScrollPane(Component c)　创建包含组件 c 的 JScrollPane,当组件 c 的可见范围大于 JScrollPane 时,自动添加滚动条。

public JScrollPane(Component c,int vsbPolicy, int hsbPolicy)　建立包含组件 c、并设定滚动条显示策略的 JScrollPane。其中 vsbPolicy(垂直滚动条)和 hsbPolicy(水平滚动条)取值为:

• ScrollPaneConstants. VERTICAL_SCROLLBAR_ALAWAYS:总是显示垂直滚动条,不考虑所包含组件的实际大小。

• ScrollPaneConstants. HORIZONTAL_SCROLLBAR_ALAWAYS:总是显示水平滚动条,不考虑所包含组件的实际大小。

• ScrollPaneConstants. VERTICAL _SCROLLBAR_AS_NEEDED:当组件内容垂直可见范围大于 JScrollPane 时显示垂直滚动条。(默认策略)

• ScrollPaneConstants. HORIZONTAL_SCROLLBAR_AS_NEEDED:当组件内容水平的可见范围大于 JScrollPane 时显示水平滚动条。(默认策略)

• ScrollPaneConstants. VERTICAL_SCROLLBAR_NEVER:不显示垂直滚动条。

• ScrollPaneConstants. HORIZONTAL_SCROLLBAR_NEVER:不显示水平滚动条。

2. 常用方法

public void setViewportView(Component view)　设置 JScrollPane 所包含的组件。

public void setHorizontalScrollBarPolicy(int policy)　设置 JScrollPane 水平滚动条。

public void setVerticalScrollBarPolicy(int policy)　设置 JScrollPane 垂直滚动条。

【例 8.4】创建 JTextArea 文本域组件，并将其放入滚动面板 JScrollPane 中，最后将滚动面板加入窗体容器中。

```
import javax.swing.*;
public class JScrollPaneDemo {
    public static void main(String[] args){
        JFrame jf = new JFrame("JScrollPane 应用实例");
        //创建文本域组件
        JTextArea ta = new JTextArea("带滚动条的面板演示实例!!!");
        //创建滚动条默认策略的 JScrollPane
        JScrollPane sp = new JScrollPane(ta);
        //将滚动条面板添加到窗体容器中
        jf.add(sp);  //等价于 jf.setContentPane(sp);
        jf.setSize(300,200);
        jf.setVisible(true);
        jf.setDefaultCloseOperation(JFrame.EXIT_ON_CLOSE);
    }
}
```

上述程序运行结果如图 8.6 所示。注意：当文本域组件的内容超过 JScrollPane 范围时，才显示相应方向的滚动条。

图 8.6　JScrollPane 面板应用

8.4.3　JSplitPane

JSplitPane 分隔面板是可按水平或垂直方向将自身分隔为两部分的中间容器。每一部分只能放置一个组件，若要放置多个组件，需要使用 JPanel 等中间容器。在程序运行期间使用鼠标可自由调整 JSplitPane 的分隔比例。另外，通过 JSplitPane 之间的嵌套，可将面板分隔成更多的部分。

1. 常用构造方法

public JSplitPane()　创建默认的 JSplitPane。

public JSplitPane(int newOrientation)　创建指定分隔方向的 JSplitPane。其中 newOrientation 取值如下：

- JSplitPane.HORIZONTAL_SPLIT：水平分隔（沿 X 轴方向分隔面板即左右分隔）。

- JSplitPane. VERTICAL_SPLIT：垂直分隔（沿 Y 轴方向分隔面板即上下分隔）。

public JSplitPane(int newOrientation,boolean newContinuousLayout)　创建指定分隔方向和重绘方式的 JSplitPane，其中参数 newOrientation 的取值同 public JSplitPane(int newOrientation)，参数 newContinuousLayout 设置是否重绘，true 表示重绘。重绘方式其实就是当分隔条改变位置时组件是否连续重绘。

2. 常用方法

public void setOneTouchExpandable(boolean newValue)　设置显示分隔条折叠和展开箭头。

public void setOrientation(int orientation)　设置分隔方向。

public void setDividerLocation(int location)　设置分隔条的位置。

public void setLeftComponent(Component comp)　将组件放入分隔条左边或上面。

public void setRightComponent(Component comp)　将组件放入分隔条右边或下面。

public void setDividerSize(int newSize)　设置分隔条的大小。

【例 8.5】创建水平方向分隔面板 outerPane 和垂直方向分隔面板 interPane，并将 interPane 设置为 outerPane 面板的右边部分，同时设置分隔条的初始位置和大小。

```java
import javax.swing. * ;
public class JSplitPaneDemo extends JFrame {
    private JSplitPane outerPane,interPane;    //声明两个 JSplitPane 对象
    public JSplitPaneDemo(){
        outerPane = new JSplitPane(JSplitPane.HORIZONTAL_SPLIT,true);
        //设置分隔条上展开或折叠的箭头
        outerPane.setOneTouchExpandable(true);
        interPane = new JSplitPane(JSplitPane.VERTICAL_SPLIT);
        interPane.setOneTouchExpandable(true);
        interPane.setLeftComponent(new JLabel("右上窗格"));
        interPane.setRightComponent(new JLabel("右下窗格"));
        outerPane.setLeftComponent(new JLabel("左边窗格"));
        outerPane.setRightComponent(interPane);
        outerPane.setDividerLocation(60);        //设置隔条的初始位置
        interPane.setDividerLocation(70);
        outerPane.setDividerSize(10);            //设置隔条的宽度
        interPane.setDividerSize(10);
        this.add(outerPane);                     //将滚动面板添加到窗体中
        this.setTitle("分隔面板应用");
        this.setSize(300,200);
        this.setVisible(true);
        this.setDefaultCloseOperation(JFrame.EXIT_ON_CLOSE);
    }
    public static void main(String[] args) {
```

```
        new JSplitPaneDemo();
    }

}
```

上述程序运行结果如图 8.7 所示。

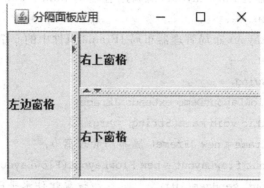

图 8.7　JSplitPane 分隔面板应用

8.5　布局管理器

布局管理器负责管理容器中的组件。它将根据某种特定的布局策略在容器的显示区域中设置组件的位置和大小。布局管理器类都实现了接口 LayoutManager。常用的布局管理器类有 FlowLayout、BorderLayout、GridLayout、CardLayout、GridBagLayout 和 BoxLayout，其中前 5 个布局管理器类在 java.awt 包中，而 BoxLayout 类在 javax.swing 包中。Java 中的每种容器都有一个相关联的默认布局管理器来管理容器中的组件，一般调用容器的 setLayout 方法来修改容器布局管理器。

8.5.1　FlowLayout

FlowLayout 是 JPanel 和 JApplet 默认的布局管理器。FlowLayout 是最简单的一种流式布局管理器。它将组件按加入的顺序，自左向右、自上而下顺序地放置在容器中，并允许设定组件的纵横间隔和水平对齐方式。FlowLayout 默认情况下组件居中对齐，组件间水平和垂直间隔 5 个像素。

1. 常用构造方法

public FlowLayout()　　创建默认 FlowLayout。

public FlowLayout(int align)　　创建指定对齐方式的 FlowLayout。参数 align 取值为：

- FlowLayout.LEFT：每行组件左对齐。
- FlowLayout.CENTER：每行组件居中对齐。
- FlowLayout.RIGHT：每行组件右对齐。

public FlowLayout(int align,int hgap,int vgap)　　创建对齐方式和纵横间隔的 FlowLayout。

2. 常用方法

public void setAglgnment(int align)　　设置组件的对齐方式。

public void setVgap(int vgap)   设置组件之间以及组件与容器间的垂直间隔。

public void setHgap(int hgap)   设置组件之间以及组件与容器间的水平间隔。

3. 组件加入容器的方法

若容器的布局管理器是 FlowLayout，则调用容器的 public Component add(Component comp) 方法添加组件 comp。

【例 8.6】使用 FlowLayout 布局管理器布局 JFrame 组件中的 5 个按钮。

```java
import java.awt. * ;
import javax.swing. * ;
public class FlowLayoutDemo extends JFrame{
    public static void main(String[] args) {
        JFrame frame = new JFrame("流布局管理器");
        FlowLayout flowLayout = new FlowLayout(FlowLayout. RIGHT);
        flowLayout. setHgap(10);          //设置组件水平间隔
        flowLayout. setVgap(20);          //设置组件垂直间隔
        frame. setLayout(flowLayout);     //设置窗体布局管理器
        for(int i = 1;i< = 5;i + +)
          frame. add(new JButton("Button" + i));
        frame. setSize(400,200);
        frame. setVisible(true);
        frame. setDefaultCloseOperation(JFrame. EXIT_ON_CLOSE);
    }
}
```

上述程序运行结果如图 8.8 所示。从图中可以看到，流式布局首先将组件放到第一行，如果第一行无法放置更多的组件就将剩下的组件放入第二行，依此类推。如果对窗体大小进行调整，组件在流式布局中会根据窗体调整后的大小重新调整其位置。

图 8.8   FlowLayout 布局管理器

8.5.2 BorderLayout

BorderLayout 是 JFrame 和 JDialog 默认的布局管理器。BorderLayout 把容器内空间划分为东、南、西、北、中 5 个区域，这 5 个区域分别用 BorderLayout 类的 5 个静态常量值：EAST、WEST、SOUTH、NORTH、CENTER 表示。每个区域只能放一个组件，若想放置多个组件需要使用 JPanel 等中间容器。

　　BorderLayout 布局管理器根据组件的最佳尺寸和容器大小的约束条件来对组件进行布局。NORTH 和 SOUTH 区域的组件取其最佳高度,水平方向填满显示区域;EAST 和 WEST 区域的组件取其最佳宽度,在垂直方向填满 NORTH 和 SOUTH 之间余下的区域;CENTER 区域的组件占据所有剩余空间。

1. 常用构造方法

　　public BorderLayout()　　创建默认的 BorderLayout,即组件间水平、垂直距离为 0。

　　public BorderLayout(int hgap,int vgap)　　创建指定组件水平间距 hgap 和垂直间距 vgap 的 BorderLayout。

2. 组件加入容器的方法

　　若容器的布局管理器是 BorderLayout,由于向容器添加组件时需要指明该组件放置的位置,则调用容器的 public void add(Component comp,Object constraints)方法添加组件。其中,参数 comp 为添加的组件,参数 constraints 指明组件放置方位,取值为:

- BorderLayout. EAST 或"East"
- BorderLayout. WEST 或"West"
- BorderLayout. NORTH 或"North"
- BorderLayout. SOUTH 或"South"
- BorderLayout. CENTER 或"Center"(默认)

【例 8.7】按照 BorderLayout 布局管理器在 JFrame 窗体中放置 5 个按钮。

```java
import java.awt. * ;
import javax.swing. * ;
public class BorderLayoutDemo extends JFrame{
    public BorderLayoutDemo(){
     super("BorderLayout 布局管理器");
     BorderLayout layout = new BorderLayout(5,5);   //设置组件间的间距为 5
     this.setLayout(layout);   //设置窗体布局管理器
     //创建 5 个按钮对象
     JButton buttonEast = new JButton("东");
     JButton buttonWest = new JButton("西");
     JButton buttonSouth = new JButton("南");
     JButton buttonNorth = new JButton("北");
     JButton buttonCenter = new JButton("中");
     //将 5 个按钮按照 BorderLayout 布局管理器部署到容器指定的位置
     this.add(buttonNorth,BorderLayout. NORTH);
     this.add(buttonSouth,BorderLayout. SOUTH);
     this.add(buttonEast,BorderLayout. EAST);
     this.add(buttonWest,BorderLayout. WEST);
     this.add(buttonCenter,BorderLayout. CENTER);
```

```
        this.setSize(300,200);
        this.setVisible(true);
         this.setDefaultCloseOperation(JFrame.EXIT_ON_CLOSE);
    }
    public static void main(String args[]){
        BorderLayoutDemo application = new BorderLayoutDemo();
    }
}
```

上述程序运行结果如图 8.9 所示。

图 8.9   BorderLayout 布局管理器

8.5.3   GridLayout

GridLayout 布局管理器把容器空间划分为若干行和列的网格区域,网格大小相等,每个网格只能放置一个组件,组件按添加的顺序从左向右、从上向下放置在网格中。构造该布局管理器时必须指定网格的行数和列数。GridLayout 最适合布局大小相等的组件。

1. 常用构造方法

public GridLayout(int rows,int cols)   创建指定行列的 GridLayout。

public GridLayout(int rows,int cols,int hgap,int vgap)   创建指定行列、水平和垂直间距的 GridLayout。

2. 常用方法

public void setHgap(int hgap)   设置组件之间的水平间隔。

public void setVgap(int vgap)   设置组件之间的垂直间隔。

public void setRows(int rows)   设置布局中的行数。

public void setColumns(int cols)   设置布局中的列数。

3. 组件加入容器的方法

若容器的布局管理器是 GridLayout,则使用 public Component add(Component comp)方法添加组件。

注意:创建 GridLayout 布局管理器时,当设置的行列数都为非零时,列无效,也就是说当添加的组件多于网格数时会自动增加列数来放置多余的组件;当仅行数为零时,指定的列有效,行无效。例如,创建 GridLayout(3,2),若容器中添加 9 个组件,则会得到 3 行,而每行分别有 3 列。

【例 8.8】按 GridLayout 布局管理器部署 JFrame 窗体中 6 个按钮。

```
import java.awt.*;
import javax.swing.*;
public class GridLayoutDemo extends JFrame{
    private final String names[] = {"one","two","three",
                                    "four","five","six"};
    public GridLayoutDemo(){
        super("GridLayout 布局管理器");
        GridLayout grid1 = new GridLayout(2,2,5,5);
        this.setLayout(grid1);
        JButton buttons[] = new JButton[names.length];
        for(int count = 0;count<names.length;count++){
            buttons[count] = new JButton(names[count]);
            this.add(buttons[count]);
        }
        this.setSize(300,150);
        this.setVisible(true);
    }
    public static void main(String args[]){
        GridLayoutDemo application = new GridLayoutDemo();
        application.setDefaultCloseOperation(JFrame.EXIT_ON_CLOSE);
    }
}
```

上述程序运行结果如图 8.10 所示。

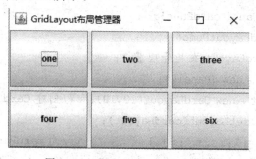

图 8.10　GridLayout 布局管理器

8.5.4　CardLayout

CardLayout 是 JTabbedPane 默认的布局管理器。它布局容器内的组件时,将容器中每个组件看作一张卡片,而容器充当卡片的堆栈。在某一时间,容器只能从这些组件中选择一个来显示,就像一副扑克牌每次只能显示最上面的一张一样,而且可以向前翻阅组件,也可以向后翻阅组件。

1. 常用构造方法

public CardLayout()　创建默认的 CardLayout,即水平、垂直间距均为 0。

public CardLayout(int hgap,int vgap)　创建水平、垂直间距分别为 hgap 和 vgap 的 CardLayout。

2. 常用方法

容器中组件的位置由组件添加到容器的顺序决定。CardLayout 定义了一组方法,这些方法允许应用程序按顺序地浏览组件,或者浏览指定的组件。

public void first(Container parent)　显示容器中的第一个组件。

public void next(Container parent)　显示容器中下一个组件。

public void previous(Container parent)　显示容器中前一个组件。

public void last(Container parent)　显示容器中最后一个组件。

public void show(Container parent,String name)　显示指定名字的组件。

3. 组件加入容器的方法

若容器的布局管理器是 CardLayout,则使用 public Component add(String s1,Component comp)方法添加组件。其中参数 s1 是为添加的组件指定名称,comp 是添加的组件。

【例 8.9】在 JFrame 中创建 cardPanel 和 controlPanel 两个 JPanel 容器,并使用默认布局管理器将它们分别部署到"Center"和"South"区域。cardPanel 容器的布局管理器设置为 CardLayout,部署 4 个按钮组件;controlPanel 容器的布局管理采用默认,部署两个按钮组件。

```
import java.awt. * ;
import java.awt.event. * ;
import javax.swing. * ;
public class CardLayoutDemo extends JFrame{
    private CardLayout cardLayout;
    private JPanel cardPanel
    public CardLayoutDemo() {
    super("CardLayout 布局管理器");
    cardPanel = new JPanel();
    cardLayout = new CardLayout(10,10);   //创建 CardLayout 管理器
    cardPanel.setLayout(cardLayout);
    for(int i = 1;i< = 4;i+ + ){          //向 cardPanel 中添加 4 个按钮
      cardPanel.add("button" + i,new JButton("button" + i));
    }
    this.add(cardPanel,BorderLayout.CENTER);
    JButton nextButton = new JButton("Next");
    JButton prevButton = new JButton("Previous");
    //为按钮注册监听器,响应按钮操作
```

```
nextButton.addActionListener(new ActionListener(){
    public void actionPerformed(ActionEvent e){
        cardLayout.next(cardPanel);
        }
    });
prevButton.addActionListener(new ActionListener(){
    public void actionPerformed(ActionEvent e) {
            cardLayout.previous(cardPanel);
        }
    });
    JPanel controlPanel = new JPanel();
    controlPanel.add(prevButton);              //将 prevButton 放入面板中
    controlPanel.add(nextButton);              //将 nextButton 放入面板中
    this.add(controlPanel,BorderLayout.SOUTH);
}
public static void main(String[] args) {
    CardLayoutDemo cardDemo = new CardLayoutDemo();//创建窗体对象
    cardDemo.setSize(300, 200);
    cardDemo.setVisible(true);
    cardDemo.setDefaultCloseOperation(JFrame.EXIT_ON_CLOSE);
}
}
```

上述程序运行结果如图 8.11 所示。当单击"Next"或"Previous"按钮时，CardPanel 面板将显示不同的按钮。

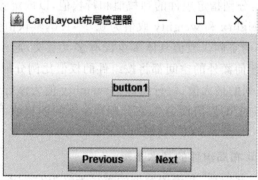

图 8.11　CardLayout 布局管理器

8.5.5　GridBagLayout

GridBagLayout 是一个非常灵活的布局管理器，它将容器动态分成若干行与列组成的网格，使用约束条件对组件进行部署。组件在抽象网格上以逻辑坐标加以安排。根据网格中所容纳组件大小和约束，网格的行或列会扩展以适应其中所包含最大组件的大小和约束。个别组件可能要跨越多行或多列。小于相应网格的组件将在网格中以一定方式放置。网格中行和列中额外区域可以根据组件的权值约束来分配。

GridBagLayout 所管理的每个组件都与 GridBagConstraints 类的对象相关联。GridBag-Constraints 类封装了一组 public 类型的变量,设置这组变量的值将对组件的布局进行约束。

1. GridBagConstraints 的属性

(1)gridx、gridy:指定放置组件的左上角网格单元的列号和行号。gridx 为 0 和 gridy 为 0 代表最左上角。这两个变量的默认值为 GridBagConstraints 类的常量 RELATIVE,gridx 为 RELATIVE 表示此组件放在前一组件的右边,gridy 为 RELATIVE 表示此组件放置在前一组件下面。

(2)gridwidth、gridheight:指定组件占据的列数和行数,默认值为 1。也可设定为 Grid-BagConstraints 类中常量 REMAINDER 和 RELATIVE,REMAINDER 指定组件是所在行或列的最后一个组件;RELATIVE 指定组件是所在行或列的倒数第二个组件。

(3)fill:指定组件填充网格的方式。其取值可为 GridBagConstraints 类的常量之一:NONE(默认值)表示不改变组件的大小;HORIZONTAL 表示组件在水平方向上占满显示区域,但组件高度不变;VERTICAL 表示组件在垂直方向占满显示区域,但组件宽度不变;BOTH 表示组件同时在水平和垂直方向占满显示区域。显示区域就是组件所占的网格单元数。

(4)anchor:当组件没有填满显示区域时,通过设置 anchor 值指定组件置于显示区域的位置。其有效值为 GridBagConstraints 类的常量之一:NORTH、SOUTH、WEST、EAST、NORTHWEST、NORTHEAST、SOUTHWEST、SOUTHEAST 和 CENTER(默认值)。

(5)ipadx、ipady 和 insets:ipadx 和 ipady 指定在组件的最佳尺寸的水平和垂直方向需增加的像素数,默认值为 0。insets 指定组件与其显示区域边缘之间的空间,通过设置 insets 对象的 left、top、right 和 bottom 指定,默认值为 0。

(6)weightx、weighty:分别指定组件的列权值和行权值,以确定容器中额外的空间如何在布局的列或行中分配。weightx 和 weighty 取值为 0.0~1.0,默认值为 0。权值越大表明组件所在的行或列将获得更多的空间。权值具体多少没有多大意义,起作用只是其相对比例。在确定组件的最佳大小后,任何额外的空间都将按组件的权值比例分配。对于给定的行或列,每列组件的 weightx 值为该列的最大值,每行组件的 weighty 值为该行最大值;而对于跨越多行或多列的组件,在跨越方向上的权值设为 0,它分配多余空间的权值由其所跨越的多行或多列权值决定。

2. 使用 GridBagLayout 布局组件的基本步骤

(1)创建 GridBagLayout 对象,并设置容器的布局策略为 GridBagLayout。

(2)创建 GridBagConstraints 约束对象。

(3)使用 GridBagConstraints 对象的变量属性设置组件的约束条件。

(4)调用容器的 add(Component comp,GridBagConstraints constraints)方法将组件与 GirdBagConstraints 对象相关联,并添加组件到容器。

【例 8.10】使用 GridBagLayout 布局简易计算器界面。

```
import java.awt.*;
```

```
import javax.swing. * ;
public class Calculator extends JFrame {
    private GridBagLayout gbl = new GridBagLayout();
    private GridBagConstraints gbc = new GridBagConstraints();
    private JTextField result;
    public Calculator(){
        gbc.weighty = 1.0;
        gbc.fill = GridBagConstraints.BOTH;
        gbc.gridwidth = 4;
        result = new JTextField();
        addComponent(this,result,0,0);
        //创建面板并添加 C、% 、+ 按钮
        JPanel topRow = new JPanel();
        addComponent(this,topRow,0,1);
        gbc.gridwidth = 1;
        gbc.weightx = 1.0;
        addComponent(topRow,new JButton("C"),0,0);
        gbc.weightx = 0.33;
        addComponent(topRow,new JButton(" % "),1,0);
        gbc.weightx = 1.0;
        addComponent(topRow,new JButton(" + "),2,0);
        //创建计算器数字按钮以及 - 、× 、÷ 按钮
        gbc.gridwidth = 1;
        gbc.gridheight = 1;
        for(int i = 0;i<3;i + + )
        for(int j = 0;j<3;j + + )
            addComponent(this,new JButton(((2 - j) * 3 + i + 1) + ""),i,j + 2);
        addComponent(this,new JButton(" - "),3,2);
        addComponent(this,new JButton(" × "),3,3);
        addComponent(this,new JButton(" ÷ "),3,4);
        //创建面板并添加 0、. 、= 按钮
        JPanel bottomRow = new JPanel();
        gbc.gridwidth = 4;
        addComponent(this,bottomRow,0,5);
        gbc.gridwidth = 1;
        gbc.weightx = 1.0;
        addComponent(bottomRow,new JButton("0"),0,0);
        gbc.weightx = 0.33;
        addComponent(bottomRow,new JButton(". "),1,0);
```

```
        gbc.weightx = 1.0;
        addComponent(bottomRow,new JButton("="),2,0);
        this.setTitle("简易计算器");
        this.setSize(200,200);
        this.setVisible(true);
        this.setDefaultCloseOperation(JFrame.EXIT_ON_CLOSE);
    }
    //自定义基于组件约束将组件加入容器
    private void addComponent(Container con,Component comp,int gx,int gy){
                        //判断添加组件的容器布局是否为 GridBagLayout
        if(con.getLayout() instanceof GridBagLayout = = false)
            con.setLayout(gbl);   //设置容器布局为 GridBagLayout
        gbc.gridx = gx;
        gbc.gridy = gy;
        con.add(comp,gbc);        //将组件和约束相关联并添加组件
    }
    public static void main(String[] args) {
        new Calculator();
    }
}
```

上述程序运行结果如图 8.12 所示。

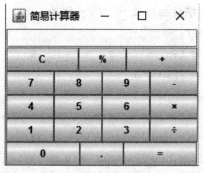

图 8.12　GridBagLayout 布局的计算器界面

8.5.6　BoxLayout

BoxLayout 布局管理器是按照自上而下(垂直)或从左到右(水平)布置容器中所包含的组件，即使用 BoxLayout 的容器将组件部署在一行或一列。在创建 BoxLayout 布局管理器时，需要指定容器中组件是按照水平还是垂直方式部署。

BoxLayout 是 javax.swing 包中的 Box 容器的默认布局管理器。在实际应用中都是通过 Box 容器来使用 BoxLayout 布局管理器。下面主要介绍 Box 容器的使用。

1. 创建 Box 对象

public static Box createHorizontalBox() 创建从左到右布局组件的 Box。

public static Box createVerticalBox() 创建从上到下布局组件的 Box。

2. Box 的透明组件

Box 容器是使用 BoxLayout 布局管理器策略按水平或垂直方向顺序放置组件。如果要调整组件之间的空间,就需要使用 Box 容器提供的透明组件来实现。Box 提供的透明组件如下。

Glue 组件:高度或宽度可变的组件。在调整容器大小时,Glue 组件在水平或垂直方向大小发生改变,以占据组件之间的多余空间。

Strut 组件:具有固定高度或宽度的组件。在调整容器的大小时,Strut 组件在水平或垂直方向大小保持不变。

RigedArea 组件:具有固定高度和宽度的组件。在调整容器的大小时,RigidArea 大小保持不变。

3. 创建透明组件的方法

public static Component createRigidArea(Dimension d) 创建指定大小的 RigidArea 组件。

public static Component createHorizontalStrut(int width) 创建固定宽度的 Strut 组件。

public static Component createVerticalStrut(int height) 创建固定高度的 Strut 组件。

public static Component createHorizontalGlue() 创建宽度可变的 Glue 组件。

public static Component createVerticalGlue() 创建高度可变的 Glue 组件。

4. 组件加入 Box 容器中的方法

Box 容器默认的布局管理器是 BoxLayout,使用 public Component add(Component comp)方法添加组件。

【例 8.11】创建水平部署组件和垂直部署组件的 Box 容器,将它们分别部署到 JFrame 窗体中 CENTER 区域和 WEST 区域。每个 Box 容器中分别添加 3 个 JButton,且按钮之间采用 Box 透明组件分隔。

```
import java.awt. * ;
import javax. swing. * ;
public class BoxLayoutDemo extends JFrame{
    public BoxLayoutDemo(){
        super("BoxLayout 布局管理器");
        Box horizontalBox = Box. createHorizontalBox(); //创建水平部署组件的 Box
        Box verticalBox = Box. createVerticalBox();    //创建横向部署组件的 Box
        for(int count = 1;count < = 3;count + + ){
        //创建宽、高为 20 的 RigidArea 组件并添加到 Box 容器中
        horizontalBox.add(Box. createRigidArea(new Dimension(20,20)));
        horizontalBox.add(new JButton("Button" + count));//创建按钮并加入 Box
        }
```

```
    for(int count = 4;count< = 6;count + +){
      verticalBox.add(new JButton("Button" + count));
      //创建高度可变的 Glue 组件并加入 Box
      verticalBox.add(Box.createVerticalGlue());
     }
    this.add(horizontalBox,"Center");
    this.add(verticalBox,"West");
    this.setSize(400,200);
    this.setVisible(true);
  }
  public static void main(String[] args){
    BoxLayoutDemo application = new BoxLayoutDemo();
    application.setDefaultCloseOperation(JFrame.EXIT_ON_CLOSE);
  }
}
```

上述程序运行结果如图 8.13 所示。随着窗体大小改变,Box 容器中的按钮组件大小不变,但按钮之间的空间因不同的透明组件分隔而不同。

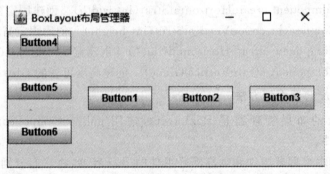

图 8.13　BoxLayout 布局管理器

8.6　事件处理机制

在 Java 中,GUI 程序和用户的交互是通过响应各种事件来实现的。当用户操作 GUI 中的组件时会引发各种事件,Java 虚拟机就会将所发生的事件传递给 GUI 应用程序,由应用程序根据事件的类型作出相应的响应。Java 中的事件处理机制主要是关于程序获得事件后,采用何种方式对事件进行处理和响应。基于 Swing 的 GUI 仍然使用 AWT 的事件处理模型,因此 Swing 中的基本事件处理需要使用 java.awt.event 包中的类,另外 javax.swing.event 包中也增加了一些新的事件及其监听器接口。

本节主要介绍 AWT 事件处理机制的基本对象、事件处理机制模型、事件处理的相关类及方法。

8.6.1　事件处理机制中的三类对象

AWT 事件处理机制涉及三类对象，即事件、事件源以及事件监听器。

1. 事件

在图形用户界面中，事件是指用户使用鼠标或键盘与 GUI 中的组件进行交互操作时所发生的事情，如单击或拖动按钮、关闭窗口、按下键盘等都将产生一个事件。事件描述了不同类型用户操作的对象，Java 提供了很多不同类型的事件类来处理不同组件产生的事件。

2. 事件源

用户在与 GUI 进行交互时，产生事件的特定组件就是事件源。例如单击按钮组件可产生事件，按钮就是事件源。

3. 事件监听器

事件监听器是对事件源进行监听的对象，当事件源产生事件时，事件监听者能够监听并捕获所产生的事件，然后调用相应的事件监听器接口方法对发生的事件作出处理。事件监听器接口定义处理事件所需的方法。

8.6.2　委托方式事件处理机制

Java GUI 事件处理采用委托模型或监听器模型。事件处理委托模型是由产生事件的事件源、封装事件相关信息的事件对象和事件监听器三方面组成。在这种模型中，需响应用户操作的组件（事件源）事先已注册一个或多个事件监听器。当用户操作组件产生事件时，该组件将把事件发送给能接收和处理该事件的监听器，如图 8.14 所示。因此事件处理是由与组件相对独立的其他对象负责。

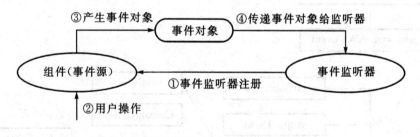

图 8.14　AWT 委托事件处理模型

监听器是委托事件处理模型的重要组成部分。Java 中每类事件都定义了一个相应的监听器接口，该接口中定义了接收事件的方法。实现该接口的类，其对象可作为监听器。在 GUI 中，需要响应用户操作的相关组件要注册一个或多个相应事件的监听器，该监听器中包含了能接收和处理事件的处理方法。在组件产生事件时，只向已注册的监听器报告事件。因此，委托事件处理模型的实现包含监听器定义和注册监听器两部分。

1. 监听器定义

在负责处理事件的类的声明中指定要实现的监听器接口，并在类中实现监听器接口中的所有方法。例如：

```
public class SomeClass   implements ActionListener{
    ⋮
    //实现处理事件的处理方法
    public void actionPerformed(ActionEvent e){
    ⋮//响应事件的代码
    }
}
```

2. 注册监听器

通过调用组件的 addXXXListener()方法，将监听器的对象注册给组件。这样当组件引发事件时，就会报告给注册的监听器，由监听器对事件作出响应。例如：

someComponent. addXXXListener(监听器对象)；

8.6.3 事件类及事件监听器接口

在 Java 中，事件监听器由相应的预定义监听器接口表示，事件由相应预定义事件类表示。下面介绍 java. awt. event 包中事件类和事件监听器接口。

1. 事件类

事件类是对一类事件的抽象描述。所有的事件类都继承于 java. util. EventObject 类，在该类中定义了一个非常有用的 public Object getSource()方法，其功能是获取产生事件的事件源对象，为编写事件处理代码提供方便。在 java. awt. event 包中事件类的层次结构如图 8.15 所示。

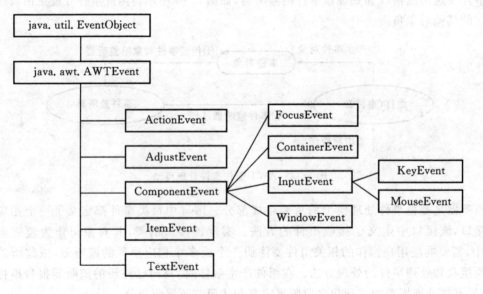

图 8.15　AWT 事件类结构

2. 事件监听器接口

在 java. awt. event 包中的每种事件类都定义了对应的事件监听器接口，接口中声明了一个或多个抽象的事件处理方法,这些方法在特定事件出现时被调用。实现某种事件监听器接口的类,其对象可作为响应和处理相应事件的监听器。表 8.1 列出了事件类、对应的监听器接口以及监听器接口中所定义的方法。

表 8.1　常用的事件监听器接口及处理方法

事件类	事件监听器接口	接口中声明的抽象方法
ActionEvent	ActionListener	void actionPerform(ActionEvent e)
ItemEvent	ItemListener	void itemStateChanged(ItemEvent e)
KeyEvent	KeyListener	void keyPressed(KeyEvent e)　键按下时调用 void keyReleased(KeyEvent e)　键释放时调用 void keyTyped(KeyEvent e)　输入某键时调用,即在按下键后,释放键前触发。
MouseEvent	MouseListener	void mousePressed(MouseEvent e)　按下鼠标时调用 void mouseReleased(MouseEvent e)　释放鼠标时调用 void mouseEntered(MouseEvent e)　鼠标进入组件显示区域时调用 void mouseExited(MouseEvent e)　鼠标退出组件显示区域时调用 void mouseClicked(MousEvent e)　单击鼠标时调用
	MouseMotionListener	void mouseDragged(MouseEvent e)　按下鼠标键,然后拖动鼠标时调用 void mouseMoved(MouseEvent e)　未按下鼠标键,直接移动鼠标时调用
WindowEvent	WindowListener	void windowClosing(WindowEvent e)　窗口正在关闭时调用 void windowClosed(WindowEvent e)　调用窗体 dispose()方法时触发 void windowOpened(WindowEvent e)　窗口打开时调用 voidwindowIconified(WindowEvent e)　窗口最小化时调用 void windowDeiconified(WindowEvent e)　窗口从最小化恢复正常状态时调用 void windowActivated(WindowEvent e)　窗口被激活时调用 void windowDeactivated(WindowEvent e)　窗口去激活时调用。
FocusEvent	FocusListener	public void focusGained(FocusEvent e)　获得焦点调用 public void focusLost(FocusEvent e)　失去焦点调用

【例 8.12】本例以窗口 JFrame 作为事件源演示 WindowEvent 事件处理。

```java
import java.awt. * ;
import java.awt.event. * ;
import javax.swing. * ;
public class WindowEventDemo extends JFrame implements WindowListener
{
    public WindowEventDemo(){
        super("WindowEvent 处理应用");
        this.addWindowListener(this);//为窗体注册监听器对象
        this.setSize(300,200);
        this.setVisible(true);
            this. setDefaultCloseOperation ( WindowConstants. DO _ NOTHING _ ON _
            CLOSE);//屏蔽系统自动关闭窗体功能
    }
    //窗体事件监听器接口的方法实现
    public void windowActivated(WindowEvent e) {
        System. out. println("The window is activated.");
    }
    public void windowClosed(WindowEvent e) {
        System. out. println("The window has closed.");
        System. exit(0);//正常退出程序
    }
    public void windowClosing(WindowEvent e) {
        System. out. println("The window is closing now.");
        this.dispose();//调用释放窗体资源
    }
    public void windowDeactivated(WindowEvent e) {
        System. out. println("The window is deactivated.");
    }
    public void windowDeiconified(WindowEvent e) {
        System. out. println("The window is deiconified.");
    }
    public void windowIconified(WindowEvent e) {
        System. out. println("The window is iconified.");
    }
    public void windowOpened(WindowEvent e) {
        System. out. println("The window is opened.");
    }
    public static void main(String[] args) {
```

```
        new WindowEventDemo();
    }
}
```

　　上述程序运行后在控制台输出窗体事件相应结果如图 8.16 所示。程序运行首先顺序调用 windowActivated()和 windowOpened()方法；当点击窗口关闭按钮时，将调用 window-Closing()，然后调用其所包含的销毁窗体的 dispose()方法；调用该方法会顺序调用 window-Deactivated()和 windowClosed()方法。System. exit(int status)表示退出程序，参数 status 为 0 表示正常终止，为 1 表示非正常终止。通常情况下，在 windowClosing 方法中调用 win-dowClosed 方法，而在 windowClosed 方法中调用 System. exit(0)来释放与窗体相关的资源。

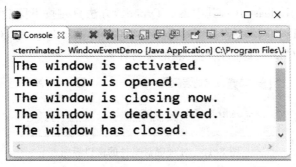

图 8.16　WindowEvent 事件处理结果

【例 8.13】以 JTextArea 组件作为产生 KeyEvent 事件的事件源的键盘事件处理程序。

```
import java.awt. * ;
import java.awt.event. * ;
import javax.swing. * ;
public class KeyEventDemo extends JFrame implements KeyListener {
    private JTextField tf;
    public KeyEventDemo(){
        super("KeyEvent 处理应用");
        tf = new JTextField(15);              //创建文本框组件
        tf.addKeyListener(this);              //为文本框注册键盘事件监听器
        JPanel panel = new JPanel();
        panel.add(new JLabel("输入框:"));      //将标签加入面板
        panel.add(tf);                        //文本框加入面板
        this.add(panel,BorderLayout.CENTER); //面板加入窗体
        this.setSize(300,80);
        this.setVisible(true);
    }
    //键盘事件监听器接口方法实现
    public void keyPressed(KeyEvent e) {}
    public void keyReleased(KeyEvent e) {}
```

```java
public void keyTyped(KeyEvent e) {
    System.out.print(e.getKeyChar());        //输出按键对应的字符
}
public static void main(String[] args) {
    new KeyEventDemo();
}
}
```

上述程序运行后,在文本框输入字符同时会在控制台输出相应的字符,如图 8.17 所示。当敲击键盘键产生 KeyEvent 事件时,接受并处理该事件的方法执行顺序依次为 keyPressed()、KeyTyped() 和 keyReleased(),其中 KeyTyped() 方法只在按下除功能键和修饰键外的键才调用。通常在 KeyTyped() 中调用 KeyEvent 类的 char getKeyChar() 返回按键关联的字符,或调用 int getKeyCode() 返回按键关联的字符代码。

图 8.17　处理键盘事件的窗口界面

8.6.4　事件适配器

根据接口的性质,一个类如果实现一个接口,则必须实现接口中所有抽象方法。因此当一个类实现一个包含多个事件处理方法的监听器接口时,即使只需要其中一个方法来处理事件,也必须实现其他方法。这样编写监听器比较麻烦,而且程序冗余代码较多。为此,Java 提供了一种简单方法,为每个包含多个方法的监听器接口提供一个实现该接口的类,这些类称为适配器(Adapter)类,类名带有 Adpater。适配器类为所有的事件处理方法提供了空方法体。在编写监听器代码时,不再直接实现监听器接口,而是继承适配器类并重写需要的事件处理方法,这样可以避免编写大量不必要的代码。表 8.2 列出监听器接口与适配器的对应关系。

表 8.2　监听器接口及其适配器

监听器接口	适配器
ComponentListener	ComponentAdapter
KeyListener	KeyAdapter
MouseListener	MouseAdapter
MouseMotionListener	MouseMotionAdapter
WindowListener	WindowAdapter
FocusListener	FocusAdapter

有关适配器的应用不再详述。请大家将 8.5.3 小节的实例改为用适配器类作为监听器处理事件。

8.7 Swing 基本组件

JComponent 类是所有 Swing 组件的父类。本节主要介绍常用的 Swing 基本组件：JLabel、JButton、JCheckBox、JTextField、JTextArea、JCheckBox、JRadioButton、JComboBox 等。

8.7.1 JLabel

JLabel 组件被称为标签，一般用来给出提示信息说明。它是一种非交互的组件，一般不用于响应用户的输入，从界面中看不到该组件的边界。

1. JLabel 常用构造方法

public JLabel(String label)   创建指定内容的标签。

public JLabel(Icon image)   创建带有图像的标签。

2. JLabel 常用方法

public String getText()   返回标签的文本。

public void setText(String name)   设置标签的文本。

public void setIcon(Icon icon)   为标签设置指定图像。

说明：Icon 是一个接口，而 ImageIcon 是实现接口 Icon 的类。一般使用 javax. swing. ImageIcon 类的构造方法 ImageIcon(String filename) 创建 Icon 图标对象，其中参数 filename 指定具体图像文件，支持的图像类型为 gif、jpeg 以及 png 格式。例如：Icon icon = new ImageIcon("cat. gif");。

8.7.2 JButton

按钮是最简单的也是最常用的 Swing 组件之一。JButton 组件称为按钮组件，通过鼠标点击按钮可以实现一定的功能。JButton 类继承于 AbstractButton 抽象类。按钮既支持文本按钮，也支持图像按钮，或两者兼有。

1. JButton 常用构造方法

public JButton(Icon image)   创建图像按钮。

public JButton(String text)   创建文本按钮。

public JButton(String text，Icon image)   创建带有文本和图像的按钮。

2. JButton 常用方法

public String getText()   获取按钮的名字。

public void setText(String name)   设置按钮的名字。

public String getActionCommand()   获得按钮命令名。

3. JButton 产生的事件

用户单击按钮会产生 ActionEvent 事件，该事件由实现 ActionListener 接口的监听器负责处理。通常在 ActionListener 接口的 actionPerformed(ActionEvent e)方法中调用 Action-

Event 类的 getSource()方法来获取引发事件的按钮对象，或调用 getActionCommand()方法来获取引发动作事件的按钮的命令（按钮默认的命令就是按钮上的文本），然后作出相应的响应。

【例 8.14】JButton 按钮创建以及按钮动作事件处理应用。

```java
import java.awt. * ;
import java.awt.event. * ;
import javax.swing. * ;
public class JButtonDemo extends JFrame{
    private JButton plainButton,fancyButton;
    private JLabel label;
    public JButtonDemo(){
    super("JButton 应用实例");
    label = new JLabel("按钮动态操作信息显示.");
    label.setHorizontalAlignment(JLabel.CENTER);
    JPanel panel = new JPanel();
    plainButton = new JButton("文本按钮");              //创建按钮
    panel.add(plainButton);
    Icon bug1 = new ImageIcon("bug1.png");             //创建图像图标
    fancyButton = new JButton("文本图像按钮",bug1);
    panel.add(fancyButton);
    ButtonHandler handler = new ButtonHandler();    //创建监听器对象
    fancyButton.addActionListener(handler);
    plainButton.addActionListener(handler);
    this.add(panel,BorderLayout.SOUTH);
    this.add(label,BorderLayout.NORTH);
    this.setSize(300,100);
    this.setVisible(true);
    }
    public static void main(String[] args) {
    JButtonDemo application = new JButtonDemo();
    application.setDefaultCloseOperation(JFrame.EXIT_ON_CLOSE);
    }
    //内部类做动作事件监听器
    class ButtonHandler implements ActionListener{
      public void actionPerformed(ActionEvent event){
        //获取引发动作事件的事件源对象并强制转为 JButton
        JButton object = (JButton)event.getSource();
```

```
            if(object = = plainButton)
               label.setText("你单击的是" + object.getText());
            else if(object = = fancyButton)
               label.setText("你单击的是" + object.getText());
         }
      }
   }
```

上述程序运行结果如图 8.18 所示。当单击按钮时,在标签"按钮动态操作信息显示"上显示相应的提示信息。

图 8.18　按钮创建及动作事件处理示例

8.7.3　文本类组件

文本类组件显示文本并允许用户对文本进行编辑。Swing 提供了 5 个文本类组件:JTextField、JPasswordField、JTextArea、JEditorPane 和 JTextPane,它们是由 JTextComponent 类派生的子类,能够支持复杂的文本处理。JTextField 及其子类 JPasswordField 用来显示和编辑单行文本。JTextArea 可显示多行文本,而且所显示的文本都具有相同的样式。JEditorPane 及其子类 JTextPane 可显示和编辑多种类型的文件,而 JTextPane 提供了许多对文字的处理,如改变颜色、字体缩放、文字风格、加入图片等。下面重点介绍前 3 种纯文本组件。

1. JTextComponent 类的常用方法

JTextComponent 类是文本类组件的父类,它为文本类组件定义共用的方法,更便于处理输入的文本。

public void setText(String)和 publi String getText()　设置和获取文本内容。

public void setEditable(boolean b)　设置文本组件是否可编辑。

public String getSelectedText()　返回文本组件中所选定的文本内容。

public int getSelectionStart()　返回选定文本的起始位置。

public int getSelectionEnd()　返回选定文本的结束位置。

public void select(int selectionStart,int selectionEnd)　选定起止位置间的文本。

public void selectAll()　选择所有文本。

public void copy()　复制选定的文本到系统剪贴板。

public void paste()　将系统剪贴板的内容粘贴到指定的文本组件中。

public void cut()　剪切选定的文本到系统剪贴板。

2. JTextField 和 JPasswordField

JTextField 和 JPasswordField 文本组件用于单行文本的输入/输出,而 JPasswordField

把输入/输出的文本信息设置为其他显示字符。这两种文本组件的构造方法相似,下面仅介绍 JTextField 类定义的构造方法。

public JTextField()　创建无内容的 JTextField。

public JTextField(int columns)　创建指定列宽且无内容的 JTextField。

public JTextField(String text)　创建显示 text 内容的 JTextFiled。

3. JTextArea

JTextArea 组件用于多行文本的输入输出。其定义的构造方法如下。

public JTextArea()　创建无内容的 JTextArea 对象。

public JTextArea(String text)　创建显示 text 内容的 JTextArea 对象。

public JTextArea(int rows, int columns)　创建指定行和列数且无内容的 JTextArea。

4. JPasswordField 类的常用方法

public void setEchoChar(char c)　设置回显字符。

public char getEchoChar()　返回用于回显的字符。默认值为 '*'。

5. JTextArea 类的常用方法

public void append(String str)　将文本内容 str 添加到 JTextArea 末尾。

public void insert(String str, int pos)　将文本内容 str 插入到 JTextArea 指定的位置。

public void setLineWrap(boolean wrap)　设置文本组件的行内容超过组件的实际宽度后的处理策略。若 wrap 为 true,则自动换行;若 wrap 为 false,则裁剪掉超过的内容。

6. 文本组件模型的事件

Swing 中文本组件采用分离设计模型,即每个文本组件都由对应的模型 model 来保存其状态数据。文本组件的模型是 javax. swing. text. Document 接口,负责维护文本组件状态数据。不同的文本组件对应不同的 Document。当对文本组件的内容进行操作处理时,如添加、修改、删除等,都会引发 DocumentEvent 事件。要处理 DocumentEvent 事件必须给文本组件模型(Document 对象)注册实现 DocumentListener 接口的监听器。上述事件和监听器接口隶属于 javax. swing. event 包。另外,在 JPasswordField 和 JTextField 组件的文本框内按回车键还可触发 ActionEvent 事件。

DocumentListener 接口记录发生在文本组件中的所有事件,例如内容输入、删除、剪切、粘贴等。该接口包含以下 3 个抽象方法。

public void changedUpdate(DocumentEvente)　当 Document 里的属性或属性集发生改变时触发此方法。对于纯文本组件不触发该事件。

public void insertUpdate(DocumentEvente)　当向 Document 插入文本时触发此方法。

public void removeUpdate(DocumentEvente)　当从 Document 中删除文本时触发此方法。

【例 8.15】创建登录对话框应用。

```
import java.awt. * ;
import javax.swing. * ;
```

```java
public class LogoWindow extends JFrame{
    private JButton ok,cancel;
    private JTextField nameField,passwordField;
    public LogoWindow(){
        GridBagLayout lay = new GridBagLayout();        //创建布局管理器
        this.setLayout(lay);                            //设置窗体布局
        ok = new JButton("登录");
        cancel = new JButton("取消");
        JPanel panel = new JPanel();                    //创建添加按钮面板
        panel.add(ok);
        panel.add(cancel);
        JLabel userName = new JLabel("用户名:");
        JLabel userPassword = new JLabel("密 码:");
        nameField = new JTextField(10);            //创建列宽为 10 的 JTextField
        passwordField = new JPasswordField(10);
        GridBagConstraints constraints = new GridBagConstraints();  //创建约束条
                                                                    件对象
        constraints.fill = GridBagConstraints.NONE;
        constraints.anchor = GridBagConstraints.CENTER;
        this.add(userName,constraints,0,0,1,1);
        this.add(nameField,constraints,1,0,3,1);
        this.add(userPassword,constraints,0,1,1,1);
        this.add(passwordField,constraints,1,1,3,1);
        this.add(panel,constraints,0,2,4,1);
        this.setTitle("登录界面");
        this.setSize(300,150);
        this.setResizable(false);
        this.setVisible(true);
    }
    public void add(Component c,GridBagConstraints constraints,int x,int y,
        int w,int h){
        constraints.gridx = x;
        constraints.gridy = y;
        constraints.gridwidth = w;
        constraints.gridheight = h;
        add(c,constraints);
    }
```

```
        public static void main(String[] args){
            new LogoWindow();
        }
    }
```

上述程序运行结果如图 8.19 所示。有关事件响应，由学习者自己添加。

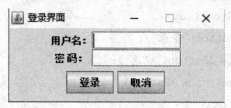

图 8.19　登录界面

【例 8.16】JTextArea 组件的 DocumentEvent 事件处理。

```
import javax.swing.event.*;
import javax.swing.text.*;
import javax.swing.*;
import java.awt.*;
public class MonitorTextDemo extends JFrame{
    private JTextArea msg;
    private String tempstr;
    public MonitorTextDemo(){
        super("DocumentEvent 事件处理");
        this.setLayout(new GridLayout(2,1));
        JTextArea target = new JTextArea("请输入信息：");
        target.setLineWrap(true);
        tempstr = target.getText();                      //暂存 JTextArea 中的内容
        DocumentMonitor dm = new DocumentMonitor();      //创建监听器对象
        //添加 DocumentListener
        Document docModel = target.getDocument();
        docModel.addDocumentListener(dm);
        this.add(target);
        msg = new JTextArea(5, 25);
        JScrollPane jsp = new JScrollPane(msg);
        msg.setEditable(false);
        this.add(jsp);
        this.pack();
        this.setVisible(true);
        this.setDefaultCloseOperation(JFrame.EXIT_ON_CLOSE);
```

```
        }
        public static void main(String[] args) throws Exception {
            new MonitorTextDemo();
        }
        //定义内部类监听器
        class DocumentMonitor   implements DocumentListener{
            public void changedUpdate(DocumentEvent e){}
            public void insertUpdate(DocumentEvent e){
                updateLog(e,"insert");
            }
            public void removeUpdate(DocumentEvent e){
                updateLog(e,"remove");
            }
            //获取删除和插入 Document 中文本的方法
            private void updateLog(DocumentEvent e,String action){
                Document doc = (Document)e.getDocument();
                int pos = e.getOffset();
                if(action.equals("remove")){
                        msg.append("Position:" + pos + "," + action + ":" + tempstr.
                            substring(pos, pos + e.getLength()) + "\n");
                    try{
                        tempstr = doc.getText(0,doc.getLength());
                    }catch(Exception er){}
                }
                if(action.equals("insert")){
                    try{
                        tempstr = doc.getText(0,doc.getLength());
                    }catch(Exception er){}
                        msg.append("Position:" + pos + "," + action + ":" + tempstr.
                            substring(pos, pos + e.getLength()) + "\n");
                }
            }
        }
    }
```

　　上述程序运行结果如图 8.20 所示。当在上面 JTextArea 中输入或删除数据时,就会在下面的 JTextArea 中显示删除或插入的数据和位置。其中 DocumentEvent 的 getLength()获取删除或插入的文本长度。

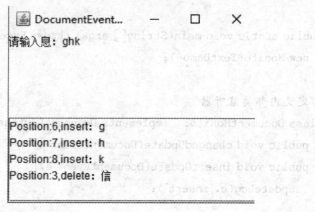

图 8.20   DocumentEvent 事件处理

8.7.4   单选按钮和复选框

单选按钮 JRadioButton 和复选框 JCheckBox 是两个表示状态（即选中和取消选中）的按钮。它们都是切换按钮 JToggleButton 的子类。单选按钮和复选框使用户能在给定的数据中进行单选或多选。

1. JCheckBox

JCheckBox 提供了复选功能。在一组复选框中，可以同时选定组中任意数量的复选框。创建复选框的常用构造方法为：

public JCheckBox(String text)   创建带文本的、未选中的复选框。

public JCheckBox(String text,boolean selected)   创建带文本的、选择状态的复选框。

public JCheckBox(String text,Icon image)   创建带文本和图标且未选中的复选框。

public JChexBox(String text,Icon icon,boolean selected)   创建带文本和图标的、选择状态的复选框。

2. JRadioButton

JRadioButton 是一组互斥按钮，每次只能选中一个按钮。为了激活单选按钮的互斥性，必须将单选按钮加入到一个组（java. awt. ButtonGroup）中。在任何时候，用户只能选择组内的一个按钮。也就是说用户选中组内某个按钮，就会自动取消该组内之前选中的按钮。创建单选按钮常用构造方法为：

public JRadioButton(String text)   创建指定文本且未选中的单选按钮。

public JRadioButton(String text,boolean selected)   创建带文本的、选择状态的单选按钮。

public JRadioButton(String text,Icon icon)   创建带文本和图标的且未选中的单选按钮。

public JRadioButton(String text,Icon icon,boolean selected)   创建带文本和图标的、选择状态的单选按钮。

单选按钮必须添加到按钮组 ButtonGroup 中，否则单选按钮之间不具有互斥性。但要注意：ButtonGroup 只是将一组单选按钮逻辑上分组，而不是物理上分组；也就是说把单选按钮组加入容器不是添加 ButtonGroup 对象,而是添加组中所有单选按钮对象。

例如,将表示男和女的单选按钮对象添加到 ButtonGroup 组内。

```
JRadioButton boyButton＝new JRadioButton("男");
JRadioButton girlButton＝new JRadioButton("女");
ButtonGroup radioGroup＝new ButtonGroup();
radioGroup. add(boyButton);//将单选按钮添加到组内
radioGroup. add(girlButton);
```

3. 复选框或单选按钮的常用方法

public boolean isSelected()   返回是否被选中。

public void setSelected(boolean b)   设置是否选中。

public void setText(String text)   设置显示文本。

public void setIcon(Icon defaultIcon)   设置显示的图像。

4. 单选按钮和复选框产生的事件

当单选按钮或复选框的状态发生变化时产生 ItemEvent 事件。例如,状态从选中到未选中,或从未选中到选中都会产生 ItemEvent 事件。该事件由实现 ItemListener 接口的监听器进行响应。在该接口的 void itemStateChanged()方法体中,使用 ItemEvent 类的方法来获取引发事件的组件状态或引用。ItemEvent 类常用方法及常量如下:

public static final int SELECTED:事件源被选中。

public static final int DESELECTED:事件源未被选中。

public Object getItem()   返回引发事件的事件源。

public int getStateChange()   返回事件源的状态(选中或未被选中)。

【例 8.17】单复选按钮创建及 ItemEvent 事件处理的应用

```
import java.awt. * ;
import java.awt. event. * ;
import javax. swing. * ;
public class JRadioCheckButtonDemo extends JFrame implements
ItemListener{
    private JTextArea infoText;
    public JRadioCheckButtonDemo(){
        JRadioButton boyRB = new JRadioButton("男");
        JRadioButton girlRB = new JRadioButton("女");
        boyRB. addItemListener(this);
        girlRB. addItemListener(this);
        ButtonGroup bg = new ButtonGroup();          //创建按钮组对象
        bg. add(boyRB);
        bg. add(girlRB);
        JPanel panel1 = new JPanel(new FlowLayout(FlowLayout.LEFT));
        panel1. add(new JLabel("性别:"));
```

```
        panel1.add(boyRB);
        panel1.add(girlRB);
        JCheckBox swimCB = new JCheckBox("游泳");
        JCheckBox readingCB = new JCheckBox("看书");
        swimCB.addItemListener(this);
        readingCB.addItemListener(this);
        JPanel panel2 = new JPanel(new FlowLayout(FlowLayout.LEFT));
        panel2.add(new JLabel("兴趣："));
        panel2.add(swimCB);
        panel2.add(readingCB);
        JPanel totalPanel = new JPanel();
        totalPanel.setLayout(new GridLayout(0,1));     //设置网格布局管理
        totalPanel.add(panel1);
        totalPanel.add(panel2);
        infoText = new JTextArea(20,10);
        infoText.setLineWrap(true);                    //设置自动换行策略
        JScrollPane jsp = new JScrollPane(infoText);
        this.add(totalPanel,"North");
        this.add(jsp,"Center");
        this.setTitle("单复选按钮应用");
        this.setSize(300,200);
        this.setVisible(true);
        this.setDefaultCloseOperation(JFrame.EXIT_ON_CLOSE);
    }
    //ItemEvent 选项事件处理
    public void itemStateChanged(ItemEvent e) {
        Object obj = e.getItem();                      //获取事件源
        if(obj instanceof JRadioButton){               //判断是单选按钮引发事件
            if(e.getStateChange() = = ItemEvent.SELECTED){ //单选按钮被选中
                infoText.append("\n 选择性别：" +
                    ((JRadioButton)e.getItem()).getText());
            }else if(e.getStateChange() = = ItemEvent.DESELECTED){
                infoText.append("\n 取消性别：" +
                    ((JRadioButton)e.getItem()).getText());
            }
        }else if(obj instanceof JCheckBox){            //判断是复选按钮引发事件
            if(e.getStateChange() = = ItemEvent.SELECTED)
                infoText.append("\n 选择兴趣：" +
                    ((JCheckBox)e.getItem()).getText());
```

```
        else
            infoText.append("\n 取消兴趣:" +
                ((JCheckBox)e.getItem()).getText());
        }
    }
    public static void main(String[] args){
        new JRadioCheckButtonDemo();
    }
}
```

上述程序运行后,当用户选择单选按钮以及选择或取消复选按钮时,在 JTextArea 组件内显示用户的操作信息,如图 8.18 所示。

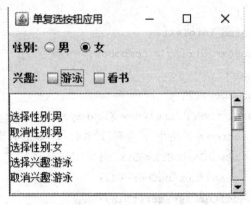

图 8.21　单复选按钮应用

8.7.5　下拉列表

JComboBox 是下拉列表组件。用户可从下拉列表中选择选项,且只允许选择一项。JComboBox 在默认状态下是不可编辑的;若处于可编辑状态,则其选项是可编辑的。在 JDK 7 之前,JComboBox 中的选项用 Object 对象来表示,但在 JDK 7 之后,JComboBox 成为泛型类,其声明为 class JComboBox<E>。下拉列表的优点在于能节省空间,使界面更加紧凑。

1. 常用构造方法

public JComboBox()　创建空的 JComboBox。

public JComboBox(E[] items)　利用泛型数组创建 JComboBox。

2. 常用方法

public void setMaximumRowCount(int count)　设置下拉列表展开后可显示的最大行数。若下拉列表中的选项数大于 count,则下拉列表自动使用滚动条。

public void setSelectedItem(Object item)　设置在下拉列表中显示的选项。

public Object getSelectedItem()　返回选中的选项。

public E getItemAt(int index)　返回索引位置的选项。

public int getSelectedIndex()　返回选中的选项索引值(0~n)。

```
public void addItem(E itrm)    添加选项。
public void insertItemAt(E item,int index)    在指定位置处插入选项。
public void removeItem(Object item)    移除指定选项。
```

3. 下拉列表产生的事件

当下拉列表中的选项状态发生变化时就会产生 ItemEvent 事件,而且单击选项还产生 ActionEvent 事件。

【例 8.18】下拉列表组件创建及事件处理应用。

```java
import java.awt. * ;
import java.awt.event. * ;
import javax.swing. * ;
public class JComboBoxDemo extends JFrame implements ItemListener,ActionLis-
    tener{
  private JTextArea infoText;
  private JComboBox<String> comboBox;
  private String str;
  public JComboBoxDemo(){
      JPanel panel = new JPanel(new FlowLayout(FlowLayout.LEFT));
      String[] degree = {"高中","专科","本科","硕士","博士"};
      comboBox = new JComboBox<String>(degree);
      comboBox.setMaximumRowCount(4);
      comboBox.addItemListener(this);
      comboBox.addActionListener(this);
      str = comboBox.getSelectedItem();
      panel.add(new JLabel("学历:"));
      panel.add(comboBox);
      infoText = new JTextArea(20,10);
      infoText.setLineWrap(true);                    //设置自动换行策略
      JScrollPane jsp = new JScrollPane(infoText);
      this.add(panel,"North");
      this.add(jsp,"Center");
      this.setTitle("下拉列表应用");
      this.setSize(260,200);
      this.setVisible(true);
      this.setDefaultCloseOperation(JFrame.EXIT_ON_CLOSE);
  }
  //ItemEvent 选项事件处理
  public void itemStateChanged(ItemEvent e) {
          if(e.getStateChange() = = ItemEvent.SELECTED){
            str = comboBox.getSelectedItem();
```

```
        infoText.append("选择学历:" + str + "\n");
    }else if(e.getStateChange() = = ItemEvent.DESELECTED)
        infoText.append("取消选择:" + str + "\n");
}
//动作事件处理方法
    public void actionPerformed(ActionEvent e){
        JComboBox obj = (JComboBox)e.getSource();
        infoText.append("单击\"" + obj.getSelectedItem() + "\"选项,引发 Aci-
            tonEvent\n");
    }
    public static void main(String[] args){
        new JComboBoxDemo();
    }
}
```

在程序中 JComboBox 组件同时注册了处理 ItemEvent 和 ActionEvent 的监听器。当程序运行后,点击下拉列表的箭头选择选项时会产生相应的事件,其处理结果如图 8.22 所示。注意,ItemEvent 和 ActionEvent 事件产生的顺序。

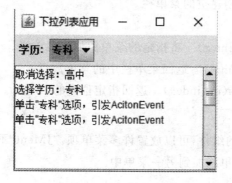

图 8.22 下拉列表示例

8.8 菜单和工具栏

菜单和工具栏是 GUI 应用程序中非常重要的组件,通过它们用户可以非常方便地访问应用程序的各个功能。本节将详细介绍菜单和工具栏的创建与使用。

8.8.1 菜单

菜单是编程中经常用到的一种组件。菜单包括菜单栏 JMenuBar、菜单 JMenu 和菜单项 JMenuItem,其中 JMenuBar 用来放置菜单,JMenu 用来放置菜单项,而 JMenuItem 用来封装菜单的基本操作。相关的菜单类层次结构关系如图 8.23 所示。

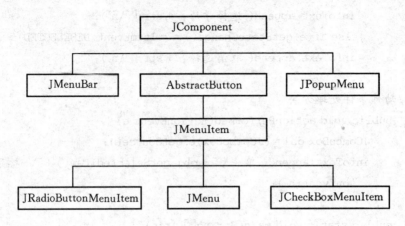

图 8.23　菜单类层次结构

1. JMenuBar

JMenuBar 类是表示菜单栏的组件。JMenuBar 本质上是菜单的容器,可以放置许多菜单。菜单栏最初是空的,在使用前需要填充。每个应用程序有且仅有一个菜单栏。

1)构造方法

public JMenuBar()　创建空的菜单栏。

2)常用方法

public JMenu add(JMenu c)　将指定的菜单添加到菜单栏。

public int getMenuCount()　返回菜单栏中的菜单数目。

public JMenu getMenu(int index)　返回指定位置的 JMenu。

2. JMenu

JMenu 类是表示菜单的组件,可以放置许多菜单项。JMenu 不但可以作为菜单添加到菜单栏中,而且还可作为子菜单添加到另一菜单中。

1)构造方法

public JMenu(String s)　创建指定菜单名的 JMenu。

2)常用方法

public JMenuItem add(JMenItem menuItem)　将指定的菜单项添加到菜单中。

public void addSeparator()　将分隔线追加到菜单的末尾。菜单项是按照加入的先后顺序排列在菜单中的,根据实际需要把分隔线放在相应位置处。

public void insertSeparator(int index)　在指定的位置 index 插入分隔线。

public JMenuItem insert(JMenuItem mi, int pos)　在指定位置插入指定的菜单项。

public void remove(JMenuItem item)　从菜单中移除指定的菜单项 item。

3. JMenuItem

JMenuItem 类是表示菜单项的组件,它是组成菜单或快捷菜单的最小单位,不可再分解。JMenuItem 类是从 AbstractButton 类派生而来,菜单项可看作是特殊类型的按钮。所以当单击菜单项时,产生 ActionEvent 事件。

1)常用构造方法

public JMenuItem(String text)　创建指定菜单项名的菜单项。

public JMenuItem(String text,Icon icon)　创建指定菜单项名和图标的菜单项。

public JMenuItem(String text,int mnemonic)　创建指定菜单项名和助记符的菜单项。

2)常用方法

public void setEnabled(boolean b)　启用或禁用菜单项。

public void setAccelerator(KeyStroke keyStroke)　设置菜单项的快捷键。

public void setMnemonic(int mnemonic)　设置菜单项的助记符。

4. 设计菜单的编程步骤

(1)创建 JMenuBar,并使用 JFrame 类的 setJMenuBar 方法为窗体设置菜单栏。

(2)创建多个 JMenu 添加到菜单栏中。

(3)为每个菜单创建其子菜单或菜单项。

(4)给每个菜单项注册事件处理监听器。

【例 8.19】菜单设计示例。

```
import javax.swing. * ;
public class JMenuDemo   extends JFrame {
    private JMenuBar mb;
    private JMenu   fileMenu,editMenu;
    private JMenuItem mtFile1,mtFile2,mtFile3;
    private JMenuItem mtEdit1,mtEdit2,mtEdit3;
    public   JMenuDemo(){
        mb = new JMenuBar();                //创建菜单栏
        fileMenu = new JMenu("文件");        //创建文件菜单
        mtFile1 = new JMenuItem("新建");     //创建新建菜单项
        mtFile2 = new JMenuItem("打开");     //创建打开菜单项
        mtFile3 = new JMenuItem("关闭");     //创建关闭菜单项
        fileMenu.add(mtFile1);
        fileMenu.add(mtFile2);
        fileMenu.addSeparator();            //添加分隔线
        fileMenu.add(mtFile3);
        editMenu = new JMenu("编辑");
        mtEdit1 = new JMenuItem("剪切");
        mtEdit2 = new JMenuItem("复制");
        mtEdit3 = new JMenuItem("粘帖");
        editMenu.add(mtEdit1);
        editMenu.add(mtEdit2);
        editMenu.add(mtEdit3);
        mb.add(fileMenu);                   //将菜单放入菜单栏
        mb.add(editMenu);
```

```
            setJMenuBar(mb);                    //将菜单栏放入窗体
        }
    public static void main(String[] args){
        JMenuDemo   mt = new JMenuDemo();
        mt.setTitle("菜单设计");
        mt.setSize(300,200);
        mt.setVisible(true);
        mt.setDefaultCloseOperation(JFrame.EXIT_ON_CLOSE);
        }
    }
```

上述程序运行结果如图 8.24 所示。有关菜单项事件处理，请读者参考前面的内容完成。

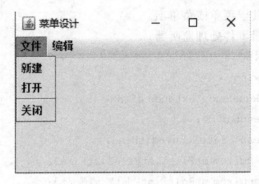

图 8.24   菜单设计示例

5. 设置快捷键和助记键

在实际应用程序中，菜单通常支持使用键盘快捷键来操作。Java 提供了两种形式的快捷键：助记键（也叫助记符）和快捷键。其中，助记键允许用户使用键盘从已经显示的菜单中选择菜单项；快捷键允许用户从没有事先激活的菜单中选择菜单项。下面介绍设置菜单或菜单项的快捷键和助记键的方法。

1）设置快捷键的方法

使用 JMenuItem 类的 setAccelerator(KeyStroke keyStroke)方法为菜单或菜单项设置快捷键，其中 KeyStroke 类是一个包含构造各种快捷键方法的类。KeyStroke 类常用的方法有：

public static KeyStroke getKeyStroke(char keyChar)   用指定字符作为快捷键。

public static KeyStroke getKeyStroke(int keyCode,int modifiers)   使用组合键作为快捷键。其中参数 keyCode 的值由 java. awt. event. KeyEvent 类定义的"虚拟键"常量来指定，如 KeyEvent. VK_A～KeyEvent. VK_Z(表示字母 A～Z)等；参数 modifiers 指定修饰键，其值由 java. awt. event. InputEvent 类定义，具体取值如下：

- InputEvent. SHIFT_DOWN_MASK
- InputEvent. CTRL_DOWN_MASK
- InputEvent. ALT_DOWN_MASK

使用上面提供的方法对例 8.19 中的"新建"、"关闭"菜单项设置快捷键。其代码为

```
mtFile1.setAccelerator(KeyStroke.getKeyStroke('N'));
mtFile3.setAccelerator(KeyStroke.getKeyStroke(KeyEvent.VK_C, InputEvent.
CTRL_DOWN_MASK));
```

代码修改完毕,例 8.19 程序运行结果如图 8.25 所示。

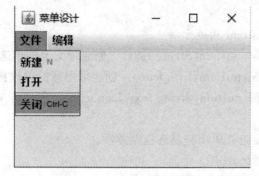

图 8.25　设置菜单项快捷键

2)设置助记键的方法

JMenu 和 JMenuItem 都可以指定助记键。设置 JMenu 助记键的方法只有 setMnemonic(int mnemonic);而设置 JMenuItem 助记键的方法有两种:JMenuItem(String text,int mnemonic)和 setMnemonic(int mnemonic)。参数 mnemonic 表示助记键,可用 KeyEvent 类中常量表示;若菜单或菜单项中的字母与设置的助记键相匹配则有下划线。

使用该方法对例 8.19 中的"文件"、"编辑"菜单以及"打开"菜单项设置助记键,代码如下:

```
fileMenu = new JMenu("文件(F)");
fileMenu.setMnemonic('F');
editMenu = new JMenu("编辑(E)");
editMenu.setMnemonic('E');
mtFile2 = new JMenuItem("打开(Open)",KeyEvent.VK_O);
```

代码修改后完毕,例 8.19 程序运行结果如图 8.26 所示。

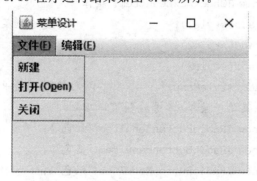

图 8.26　设置菜单和菜单项助记键

6.单选按钮菜单项与复选框菜单项

JRadioButtonMenuItem 表示单选按钮菜单项,JCheckBoxMenuItem 表示复选框菜单项。它们的功能与单选按钮组件和复选框组件相似,而且都在状态发生改变时产生 ItemEvent 事件。

1)JCheckBoxMenuItem 构造方法

public JCheckBoxMenuItem(String text)   创建带文本的复选框菜单项。

public JCheckBoxMenuItem(Icon icon)   创建带图标的复选框菜单项。

public JCheckBoxMenuItem(String text,Icon icon)   创建带文本和图标的复选框菜单项。

2)JRadioButtonMenuItem 构造方法

public JRadioButtonMenuItem(String text)   创建带文本的单选按钮菜单项。

public JRadioButtonMenuItem(Icon icon)   创建带图标的单选按钮菜单项。

public JRadioButtonMenuItem(String text,Icon icon)   创建带文本和图标的单选按钮菜单项。

【例 8.20】构建单选按钮菜单项与复选框菜单项。

```
import javax.swing. * ;
import java.awt.event. * ;
public class JCheckRadioMenuDemo   extends JFrame {
private JMenu fontMenu,colorMenu,styleMenu;
private JCheckBoxMenuItem style1,style2,style3;
private JRadioButtonMenuItem color1,color2,color3;
public JCheckRadioMenuDemo(){
    JMenuBar mb = new JMenuBar ();        //创建菜单栏
    fontMenu = new JMenu("字体");         //创建字体菜单
    styleMenu = new JMenu("样式");         //创建样式菜单
    colorMenu = new JMenu("颜色");         //创建颜色菜单
    //创建样式菜单的子菜单项(复选框菜单项)
    style1 = new JCheckBoxMenuItem("常规");
    style2 = new JCheckBoxMenuItem("斜体");
    style3 = new JCheckBoxMenuItem("粗体");
    styleMenu.add(style1);                 //将复选框菜单添加到样式菜单
    styleMenu.add(style2);
    styleMenu.add(style3);
    fontMenu.add(styleMenu);               //将样式菜单添加到字体菜单
    //创建颜色菜单子菜单(单选按钮菜单项)
    color1 = new JRadioButtonMenuItem("红色");
    color2 = new JRadioButtonMenuItem("蓝色");
    color3 = new JRadioButtonMenuItem("绿色");
      ButtonGroup bg = new ButtonGroup();//创建 ButtonGroup 对象
      bg.add(color1);                      //将单选按钮菜单项放入按钮组中
      bg.add(color2);
      bg.add(color3);
      colorMenu.add(color1);               //将单选按钮菜单项添加到颜色菜单
```

```
        colorMenu.add(color2);
        colorMenu.add(color3);
        fontMenu.add(colorMenu);              //将颜色菜单添加到字体菜单
        mb.add(fontMenu);                     //将 fontMenu 放入菜单栏
        setJMenuBar(mb);                      //为窗体设置菜单栏
    }
    public static void main(String[] args) {
        JCheckRadioMenuDemo  mt = new JCheckRadioMenuDemo();
        mt.setTitle("单复选菜单项应用");
        mt.setSize(300, 200);
        mt.setVisible(true);
        mt.setDefaultCloseOperation(JFrame.EXIT_ON_CLOSE);
    }
}
```

上述程序运行结果如图 8.27 所示。

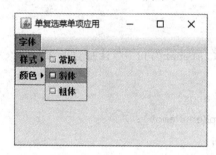 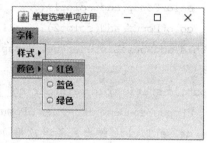

图 8.27　单复选框菜单项

7. 弹出式菜单

JPopupMenu 表示弹出式菜单,是一个可弹出并显示一系列选项的菜单。JPopupMenu 具有很好的环境相关特性,并不固定在菜单栏中,而是能够自由浮动。

1)构造方法

public JPopupMenu()　创建无标题的 JPopupMenu。

public JPopupMenu(String s)　创建指定标题的 JPopupMenu。

2)常用方法

public JMenuItem add(JMenuItem menuItem)　添加指定菜单项。

public void show(Component invoker,int x,int y)　在组件指定位置处显示弹出菜单。其中 invoker 表示触发弹出式菜单的组件,x 和 y 表示弹出式菜单在 invoker 组件空间内的坐标。

通常情况下,在注册 MouseEvent 监听器的组件上,单击鼠标右键就可以触发弹出式菜单。下面的自定义 showJPopupMenu 方法在单击鼠标右键时就会触发显示弹出式菜单,代码如下:

```
        public void showJPopupMenu(MouseEvent e) {
            if(e.isPopupTrigger()) {// 是否是触发弹出菜单
                弹出式菜单对象.show(e.getComponent(),e.getX(),e.getY());
```

```
      }
    }
```

上述方法要放在 MouseListener 接口中的 void mouseReleased()方法中。另外,若某组件要弹出菜单,则调用该组件的 setComponentPopupMenu(JPopupMenu popup)方法即可,其中,参数 popup 表示弹出式菜单对象。

【例 8.22】在 JFrame 窗体上设置弹出式菜单。

```java
      import javax.swing. * ;
      import java.awt.event. * ;
      public class JPopupMenuDemo   extends JFrame{
        private JPopupMenu colorPopup ;
        private JMenuItem color1,color2;
        public   JPopupMenuDemo(){
          colorPopup = new JPopupMenu();               //创建弹出式菜单
          color1 = new JMenuItem("红色");
          color2 = new JMenuItem("蓝色");              //将菜单项添加到弹出菜单中
          colorPopup.add(color1);
          colorPopup.add(color2);
        this.addMouseListener(new PopupListener());  //注册监听器
        }
        public static void main(String[] args) {
          JPopupMenuDemo mt  = new JPopupMenuDemo();
          mt.setTitle("弹出式菜单应用");
          mt.setSize(300, 200);
          mt.setVisible(true);
          mt.setDefaultCloseOperation(JFrame.EXIT_ON_CLOSE);
        }
        //内部类 MouseEvent 监听器
        class PopupListener extends MouseAdapter{
            public void mouseReleased(MouseEvent e){
                showJPopupMenu(e);
            }
            private void showJPopupMenu(MouseEvent e){
              if(e.isPopupTrigger()){
                colorPopup.show(e.getComponent(),e.getX(), e.getY());
              }
            }
        }
      }
```

上述程序运行后,当在 JFrame 窗体中单击鼠标右键时,触发弹出式菜单。另外,读者可利用第二种方法实现触发弹出式菜单。

8.8.2　工具栏

工具栏也是 GUI 程序中非常重要的组成部分。GUI 程序中一般会将常用功能放在工具栏中,方便用户访问。Swing 中提供了用于实现工具栏的类——JToolBar。工具栏可看成各种组件的容器。当某个组件被添加进工具栏后,JToolBar 会为该组件分配一个整数索引,用来确定组件从左到右或从上向下的显示顺序。

1. 常用构造方法

public JToolBar()　　创建默认水平方向、无标题的工具栏。

public JToolBar(int orientation)　　创建指定方向、无标题的工具栏,参数 orientation 表示指定的方向,其值为 JToolBar. VERTICAL 或 JToolBar. HORIZONTAL。

public JToolBar(String name)　　创建指定标题且默认水平方向的工具栏。

public JToolBar(String name,int orientation)　　创建指定标题和方向的工具栏。

2. 常用方法

public JButton add(Action a)　　向工具栏中添加 Action 对象,并将该 Action 包装成一个简易的 JButton 对象返回,参数 a 为一个指定的 Action 对象。

public void setOrientation(int o)　　设置工具栏的方向。

public void setFloatable(boolean b)　　设置工具栏是否可移动。

public void setToolTipText(String text)　　设置提示信息。

【例 8.23】为窗体创建工具栏。

```
import java.awt. * ;
import javax.swing. * ;
public class JToolBarDemo extends JFrame{
    private JButton button0,button1,button2,button3;
    public JToolBarDemo(){
        JToolBar bar = new JToolBar("toolBar");
        button0 = new JButton("开始");
        button1 = new JButton("向前");
        button2 = new JButton("向后");
        button3 = new JButton("末尾");
        //添加按钮到工具栏
        bar.add(button0);
        bar.add(button1);
        bar.add(button2);
        bar.add(button3);
        bar.setFloatable(true);              //设置工具栏可移动
        this.add(bar,BorderLayout.NORTH);    //将工具栏放置到窗体顶端
        this.setTitle("工具栏应用");
```

```
       this.setSize(300,200);
       this.setVisible(true);
   }
   public static void main(String[] args) {
       new JToolBarDemo();
   }
}
```

　　上述程序运行后的界面如图 8.28 所示。由于设置工具栏可移动,所以通过拖动工具栏句柄(图中"开始"按钮左边的带点区域)可移动工具栏到窗体内任一边。如将工具栏完全拖出窗体外,工具栏则成为独立的窗口。通常情况下,工具栏包含的是图形按钮,但也可以包含文本按钮、下拉列表以及其他组件。

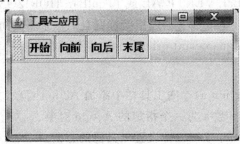

图 8.28　带工具栏的窗体

8.9　Swing 高级组件

8.9.1　JOptionPane

　　JOptionPane 类是一个易用的对话框类。它提供了 4 种基本类型对话框:确认对话框、输入对话框、消息对话框和选项对话框,而选项对话框是前 3 种对话框的综合。JOptionPane 类所提供的对话框都是模式对话框。下面主要介绍确认对话框、输入对话框和消息对话框。

1. 确认对话框

　　确认对话框向用户询问需要确认的问题,用户可以通过单击确认对话框中的"是"、"否"或"取消"的按钮对询问的问题进行确认。创建确认对话框常用方法如下:

　　public static int showConfirmDialog(Component parent,Object message)

　　public static int showConfirmDialog(Component parent,Object message, String title,int optionType,int messageType)

　　• 参数 parentComponent 指定相对于哪个组件显示对话框。如果为 null,对话框显示在屏幕中央。

　　• 参数 message 是对话框中要显示的信息,可以是文本、图标等。

　　• 参数 title 表示对话框的标题。

　　• 参数 optionType 指定对话框中显示的按钮,其值为 JOptionPane 类的常量之一:YES_

NO_OPTION、YES_NO_CANCEL_OPTION 或 OK_CANCEL_OPTION。

· 参数 messageType 指定消息类型,根据不同的值可确定对话框外观的图标。其值为 JOptionPane 类的常量之一:ERROR_MESSAGE(错误信息)、INFORMATION_MESSAGE(信息消息)、PLAIN_MESSAGE(未使用图标)、QUESTION_MESSAGE(问题消息)或 WARNING_MESSAGE(警告消息)。

· 方法返回值为其中之一:YES_OPTION、NO_OPTION、CANCEL_OPTION、OK_OPTION、CLOSED_OPTION。

2. 输入对话框

输入对话框是用来等待并提示用户向正在运行的程序输入指定的数据,并对输入的数据进行确认的一种对话框。创建输入对话框常用的方法如下:

public static String showInputDialog(Component parentComponent,Object message)

public static String showInputDialog(Component parentComponent, Object message, String title, int messageType)

方法中的参数与确认对话框中的一样;方法返回值表示用户输入的字符串。

3. 消息对话框

消息对话框是用来在程序运行中提供某种消息提示的对话框。例如,程序中出现一些询问、警告等相关提示信息就需使用消息对话框实现。创建消息对话框的常用方法如下:

public static void showMessageDialog(Component parentComponent,Object message)

public static void showMessageDialog(Component parentComponent, Object message, String title, int messageType)

通过 JOptionPane 类直接调用相应的对话框静态方法就可以创建对话框,确认对话框、输入对话框和消息对话框样式如图 8.29 所示。

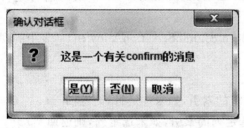

(a)确认对话框

(b)输入对话框

(c)消息对话框

图 8.29　JOptionPane 标准对话框

8.9.2　表格

表格是 GUI 中常用到的一种组件,通过表格可以将数据以一种直观的形式表现出来。在 Swing 中,JTable 类表示表格,它将数据以行和列组成的二维形式显示,并可经过设置允许用户对数据进行编辑。JTable 组件采用分离模型设计,使数据和显示分离。JTable 并不包含任何数据,数据保存在 TabelModel 数据模型中,而 JTable 从该模型中获取数据并显示。下面介绍表格的相关类。

1. JTable

1)构造方法

public JTable(int numRows,int numColumns)　创建指定行和列的 JTable。

public JTable(Object[][] rowData,Object[] columnNames)　创建显示二维数组 row-Data 数据的 JTable,且其列名由一维数组 columnNames 指定。

public JTable(TableModel dm)　使用 dm 数据模型创建 JTable。

2)常用方法

public void setVisible(boolean b)　设置表格是否可见。

public void setSelectionMode(int selectionmode)　设置表格的选择模式。其中 selec-tionMode 的取值如下:

• ListSelectionModel. MULTIPLE_INTERVAL_SELECTION:选择任意行,默认选择模式。

• ListSelectionModel. SINGLE_INTERVAL_SELECTION:连续选择多行。

• ListSelectionModel. SINGLE_SELECTION:仅选择单行。

public void selectAll()　选择表中所有行、列和单元格。

public void setRowSelectionAllowed(boolean rowSelectionAllowed)　表中的行是否可以选择。

public void setColumnSelectionAllowed(boolean columnSelectionAllowed)　表中的列是否可以选择。

public void clearSelection()　取消所有选择。

public int getSelectedRow()　返回首个选定行的索引,如未选定行,则返回-1。

public int getSelectedColumn()　返回首个选定列的索引,如未选定列,则返回-1。

public JTableHeader getTableHeader()　获取表格的表头。

默认情况下,JTable 不会显示表头,为了显示表头,通常将 JTable 放在 JScrollPane 容器中,JScrollPane 会自动取得 Column Header。另外,还可使用 getTableHeader()来获取表头。

【例 8.24】创建表格示例。

```
import javax. swing. * ;
public class CreateTableDemo {
    public CreateTableDemo(){
    JFrame frame = new JFrame();
    Object[][] playerInfo = {        //定义表格中的数据
        {"王鹏",91,100,191,"及格"},{"朱雪莲",82,69,151,"及格"},{"梅庭",47,
```

```
                57,104,"不及格"},{"赵龙",61,57,118,"不及格"},};
        String[] Names = {"姓名","语文","数学","总分","及格"};    //创建表格行标题
        JTable table = new JTable(playerInfo,Names);          //创建表格
        JScrollPane scrollPane = new JScrollPane(table);      //表格添加滚动条
        frame.add(scrollPane);
        frame.setTitle("创建表格");
        frame.setSize(300, 150);
        frame.setVisible(true);
        frame.setDefaultCloseOperation(JFrame.EXIT_ON_CLOSE);
    }
    public static void main(String[] args){
        new CreateTableDemo();
    }
}
```

上述程序运行结果如图 8.30 所示。

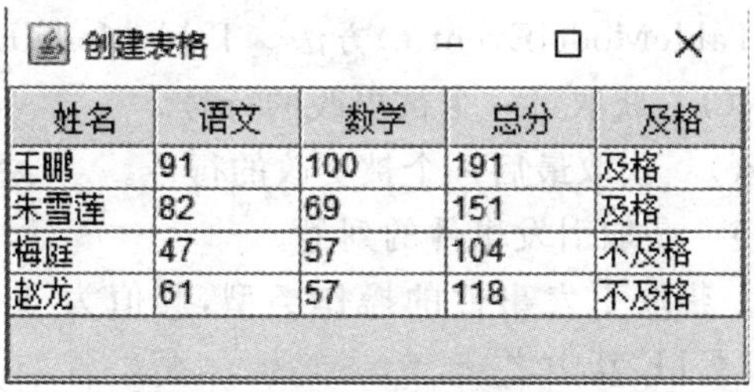

姓名	语文	数学	总分	及格
王鹏	91	100	191	及格
朱雪莲	82	69	151	及格
梅庭	47	57	104	不及格
赵龙	61	57	118	不及格

图 8.30　显示二维数据的 JTable

2. DefaultTableModel

　　JTable 组件采用 TableModel 数据模型来保存表格中的所有状态数据。TableModel 接口定义了有关表格的单元格内容读写、行列数获取等基本操作,但是要直接实现 TableModel 来建立表格并不容易。幸好 Java 提供了 AbstractTableModel 和 DefaultTableModel 两个类,实现了 TableModel 接口。前者是实现了 TableModel 大部分方法的抽象类,方便用户构造自己所需的表格模型;后者是前者的子类,是 Java 默认的表格模型。

　　在实际应用中,常利用 DefaultTableModel 作为 JTable 的数据模型,显示简单的数据格式。若要显示的数据模式非常复杂,使用 AbstractTableModel 会比较容易设计。下面主要介绍 DefaultTableModel 使用。

　　1)常用构造方法

　　public DefaultTableModel(int rowNum,int columnNum)　创建指定行、列的 DefaultTableModel。

　　public DefaultTableModel(Object[][]data,Object[] columnNames)

　　public DefaultTableModel(Vector data,Vector columnNames)　创建 DefaultTableModel,其中参数 data 指定表格的内容,columnNames 指定表格的表头。

2）常用方法

public void addColumn(Object columnName,Vector columnData)

public void addColumn(Object columnName,Object[] columnData)　向表格模型添加一列数据。参数 columnName 表示新列名，columnData 表示添加列的数据向量。

public void addRow(Object[] rowData)

public void addRow(Vector rowData)　添加行数据。

public void insertRow(int row,Vector rowData)

public void insertRow(int row, Object[] rowData)　在指定位置插入行数据。

public void removeRow(int row)　删除指定位置的行数据。

public Object getValueAt(int row,int column)　获取指定单元格的数据。

public void setValueAt(Object aValue,int row,int column)　设置单元格的数据。

3. JTable 产生的事件

当对 JTable 表格内容进行操作处理时，如改变表格单元格内容、增加或减少行列数、改变表格结构等，都会产生 javax. swing. event. TableModelEvent 事件。要处理该事件必须给表格模型注册实现 TableModelListener 接口的监听器，此接口定义处理 TableModelEvent 的 public void tableChanged(TableModelEvent e)方法。TableModelEvent 类常用方法为：

public int getFirstRow()　获取第一个被更改的行号。

public int getLastRow()　获取最后一个被更改的行号。

public int getColumn()　获取引发事件的列号。

public int getType()　获取引发事件的操作类型，其值为 TableModelEvent 类的常量 INSERT、UPDATE 和 DELETE 其中之一。

【例 8.25】利用 DefaultTableModel 数据模型创建员工信息表格，并实现行的添加和删除，同时为表格模型注册处理 TableModelEvent 事件的监听器。

```java
public class TableModelEventDemo extends JFrame implements ActionListener,
    TableModelListener {
    private JTable table;
    private DefaultTableModel defaultModel;
    private JButton addRow,deleteRow;
    private JTextField textInfo;
    public TableModelEventDemo(){
        Object[][] p = {
        {"王鹏",new Integer(91),new Integer(1949),new Integer(1910)},
        {"朱雪莲",new Integer(82),new Integer(1969),new Integer(1510)},
        };
        String[] n = {"姓名","工号","出生年月","薪水"};
        defaultModel = new DefaultTableModel(p,n);
        defaultModel.addTableModelListener(this);//注册监听器
        table = new JTable(defaultModel);//以 defaultModel 为参数创建表格
        JScrollPane scrollPane = new JScrollPane(table);
```

```
            JPanel panel = new JPanel();
            addRow = new JButton("添加行");
            addRow.addActionListener(this);
            deleteRow = new JButton("删除行");
            deleteRow.addActionListener(this);
            panel.add(addRow);
            panel.add(deleteRow);
            JPanel stPanel = new JPanel();
            JLabel label = new JLabel("TableModelEvent 处理信息:");
            textInfo = new JTextField(15);
            stPanel.add(label);
            stPanel.add(textInfo);
            this.add(panel, BorderLayout.NORTH);
            this.add(scrollPane, BorderLayout.CENTER);
            this.add(stPanel, BorderLayout.SOUTH);
            this.setTitle("TableModelEvent 应用");
            this.setSize(360,200);
            this.setVisible(true);
            this.setDefaultCloseOperation(JFrame.EXIT_ON_CLOSE);
        }
        //表格模型事件处理方法
        public void tableChanged(TableModelEvent e) {
            int rc = e.getFirstRow();
            int cl = e.getColumn();
            //根据 e.getType()返回值确定执行操作
            if(e.getType() = = TableModelEvent.INSERT){
                textInfo.setText("添加了第" + (rc + 1) + "行。");
            }else if(e.getType() = = TableModelEvent.DELETE)
                textInfo.setText("删除了第" + (rc + 1) + "行。");
            else
            textInfo.setText("编辑第" + (rc + 1) + "行,第" + (cl + 1) + "列内容为" +
                defaultModel.getValueAt(rc, cl));
        }
        public void actionPerformed(ActionEvent e){
            JButton object = (JButton)e.getSource();
            if(object = = addRow){
                    defaultModel.addRow(new Object[4]);
            }else if(object = = deleteRow) {
                    int rowIndex = table.getSelectedRow();//获取被选择的行
```

```
                if(rowIndex > = 0)
                    defaultModel. removeRow(rowIndex);
                else
                    JOptionPane. showMessageDialog(this, "请选择删除的行!", "选
                    择提示", JOptionPane. WARNING_MESSAGE);
            }
        }
        public static void main(Stringargs[]) {
            new TableModelEventDemo();
        }
    }
```

上述程序运行结果如图 8.31 所示。当删除行、添加行或编辑单元格内容时,都会引发 TableModelEvent 事件,事件处理的相关信息在表格下方的文本框内显示。

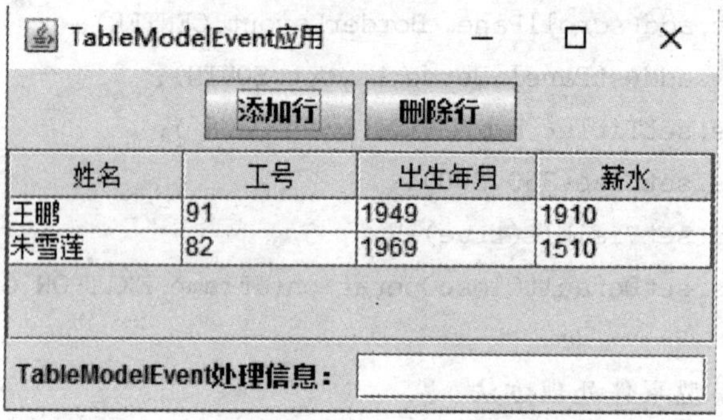

图 8.31 表格及 TabaleModelEvent 事件处理

8.9.3 树

树是图形用户界面中使用非常广泛的 GUI 组件。树是由一系列具有严格父子关系的节点组成。同一个节点既可以是父节点,也可以是子节点,对于没有子节点的节点称为叶子节点。Swing 中 JTree 类实现了树,下面介绍 JTree 类及其事件处理。

1. JTree

JTree 组件也是遵循分离模型思想来设计的,它是用树形结构分层显示数据的视图,其数据来源于树模型。在这种显示方式中用户可以扩展或收缩视图中的单个子树。

1)常用构造方法

public JTree() 创建带有样例模型的 JTree。

public JTree(Object[] value) 创建用对象数组中的元素作为子节点的 JTree,根节点不显示。

public JTree(TreeNode root) 创建以 root 为根节点的 JTree,并显示根节点。

public JTree(TreeModel newModel) 以指定树模型 newModel 创建树,默认显示根节点。

2) 常用方法

public void setRootVisible(boolean b)　　设置树根节点是否可见。

public void scrollPathToVisible(TreePath path)　　滚动展开路径中所有节点。

public void setEditable(boolean flag)　　设置树是否可编辑。

public TreePath getSelectionPath()　　返回首先被选中节点路径。

public void setShowRootHandles(boolean)　　设置是否显示根节点展开/折叠图标。

JTree 组件本身没有提供任何滚动能力,一般放在 JScrollPane 中间容器中。采用这种方式,可在一个小的范围内浏览一棵很大的树。

【例 8.26】利用 JTree 不同构造方法创建两棵树,分别放在分隔面板中。

```java
import javax.swing.*;
public class JTreeDemo extends JFrame {
    public JTreeDemo(){
        super("创建 JTree 应用");
        JSplitPane splitPane = new JSplitPane();   //创建分隔面板容器
        splitPane.setOrientation(JSplitPane.HORIZONTAL_SPLIT);
        splitPane.setOneTouchExpandable(true);
        splitPane.setDividerLocation(140);
        JScrollPane leftScrollPane = new JScrollPane();
        JTree treeLeft = new JTree();   //创建默认的树
        //将 treeLeft 设置为滚动条组件视窗
        leftScrollPane.setViewportView(treeLeft);
        //将 leftScrollPane 添加到分隔线左边
        splitPane.setLeftComponent(leftScrollPane);
        String[]snode = {"青菜","大蒜","大葱","苹果","梨子","香蕉"};
        JTree treeRight = new JTree(snode);   //用数组作为参数创建 JTree
        treeRight.setRootVisible(true);       //设置显示数根节点
        splitPane.setRightComponent(treeRight);
        this.add(splitPane);
        this.setSize(300,300);
        this.setVisible(true);
        this.setDefaultCloseOperation(JFrame.EXIT_ON_CLOSE);
    }
    public static void main(String[] args){
        new JTreeDemo();
    }
}
```

上述程序运行结果如图 8.32 所示。分隔线左边的树是用无参构造方法创建的,树中子节点都是默认的;分隔线右边的树是用带参数构造方法创建的。

图 8.32   利用 JTree 构造方法创建的树

2. DefaultMutableTreeNode

JTree 上的每个节点由 TreeNode 对象表示，TreeNode 是一个接口，定义了获取树的节点信息的方法。MutableTreeNode 接口又扩展了 TreeNode 接口，并声明了增加节点、删除节点、设置父节点的方法。Swing 为 MutableTreeNode 接口提供了默认实现类 DefaultMutableTreeNode，它表示树中一个节点。通过 DefaultMutableTreeNode 类可创建树中节点。另外，表示树节点的类和接口都隶属于 javax. swing. tree 包。

1）常用构造方法

public DefaultMutableTreeNode()

public DefaultMutableTreeNode(Object obj)

public DefaultMutableTreeNode(Object obj,boolean allowsChildren)

上述构造方法创建的树节点都没有父节点和子节点，并使用参数 obj 或空进行初始化，参数 allowsChildren 设置是否允许树节点有子节点。

2）常用方法

public void setAllowsChildren(boolean allows)   设置是否允许有子节点。

public TreeNode getRoot()   返回树的根节点。

public TreeNode getParent()   获取当前节点的父节点。若无父节点，则返回 null。

public TreeNode[] getPath()   获取从根节点到当前节点的所有节点。

public TreeNode getFirstChild()   获取当前节点的第一个子节点。

public TreeNode getLastChild()   获取当前节点的最后一个子节点。

public int getChildCount()   获取当前节点的子节点数。

public String toString()   获取当前节点的显示文本。

3）利用 DefaultMutableTreeNode 创建树的步骤

首先，利用 DefaultMutableTreeNode 创建树中若干节点，并确定根节点及子节点。例如：

```
root = new DefaultMutableTreeNode("root");
fatherNode = new DefaultMutableTreeNode("father");
```

　　　　sonNode = new DefaultMutableTreeNode("son");

　　然后,使用 add 方法给根节点添加子节点。先将子节点添加到根节点,如果该子节点还有子节点,就将相应的节点添加到该子节点中,依此类推。例如:

　　　　root.add(fatherNode);

　　　　fatherNode.add(sonNode);

　　最后,将根节点作为参数传递给 JTree 的构造方法。例如:

　　　　JTree tree = new JTree(root);

3. JTree 组件产生的事件

　　在 javax. swing. event 包中,TreeSelectEvent 是用于描述树组件(JTree)中节点选择发生改变时产生的事件。如果要处理该事件,必须给树组件注册实现 TreeSelectionListener 接口的监听器,然后使用该接口中的方法 void valueChanged(TreeSelectionEvent e)处理事件。其中 TreeSelectionEvent 类常用方法为:

public TreePath getPath()　　返回从根节点到选中节点的树路径。

public TreePath getOldLeadSelectionPath()　　返回以前的前导路径。

public TreePath getNewLeadSelectionPath()　　返回当前前导路径。

　　【例 8.27】设计表示字体颜色和样式的树,单击树中的叶子节点,在 JTextArea 中显示选择节点及其相关的树路径信息。

```
public class TreeSelectionEventDemo extends JFrame implements
TreeSelectionListener{
    private DefaultMutableTreeNode font,fontColor,fontStyle,node;
    private JTree  tree;
    private JTextArea text;
      public TreeSelectionEventDemo(){
      super("TreeSelectEvent 应用");
      font = new DefaultMutableTreeNode("字体");//创建字体根节点
          //创建子节点"字体颜色"
          fontColor = new DefaultMutableTreeNode("字体颜色");
          node = new DefaultMutableTreeNode("红色");
          fontColor.add(node);
          node = new DefaultMutableTreeNode("蓝色");
          fontColor.add(node);
          //创建子节点"字体样式"
          fontStyle = new DefaultMutableTreeNode("字体样式");
          node = new DefaultMutableTreeNode("常规");
          fontStyle.add(node);
          node = new DefaultMutableTreeNode("斜体");
          fontStyle.add(node);
          font.add(fontColor);//将节点 fontColor 加入到 font
          font.add(fontStyle);//将节点 fontStyle 加入到 font
```

```
        tree = new JTree(font); //以根节点为参数创建树
        tree.addTreeSelectionListener(this);
        JSplitPane jsp = new JSplitPane();
        jsp.setOneTouchExpandable(truc);
        jsp.setLeftComponent(tree);
        text = new JTextArea("");
        jsp.setRightComponent(new JScrollPane(text));
        this.add(jsp);
        this.setSize(300,200);
        this.setVisible(true);
        this.setDefaultCloseOperation(JFrame.EXIT_ON_CLOSE);
    }
    //处理树节点选择事件处理方法
    public void valueChanged(TreeSelectionEvent e) {
        TreePath treePath = e.getPath();
        DefaultMutableTreeNode
    selectNode = (DefaultMutableTreeNode)treePath.getLastPathComponent();
        text.append("当前选择节点:" + selectNode.toString() + "\n");
        text.append("当前前导路径:" + e.getNewLeadSelectionPath() + "\n");
        text.append("以前前导路径:" + e.getOldLeadSelectionPath() + "\n");
    }
    public static void main(String[] args){
        new TreeSelectionEventDemo();
    }
}
```

上述程序运行结果如图 8.33 所示。当选择某节点,会显示当前选中的节点和其树路径以及前一选中节点的树路径。

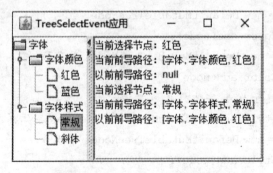

图 8.33   TreeSelectionEvent 事件处理

由于篇幅限制,本小节只介绍了利用 JTree 类和 DefaultMutableTreeNode 类构造可视化的树以及 JTree 组件事件处理。有关树模型及其事件处理请参阅其他资料。

8.9.4　JTabbedPane

JTabbedPane 表示选项卡面板,是允许用户通过单击具有给定标题和/或图标的选项卡在一组组件之间进行切换的中间容器。JTabbedPane 可以用来存放许多带标题的选项卡,而每一张选项卡又可以存放不同的容器或组件,用户只要单击每一张选项卡上的标签,便可切换至对应的选项卡。选项卡面板一般用于设置配置选项。

1. 常用构造方法

public JTabbedPane()

public JTabbedPane(int tabPlacement)

public JTabbedPane(int tabPlacement, int tabLayoutPolicy)

说明:创建选项卡面板对象,其中参数 tabPlacement 指定选项卡标题放置位置,其值为 JTabbedPane. TOP(默认的布局)、JTabbedPane. BOTTOM、JTabbedPane. LEFT 或 JTabbedPane. RIGHT。参数 tabLayoutPolicy 定义标题布局策略即当容器不能在同一行放置所有选项卡标题时的处理方式,其值为:

- JTabbedPane. WRAP_TAB_LAYOUT(默认值):采用换行方式放置选项卡的标题。
- JTabbedPane. SCROLL_TAB_LAYOUT:采用滚动箭头控制选项卡标题的显示。

2. 常用方法

public void addTab(String title, Icon icon, Component component, String tip)　向选项卡面板中添加一个选项卡。其中,title 表示选项卡标题,icon 表示选项卡显示的图标,component 表示选项卡中放置的组件,tip 表示选项卡显示的提示信息。

public void insertTab(String title, Icon icon, Component component, String tip, int index)　在选项卡面板中指定的位置 index 插入选项卡。

public void removeTabAt(int index)　移除指定位置的选项卡。

public int getSelectedIndex()　返回当前选择的选项卡标题索引。每个标题都有索引值 (index),索引值从左到右依次是 0、1、2、…。

public Component getSelectedComponent()　返回选项卡中当前选择的组件。

public void setTabPlacement(int tabPlacement)　设置选项卡标题布局。

public void setTabLayoutPolicy(int tabLayoutPolicy)　设置标题布局策略。

3. JTabbedPane 产生的事件

每当用户在 JTabbedPane 上切换标题时,都会产生 ChangeEvent 事件。因此要处理该事件,必须给选项卡面板组件注册实现 ChangeListener 接口的监听器,并通过接口中的 stateChanged(ChangeEvent e)方法处理事件。多数情况下,选项卡面板仅仅用来存放容器或组件,一般不再需要响应用户的操作,因此不需要给 JTabbedPane 注册监听器。

【例 8.28】创建 JTabbedPane 对象,并放置 6 个带标题的选项卡,每个选项卡中放置一个 JPanel,最后将 JTabbedPane 放置到 JFrame。

```
import java.awt. * ;
import javax.swing. * ;
public class JTabbedPaneDemo extends JFrame {
```

```
    public JTabbedPaneDemo() {
        super("JTabbedPane 应用");
        JTabbedPane tabbedPane = new JTabbedPane();
        //设置选项卡面板标签布局策略
        tabbedPane.setTabLayoutPolicy(JTabbedPane.SCROLL_TAB_LAYOUT);
        JPanel[] panel = new JPanel[6];
        for(int i = 0;i<panel.length;i++){
            panel[i] = new JPanel();  //创建 JPanel 对象
            panel[i].add(new JButton("Button" + i + " of Panel" + i));
            //添加包含 JPanel 的选项卡
            tabbedPane.addTab("Tab" + i,null,panel[i],"Panel" + i);
        }
        this.add(tabbedPane,"Center");  //将选项卡面板加入窗体中
        this.setSize(260,200);
        this.setVisible(true);
    }
    public static void main(String[] args) {
        new JTabbedPaneDemo();
    }
}
```

上述程序运行后,当单击标签时,JTabbedPane 中选项卡的内容会发生变化,如图 8.34 所示。

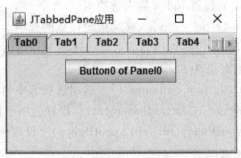

图 8.34　创建 JTabbedPane 界面

8.9.5　JInternalFrame

JInternalFrame 表示内部窗体,具有最大化、最小化、关闭窗口、加入菜单等功能。JInternalFrame 与 JFrame 几乎一样,唯一不同的是前者是轻量级中间容器,不能独立显示。一般将 JInternalFrame 加入 JDesktopPane 中,从而方便管理。JDesktopPane 是一种特殊的 LayeredPane,用来建立虚拟桌面(Virtual Desktop),它可以显示并管理众多 Internal Frame 之间的层次关系。创建 JInternalFrame 的构造方法如下:

JInternalFrame()　创建不能更改大小、不可关闭、不可最大最小化、无标题的 JInternal-

Frame。

JInternalFrame(String title,boolean resizable,boolean closable,boolean maximizable,boolean iconifiable)　创建可关闭、可更改大小、具有标题、可最大最小化的 JInternalFrame。

有关 JInternalFrame 的方法请参阅 Java API。

【例 8.29】利用 JDesktoPane 来管理 JInternalFrame 应用。

```java
import javax.swing.*;
import java.awt.event.*;
import java.awt.*;
public class JInternalFrameDemo extends JFrame implements ActionListener {
    private JMenu file;
    private JMenuItem new_file;
    private int count;
    private JDesktopPane desktopPane;
    public JInternalFrameDemo() {
        super("JInternalFrame 应用");
        JMenuBar mb = new JMenuBar();
        file = new JMenu("File");
        file.setMnemonic(KeyEvent.VK_F);
        new_file = new JMenuItem("New");
        new_file.addActionListener(this);
        file.add(new_file);
        mb.add(file);
        this.setJMenuBar(mb);
        // 创建 JDesktopPane 并设置为窗体的 contentPane
        desktopPane = new JDesktopPane();
        this.setContentPane(desktopPane);
        setSize(350, 350);
        this.setVisible(true);
        this.setDefaultCloseOperation(JFrame.EXIT_ON_CLOSE);
    }
    public void actionPerformed(ActionEvent e) {
        //创建可关闭、可更改大小、具有标题、可最大最小化的 JInternalFrame
        JInternalFrame internalFrame = new JInternalFrame("Internal Frame"
            + (count++), true, true, true, true);
        internalFrame.add(new JTextArea(), "Center");
        internalFrame.setLocation(20, 20);//设置在窗体中初始显示位置
        internalFrame.setSize(200, 200);
        internalFrame.setVisible(true);
        // 将 JInternalFrame 加入 JDesktopPane 中
```

```
              desktopPane.add(internalFrame);
              try {
                  internalFrame.setSelected(true);
              } catch (java.beans.PropertyVetoException ex) {
                  System.out.println("Exception while selecting");
              }
          }
          public static void main(String[] args) {
              new JInternalFrameDemo();
          }
      }
```

上述程序运行结果如图 8.35 所示。每单击 File 中 New 菜单项就会创建一个 JInternal-Frame 对象。

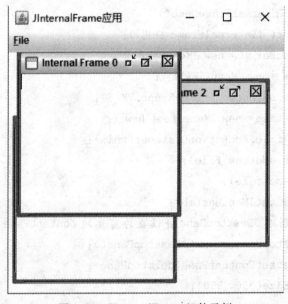

图 8.35　JInternalFrame 组件示例

小　结

Java 提供了 AWT 和 Swing 两种技术构造 GUI，分别由 java.awt 及其子包和 javax.swing 及其子包进行支持。AWT 组件包含本地代码，属于重量级组件，而 Swing 组件用纯 Java 语言实现，属于轻量级组件。Swing 不但克服了 AWT 设计的 GUI 外观受平台限制的不足，而且提供了比 AWT 更加丰富的组件，并增加了很多新的特性和功能，使用 Swing 能够更轻松地构建不同平台上的图形用户界面。Swing 已经成为开发 GUI 的主流技术。

Swing GUI 形成顶层容器—中间层容器—基本组件的层次包含关系。具有 Swing 的 GUI 应用必须至少有一个顶层容器。常用的 Swing 顶层容器是 JFrame、JDialog 或 JApplet

等,但在多数的 Swing GUI 应用中,通常使用 JFrame 作为顶层容器。中间层容器是由通用的容器构成,主要是为了简化组件的布局,常用的组件为 JPanel、JScrollpane、JTabbedPane 等。基本组件是直接向用户展示信息或获取用户输入的组件,常用的组件有 JButton、JLabel、JTextField、JTextArea、JCheckBox、JRadioButton、JComboBox、JList 等。

布局管理器用于管理组件在容器中的布局方式,Java 提供的标准布局管理器有:FlowLayout、BorderLayout、GridLayout、CardLayout、BoxLayout 和 GridBagLayout。其中 GridbagLayout 是最灵活、最复杂的布局管理器,可利用它布局复杂的图形界面。

事件处理机制能够让图形界面响应用户的操作。Java 中事件处理机制采用委托方式,即组件引发的事件委托给事件监听器处理。事件响应处理分两步完成:一是为该组件注册事件监听器;二是实现监听器接口中事件处理方法。

另外,Swing 常用的高级组件有 JMenuBar、JMenu、JMenuItem、JToolBar、JTable、JTree 等。通过使用这些高级组件可设计出更加复杂的图形用户界面。

习 题

一、选择题

1. 大多数 Swing 组件其直接基类是( )。
   A. Object B. Component C. Container D. JComponent
2. 以下选项中,可用于容纳其他组件的容器是( )。
   A. JCheckBox B. JRadioButton C. JPanel D. JComboBox
3. 以下选项中,不属于 Swing 容器的是( )。
   A. JPanel B. JFrame C. JScrollPane D. JScollBar
4. 为了能对用户从键盘输入的文本信息加以隐藏,即使用指定字符代替所输入的字符串,应当使用( )组件。
   A. JTextField B. JPasswordField C. JTextArea D. JRadioButton
5. Swing 组件中包含了三种状态按钮,它们均有开/关或真/假。以下选项中,不属于状态按钮的是( )。
   A. JButton B. JToggleButton C. JCheckBox D. JRadioButton
6. 以下各选项中,不能与行为事件监听器对象相关联的组件是( )。
   A. JButton 组件 B. JCheckBox 组件 C. JScrollBar 组件 D. JComboBox 组件
7. 以下各选项中,不属于预定义事件适配器类的是( )。
   A. KeyAdapter B. MouseAdapter C. WindowAdapter D. ItemAdapter
8. 实现下列哪个接口可以对 JTextField 对象的动作事件进行监听和处理?( )
   A. ActionListener B. FocusListener
   C. MouseMotionListener D. WindowsListener
9. 要在 JTextArea 中实现滚动,可使用下列哪一个组件( )。
   A. JPanel B. JScrollPane C. JSplitPane D. JTabbedPane
10. 下列哪个方法可将 JMenuBar 加入 JFrame 中?( )
    A. setMenu() B. addMenuBar() C. add() D. setJMenuBar()

11. 通常我们使用( )方法来为一个组件添加事件监听器。

A. addXXXListener　　　　　　　　　B. XXXListener

C. ListenerXXX　　　　　　　　　　　D. XXXListeneradd

12. 在下列事件处理机制中哪个不是机制中的角色?( )

A. 事件　　　　B. 事件源　　　　　C. 事件接口　　　　D. 事件监听器接口

13. WindowListener 中可以实现窗口关闭功能的方法是( )。

A. public void windowOpened(WindowEvent e)

B. public void windowClosed(WindowEvent e)

C. public void windowClosing(WindowEvent e)

D. public void windowDeactivated(WindowEvent e)

14. 类 JPanel 默认的布局管理器是( )。

A. GridLayout　　　B. BorderLayout　　　　C. FlowLayout　　　D. CardLayout

15. 用鼠标点击菜单项(MenuItem)产生的事件是( )。

A. MenuEvent　　　B. ActionEvent　　　　C. KeyEvent　　　D. MouseEvent

二、上机测试题

1. 请按图 8.36 建立一个学生档案浏览界面。学生的信息包括学号、姓名、性别、出生日期、团员否、专业、地址和简历。注意:按钮不具有事件响应功能。请按上述要求编写 GUI 程序。

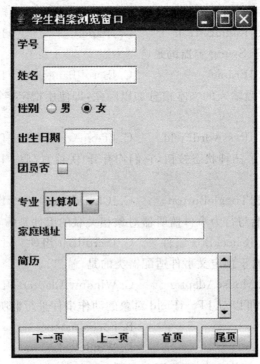

图 8.36　学生信息浏览界面

2. 请编写一个简易记事本。记事本包括菜单栏和工具栏。菜单栏包括文件、编辑和格式菜单。文件菜单包括新建、打开、保存和关闭菜单项;编辑菜单包括剪切、复制、粘贴、撤销和恢复菜单项;格式菜单包括字体、样式和颜色菜单项,而字体菜单项又包括若干字体单选按钮菜单项,样式菜单项又包括粗体、黑体、斜体复选框菜单项,颜色菜单项又包括红、黄、绿等单选按钮菜单项。同时给菜单和菜单项设置快捷键和助记键。另外,工具栏包括菜单栏中常用的功能即可。请编写 GUI 程序。

3. 利用表格显示学生档案信息。可执行行的添加、删除、编辑等功能。另外,当选择某单元格时显示出选择的行号和列号,当修改单元格内容时显示修改的数据。请编写 GUI 程序。

4. 以"专业"作为树根建立树形结构,根节点又包含不同的具体专业,而每个专业又包含不同的班级。允许添加、修改、删除或全部删除树节点等操作。操作的状态信息在窗体标签中显示。请编写 GUI 程序。

第 9 章　Applet 程序设计

Java Applet(小应用程序)是 Java 与 Web 相结合而引入的一种重要的 Java 应用形式。Applet 运行于浏览器上,可以生成生动丰富的页面,提高 Web 页面的人机交互能力和动态执行能力。同时还能处理图像、声音、动画等多媒体数据。Applet 在 Java 的发展过程中起到了重要作用,广泛应用于 Web 程序设计中。

9.1　Applet 基本概念

9.1.1　Applet 的定义

Java Applet 是用 Java 语言编写的小应用程序,是能够嵌入 HTML 页面中,并可以下载到本地浏览器中运行的 Java 类。Java Applet 是由支持 Java 的浏览器(IE 或 Nescape)解释执行,能够产生特殊效果的程序。

下面首先通过一个可在浏览器中显示字符串"Hello World"的简单 Applet 程序,说明从 Applet 程序的编写到运行要经过的步骤。

【例 9.1】简单的 Applet 程序

(1)编写 Applet 的 Java 源代码文件。文件名为 HelloWorldApplet. Java,然后将其编译为类文件 HelloWorldApplet. class。

```java
import java.awt. * ;
import java.applet. * ;
public class HelloWorldApplet extends Applet{
    public void paint(Graphics g){
        g.drawString("Hello World!",25,25);
    }
}
```

(2)编写用来嵌入 Applet 的 HTML 文件。文件名为 HelloWorld. html。即在 HTML 文件内放入必要的<APPLET>标记,通过<APPLET>标记指定要运行的 Applet 类文件名 HelloWorldApplet. class。

```html
<HTML>
<HEAD>
<TITLE>Hello World</TITLE>
</HEAD>
```

```
<BODY>
<APPLET CODE = "HelloWorldApplet.class" WIDTH = 200　HEIGHT = 100>
</APPLET>
</BODY>
</HTML>
```

（3）运行 Applet。可以在命令行方式下输入 appletViewer HelloWorldApplet. html 后，按回车执行，其运行结果如图 9.1(a)所示。或直接双击 HelloWorldApplet. html 使其在浏览器中运行，其运行结果如图 9.1(b)所示。

　　（a）Applet 使用 Applet Viewer 中运行结果　　　　　（b）Applet 在浏览器中运行结果

图 9.1　Applet 的两种执行方式

Applet 的运行环境是 Web 浏览器，所以不能直接通过命令行启动。必须建立 HTML 文件以告诉浏览器如何加载与运行 Applet。Applet 在浏览器的加载和运行过程要经历如下 4 个步骤：

（1）浏览器加载 URL 指定的 HTML 文件；

（2）浏览器解析 HTML 文件；

（3）浏览器加载 HTML 文件中由＜APPLET...＞标记指定的 Applet 类；

（4）浏览器的 Java 运行环境运行该 Applet 类。

说明：对于 JDK 1.8 之前的版本，当 Applet 小应用程序运行因安全而受阻后，可通过 Java 控制面板来降低安全级别为中或更低，或者通过将托管小应用程序的站点添加到"例外站点"列表中，来授权运行不符合最新安全实践的小应用程序。但从 Java 8 Update 20 开始，"中"安全级别已从 Java 控制面板中删除，只有"高"和"非常高"级别可用。当 Applet 小应用程序运行受阻后，通过 Java 控制面板中安全选项中的"例外站点"列表，逐个设置需运行的小应用程序的站点，从而最大程度地减少了使用更宽容设置的风险。

9.1.2　Applet 的生命周期

Applet 的生命周期是指从 Applet 下载到浏览器开始，直到用户退出浏览器终止 Applet 整个运行的过程。Applet 的生命周期中有 4 个状态：初始态、运行态、停止态和消亡态。在其生命周期中涉及 Applet 类的 4 个方法：init()、start()、stop()和 destroy()。

当一个 Applet 被下载到本地系统并被实例化后，首先执行 init()方法，Applet 进入了初始态；然后调用 start()方法，Applet 进入运行态；在运行态下，当 Applet 所在 Web 页最小化或者转入其他页面时，Applet 调用 stop()方法，Applet 进入停止态；在停止态时，去最小化或返回到 Applet 所在的 Web 页面,则 Applet 调用 start()方法,进入运行态;在运行状态下,当关闭浏览器时,Applet 先调用 stop(),然后再调用 desteroy()方法,进入消亡态。当然,在停止态时,如果浏览器关闭,则 Applet 程序调用 destroy()方法,进入消亡态。Applet 的生命周期及运行过程如图 9.2 所示。

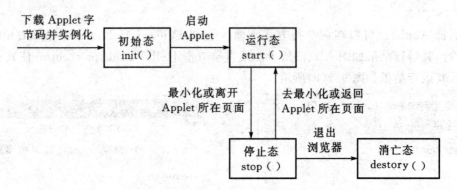

图 9.2　Applet 的生命周期及运行过程

【例 9.2】Applet 的生命周期。

```java
import java.applet.Applet;
import java.awt.Graphics;
public class AppletLife extends Applet {
    StringBuffer buffer;
    public void init() {
    buffer = new StringBuffer();
        addItem("Applet 初始化...");
    }
    public void start() {
        addItem("Applet 启动...");
    }
    public void stop() {
        addItem("Applet 停止运行...");
    }
    public void destroy() {
        addItem("Applet 准备卸载...");
    }
    void addItem(String s) {
        System.out.println(s);          //将字符串输出到 Java 控制台
        buffer.append(s);
        repaint();
    }
```

```
public void paint(Graphics g) {
    g.drawString(buffer.toString(), 0, 20);    //将字符串输出到 Applet
}
}
```

　　试分别在 AppletViewer 和浏览器中运行上述 Applet 小程序。通过运行过程及显示的结果,理解 Applet 的生命周期。

9.1.3　Applet 的类层次结构

　　任何嵌入在 Web 页面中或 AppletViewer 中的 Applet 必须是 Java 中 Applet 类的子类。Applet 类定义了 Applet 与其运行环境之间的一个标准接口,主要包括 Applet 生命周期、环境交互等一些方法。JApplet 是 Applet 的扩展,它增加了对 JFC/Swing 组件结构的支持。Applet 是 java.awt.panel 类的直接子类。Applet 类与 JApplet 类在 AWT 类中的层次关系如图 9.3 所示。

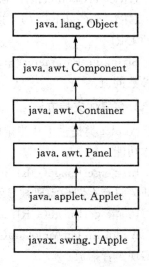

图 9.3　Applet 类层次结构

　　Applet 是一个面板容器,它默认使用 FlowLayout 布局管理器,所以可以在 Applet 中添加并操作 AWT 组件。Applet 类可继承于 Component、Container 和 Panel 类的方法。javax.swing.JApplet 是 Swing 的一种顶层容器,可以在 JApplet 中添加 Swing 组件并进行操作。而 JApplet 是 Applet 类的子类,继承了 Applet 的方法和执行机制。

9.1.4　Applet 类的 API 概述

　　生成 Applet 必须创建 Applet 类的子类,Applet 的行为框架由 Applet 类来决定。本节分类介绍 Applet 类的各种方法,以方便用户在编写具体的 Applet 程序时,根据需要重写这些方法。

1. Applet 生命周期方法

　　Applet 类中提供了生命周期不同阶段响应主要事件的 4 种方法。

　　(1)init()方法:在 Applet 被加载(或重新加载)时调用,一般用来完成所有必需的初始化工作。如设置布局管理器、数据初始化和放置一些组件等。init()方法仅执行一次。

　　(2)start()方法:在 init()方法之后以及 Applet 被重新访问时调用。例如浏览器由最小化复原,或浏览器从一个 URL 返回该 Applet 所在页面。该方法可以被多次执行,一般常在 start()方法中启动动画或播放声音等线程。

　　(3)stop()方法:在 Applet 停止执行时调用。一般发生在 Applet 所在的 Web 页面失去焦点或最小化时。stop()与 start()是相对应的方法,一般 start()启动一些操作,而 stop()方法停止这些操作。

　　(4)destroy()方法:在浏览器关闭时调用。彻底终止 Applet,从内存卸载并释放该 Applet 所有资源。若 Applet 仍在运行时浏览器被关闭,系统将先执行 stop()方法,再执行 destroy()方法。

一个 Applet 不必全部重写这些方法。但是如果 Applet 使用了线程,需要自己释放资源,则必须重写相应的生命周期方法。

2. HTML 标记方法

HTML 标记方法用于获取 HTML 文件中关于 Applet 的消息。如包含 HTML 文件的 URL 地址、通过 HTML 标记传给 Applet 的参数等。

URL getDocumentBase()   返回包含 Applet 的 HTML 文件的 URL。

URL getCodeBase()   返回 Applet 主类的 URL,它可以不同于包含 Applet 的 HTML 文件的 URL。

String getParameter(String name)   返回定义在 HTML 文件的<PARAM>标记中指定参数的值。

3. 多媒体支持方法

Applet 类提供了从指定的 URL 获取图像和声音的方法,使 Applet 可以很方便地实现多媒体功能。

Image getImage(URL url)   返回能够显示在屏幕上的图像。参数 url 表示图像的绝对地址。只有在图像需要被显示时,数据才真正被加载。

Image getImage(URL url,String name)   按指定的 URL 下的图像文件名获取图像。

AudoClip getAudoClip(URL url)   返回指定 URL 的声音数据。通过 AudoClip 对象可以实现声音播放。

AudoClip getAudoClip(URL url,String name)   按指定 URL 下的声音文件名获取声音数据。

void play(URL url)   播放指定 URL 地址的声音文件。

void play(URL url,String name)   播放指定 URL 下的指定文件名的声音文件。

4. 管理 Applet 环境的方法

Applet 能够与其运行环境进行交互。但是 Applet 类中对于 Applet 环境的管理只提供有限的支持,因浏览器不同可能具有不同特性。

AppletContext getAppletContext()   返回 Applet 上下文对象,通过该对象可管理 Applet 的环境。

Applet getApplet(String name)   返回名为 name 的 Applet。该 name 在 HTML 标记中通过 NAME 属性说明。

void showDocument(URL url)   用指定 URL 替换当前 Web 页面。

5. Applet 信息报告方法

Applet 信息报告方法使 Applet 能够简便地向用户报告 Applet 相关信息。

void showStatus(String status)   在浏览器的状态栏上显示字符串。

String getAppletInfo()   报告关于 Applet 的作者、版权、版号等有关信息。

String[][] getParameterInfo()   返回描述 Applet 参数的字符串数组。

9.1.5   Applet 类的显示

Applet 是 Component 类的子类,继承了 Component 类的组件绘制与显示的方法,具有一般 AWT 组件的图形绘制功能。这些方法是 paint()、repaint() 和 update() 方法。

public void paint(Graphics g)　用来向 Applet 中画图、显示图像和字符串,参数 g 是 java.awt.Graphics 类型。该对象包含 Applet 的图形上下文信息,通过它向 Applet 中显示信息,相当于 Applet 的画笔。该对象由浏览器生成并传递给 paint() 方法。

public void update(Graphics g)　用于更新 Applet 的显示。该方法首先清除 Applet 的背景,然后再调用 paint() 方法重新完成 Applet 的绘制。用户一般不必重写和调用该方法,通知系统刷新显示。

public void repaint()　用于 Applet 的重新显示,它调用 update() 方法实现 Applet 的更新显示。用户编写的 Applet 程序可以在需要更新显示时调用该方法。

在 Applet 中,Applet 的显示更新是由一个专门的 AWT 线程控制的。该线程主要负责两种处理:第一种是在 Applet 的初次显示,或运行过程中浏览器窗口大小发生变化而引起 Applet 显示发生变化时,该线程将调用 paint() 方法进行 Applet 绘制;第二种处理是 Applet 代码需要更新显示内容,从程序中调用 repaint() 方法,则 AWT 线程在接收到该方法的调用后,将调用 update() 方法,而 update() 方法再调用 paint() 方法实现显示的更新。Applet 这种显示处理过程及 3 方法之间的关系如图 9.4 所示。

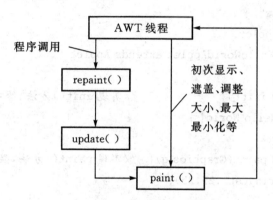

图 9.4　Applet 显示相关的 3 方法之间的关系

9.2　Applet 编写

9.2.1　Applet 编写步骤

Applet 广泛用于创建与用户交互的界面,所以 Applet 需要创建 GUI 组件,完成图像、动画输入等任务。编写 Applet 一般包含如下的步骤。

(1)引入需要的类和包。如:

```
import java.applet.Applet ;
import java.awt.Graphics;
    ⋮
```

(2)定义 Applet 的主类。每个 Applet 必须定义为 Applet(或 JApplet)类的子类,该类称为 Applet 的主类。Applet 主类从 Applet 类继承了很多功能,包括与浏览器的通信、显示图形化用户界面(GUI)等。

(3)重载 Applet 类中的某些方法。每个 Applet 必须至少实现 init()、start()和 paint()三个方法中的一个。当然用户还可以定义其他方法。与 Java Application 不同是,Applet 不需要实现 main()方法。

(4)将 Applet 嵌入 HTML 页面中运行。Applet 要嵌入 HTML 页面中才能运行。通过<APPLET>标记指定 Applet 主类的位置及其在浏览器中的显示尺寸等信息。当支持 Java 的浏览器遇到<APPLET>标记时,将为 Applet 在屏幕上保留空间,并将 Applet 主类下载到浏览器所在的计算机,创建该主类的实例。

9.2.2　用户编写 Applet

用户要编写的任何 Applet 程序可以由若干个类组成,但必须有一个类是 Applet 的主类。主类的访问权限必须为 public,而且源文件名必须与主类名保持一致。它在继承 Java 中 Applet 类的基础之上,需要用户实现一些关键方法。

【例 9.3】Applet 小应用程序 HelloWorldApplet。

```java
import java.awt. * ;
import java.applet. * ;
public class HelloWorldApplet extends Applet {
  String str;
  public void init(){                    //实现 init()方法,给字符串 str 赋值
      str = "Hello World!";
  }
  public void paint(Graphics g){  //实现 paint()方法,显示字符串
    g.drawString(str,25,25);
  }
}
```

除了必要的 Applet 主类,Applet 可以使用其他自定义的类。当 Applet 要使用另一个类时,运行 Applet 的程序(如浏览器)首先在本机上寻找该类,如果没有找到,则从 Applet 主类的主机上下载。

编写基于 Swing 的 Applet 时,必须使用如下格式创建一个类:

```java
improt javax. swing. *
public class <主类名> extends JApplet{
  ⋮
}
```

同样,对于 JApplet 程序而言,其编写步骤和要求与 Applet 一样。JApplet 主类访问权限必须被声明为 public,源文件名必须与主类名保持一致。

9.2.3　网页中嵌入 Applet

与一般的应用程序不同,Applet 小应用程序必须嵌入 HTML 页面中才能得到解释执行。

在 HTML 中嵌入 Applet 需要使用<APPLET>和</APPLET>特殊标记对实现。下面是
APPLET 标记的一般格式：

```
<APPLET
    [CODEBASE = codebaseURL]
    CODE = appletFile
    [ALT = alternateText]
    [NAME = appletInstanceName]
    WIDTH = pixels
    HEIGHT = pixels
    [ALIGN = alignment]
    [VSPACE = pixels]
    [HSPACE = pixels]
>
[<PARAM  NAME = appletParameter1 VALUE = value>]
[<PARAM  NAME = appletParameter2 VALUE = value>]
    ⋮
[ alternateHTML]
</APPLET>
```

说明：在 APPLET 标记格式中，CODE、WIDTH 和 HEIGHT 是必须指定的属性。方括
号[]表示可选的属性。

<APPLET>标记主要由两部分组成：APPLET 属性和 APPLET 参数。下面详细介绍
和说明。

1. APPLET 属性

<APPLET … >尖括号中的项称为 APPLET 属性。各个属性的含义如下：

(1)CODEBASE = codebaseURL。该属性用来指定 Applet 主类文件的 URL。该 URL
指明了包含 Applet 主类的目录。如果未指定该属性，则将使用 HTML 文件所在的 URL。

(2)CODE = appletFile。该属性表示所嵌入的 Applet 或 JApple 主类的文件名。该文件
名可以包含路径，但必须是相对于 CODEBASE 指定的目录的相对路径，不能是绝对路径。

(3)ARCHIVE = archiveList。该属性表明引入的 jar 包，多个 jar 文件用逗号分隔。若
Applet 有两个以上的文件，应考虑将这些文件打包成一个 jar 文件（归档文件）。当指定 jar 文
件后，浏览器将在 Applet 类文件所在的目录中寻找这些 jar 文件，并且在 jar 文件中寻找 Ap-
plet 的类文件。使用 jar 文件的好处是能减少 HTTP 的连接次数，从而极大减少 Applet 整体
的下载时间。

使用 JDK 的 jar 命令创建 jar 文件，例如：

```
jar cvf  abc.jar  *.class  *.bmp
```

上述命令将当前路径下的所有 class 和 bmp 文件打包为 abc.jar 归档文件。

在<APPLET>标记中可使用 ARCHIVE 属性指定归档文件，例如：

```
< APPLET CODE = "Myclass.class" archive = "abc.jar,cde.jar" WIDTH = 50
HEIGHT = 50/>
```

(4) NAME = appletInstanceName。NAME 属性用来命名 Applet 的当前对象。当浏览器同时运行两个或多个 Applet 时,各 Applet 可通过名字相互引用或交换信息。如果省缺 NAME 属性,Applet 对象的名字将对应于其类名。

(5) ALT = alternateText。该属性指定浏览器能识别 APPLET 标记,但不能运行 Java Applet 时要显示的内容。

(6) WIDTH = pixels　HEIGHT = pixels。这两种属性定义 Applet 显示区域大小,均以像素为单位。但 Applet 运行过程中所产生的任何窗口或对话框不受此属性约束。

(7) ALIGN = alignment。该属性指定 Applet 的对齐方式。该属性的值与 IMG 标记相同,即 left、right、top、texttop、middle、absmiddle、baseline、bottom 和 absbottom。

(8) VSPACE = pixels　HSPACE = pixels。这两种属性指定 Applet 上下(VSPACE)和两边(HSPACE)的像素数。对它们的处理方式与 IMG 标记的 VSPACE 和 HSPACE 属性相同。

2. APPLET 参数

在 Java Application 中,通过命令行向 main()方法传递参数。而 Applet 中是通过在 HTML 中使用<PARAM>标记定义参数。参数允许用户定制 Applet 的操作。通过定义参数,提高了 Applet 的灵活性,使得所开发的 Applet 不需要重新编码和编译,就可以在多种环境下运行。

Applet 参数由<PARAM>标记定义,其一般格式为:

    <PARAM NAME = *appletParameter1* VALUE = *value*>

其中,NAME 表示参数的名称,VALUE 表示参数对应的值。参数名不区分大小写;参数值都以字符串形式表达,不管是否在参数的值上加引号。

在参数定义好后,就可以在 Applet 中获取参数。因为 Applet 一般不定义构造方法,所有 Applet 初始化工作都由 init()方法完成,所以获取 Applet 参数的 getParameter()方法也只能在 init()方法中使用。该方法的参数是所取参数的名字(必须与<PARAM>标记中的 NAME 指示的名字相同),返回值是 VALUE 指定的值。Applet 可以使用包装类将字符串值转换为其他数据类型,如整数、浮点数等。

【例 9.4】带参数 Applet。

(1) AppletParam. java。

```java
import java.applet. * ;
import java.awt. * ;
public class AppletParam extends Applet{
    private String name;
    private String sex;
    private int age;
    public void init(){
        setBackground(Color.yellow);
        name = getParameter("myName");
        sex = getParameter("mySex");
        age = Integer.parseInt(getParameter("myAge"));
    }
```

```
    public void paint(Graphics g){
        g.setColor(Color.red);
        g.drawString("my name is :" + name, 10, 20);
        g.drawString("my sex is :" + sex, 10, 40);
        g.drawString("my age is :" + age, 10, 60);
    }
}
```

（2）AppletParam. html。

```
<HTML>
<HEAD><TITLE>带参数 Applet</TITLE></HEAD>
<BODY>
<APPLET CODE = "Appletparam.class"   WIDTH = 200   HEIGHT = 100>
<PARAM name = myName   value ="张平">
<PARAM name = mySex   value ="男">
<PARAM name = myAge   value = 22>
</APPLET>
</BODY>
</HTML>
```

上述程序在浏览器中的运行结果如图 9.5 所示。

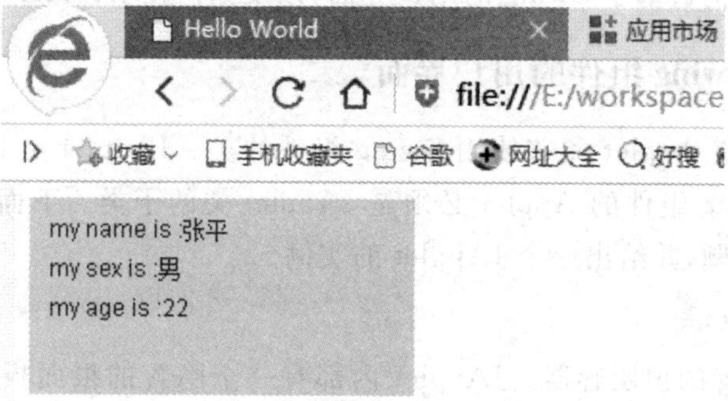

图 9.5　带参数 Applet 的运行结果

　　支持参数的 Applet 实现后，用户原则上可以通过配置参数来定制 Applet 的行为。然而 Applet 的用户并非 Applet 的设计者，不了解 Applet 参数的配置情况，因而 Applet 设计者必须给用户提供配置参数的信息，帮助用户正确定制 Applet 行为。Applet 中提供获取配置参数的信息方法是 getParameterInfo()，该方法返回 Applet 所支持的参数信息。Applet 主类应该重写 getParameterInfo()方法以返回自己支持的参数的信息，该方法返回值是二维 String 数组，该数组是由格式为{参数名，参数类型，参数含义的描述}的一系列元素构成。例如：在 Applet 主类中重写该方法：

```
    public String[][] getParameterInfo(){
        String paramInfo[][] = {
            {"fps","int","帧速率"},{"repeat","boolean","重复显示图像的循环"},
```

```
        {"image","url","图像 URL 地址"}
        };
    return paramIofo;
}
```

上述 getParameterInfo()方法中,对 Applet 提供的 3 个参数分别进行了说明:fps 是整数型,表示帧速率;repeat 是布尔类型,表示是否重复显示图像的循环;img 是 URL 类型,表示图像文件的地址。

9.3　Applet 图形化用户界面

简单而言,图形界面就是用户界面元素的有机合成。这些元素不仅在外观上相互关联,在内在上也具有逻辑关系,通过相互作用、消息传递,完成用户操作的响应。图形界面作为用户与程序交互的窗口,是软件开发中一项非常重要的工作。无论采取何种语言、工具实现图形界面,其原理都基本相似。设计和实现图形用户界面时,主要包含两项内容。

(1)创建图形界面中需要的元素,进行相应的布局。

(2)定义界面元素对用户交互事件的响应以及对事件的处理。

Applet 的主要目标是将动态交互与动态执行的功能引入到 Web 页面中,因此几乎所有的 Applet 都需要创建 GUI 与用户进行动态交互,并通过图形、文本等方式显示运行结果和状态。本节将介绍如何构造基于 Swing 的用户界面,以及如何在 JApplet 中进行事件处理。

9.3.1　基于 Swing 组件的用户界面

JApplet 是一个使 Applet 能够使用 Swing 组件的类。JApplet 类是 java. applet. Applet 类的子类。包含 Swing 组件的 Applet 必须是 JApplet 类的子类。下面将介绍 JApplet 的特点以及需要注意的问题,并给出一个 JApplet 的实例。

1. JApplet 的特点

JApplet 是 Swing 的顶层容器。JApplet 内部有一个隐含的根面板(JRootPane),而根面板中的内容面板(ContentPane)容纳 JApplet 除菜单条外的所有组件。Swing Applet 与一般 Applet 有以下不同。

(1)向 JApplet 中增加组件,是把组件添加到 Swing Applet 的内容面板,而不是直接添加到 Applet 中。

(2)对 JApplet 设置布局管理器,是对 Swing Applet 的内容面板进行设置,而不是对 Applet 设置。

(3)JApplet 的内容面板的默认布局管理器是 BorderLayout,而 Applet 的默认布局管理器是 FlowLayout。

(4)在定制 Swing Applet 的绘图功能时,不能直接改变相应 Swing 组件的 paint()方法,而应该使用 paintComponent()方法。

(5)JApplet 的实例可以有一个菜单栏,它是由 setJMenuBar 方法指定的,而 Applet 却没有。

2. JApplet 内容面板的使用

由于内容面板的存在,通常对 JApplet 添加组件有两种方式。

(1)用 getContentPane()方法获得 JApplet 的内容面板,再向内容面板中增加组件:

```
Container contentPane = getContentPane() ;

contentPane. Add (SomeComponent) ;
```

(2)建立一个 JPanel 类的中间容器,把组件添加到中间容器中,再用 setContentPane()方法把该容器设置为 JApplet 的内容面板:

```
JPanel contentPane = new JPanel() ;

contentPane. add (SomeComponent) ;

setContentPane ( contentPane) ;
```

但是,从 JDK 1.5 以后,为了使用方便,Container 类重写 add()、setLayout()、remove()方法,顶层容器调用这些方法可直接完成对内容面板的操作,无需再通过获取顶层容器的内容面板进行操作。例如:

```
this. setLayout(new FlowLayout());        //设置 JApplet 内容面板的布局管理器
this. add(new JButton("确认"));           //向 JApplet 内容面板添加组件
```

【例 9.5】基于 Swing 组件的用户界面 JApplet 程序。

```
iimport javax. swing. * ;
public class SwingApplet extends JApplet {
  private JMenuBar mb;
  private JMenu file;
  private JMenuItem newItem,openItem,exitItem;
  private JTextArea content;
  public void init() {
  super. init();
  mb = new JMenuBar();
  file = new JMenu("File");
  newItem = new JMenuItem("New");
  openItem = new JMenuItem("Open");
  exitItem = new JMenuItem("Exit");
  file. add(newItem);
  file. add(openItem);
  file. addSeparator();
  file. add(exitItem);
  content = new JTextArea(8,10);
  JScrollPane pane = new JScrollPane(content);
  mb. add(file);
  this. add(pane);
  this. setJMenuBar(mb);
  }
}
```

上述程序在浏览器中的运行结果如图 9.6 所示。

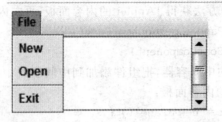

图 9.6   例 9.5 在浏览器中的运行结果

9.3.2　JApplet 中事件处理

Applet 中的事件处理机制与 Java Application 相同，采用委托方式进行事件处理。JApplet 也是采用相同的事件处理机制。

【例 9.6】在例 9.5 基础上给 JApplet 添加事件处理。

```java
import javax.swing. * ;
import java.awt.event. * ;
public class SwingApplet extends JApplet {
    private JMenuBar mb;
    private JMenu file;
    private JMenuItem newItem,openItem,exitItem;
    private JTextArea content;
    public void init() {
        ：//省略代码参见例 9.5
        MenuEventHandler meh = new MenuEventHandler();
        newItem.addActionListener(meh);
        openItem.addActionListener(meh);
        exitItem.addActionListener(meh);
        ：//省略代码参见例 9.5
    }
    //内部类处理事件
    class MenuEventHandler implements ActionListener{
        public void actionPerformed(ActionEvent e) {
            JMenuItem obj = (JMenuItem)e.getSource();
            if(obj = = newItem){
                content.setText("点击\"" + obj.getText() + "\"菜单项");
            }else if(obj = = openItem){
                content.setText("点击\"" + obj.getText() + "\"菜单项");
            }else if(obj = = exitItem){
```

```
        content.setText("点击\"" + obj.getText() + "\"菜单项");
      }
    }
  }
}
```

上述程序运行后点击 File 菜单下的菜单项,在 JTextArea 中显示所选择的菜单信息,结果如图 9.7 所示。

图 9.7　例 9.6 在浏览器中的运行结果

9.4　Applet 中图形处理及多媒体支持

在 Applet 中有丰富的多媒体支持功能,主要包括绘制图形、显示图像、播放动画和声音。本节将对这些多媒体功能进行介绍。在 Java Application 中也支持多媒体应用,本节所论述的技术一般也适用于 Application。

9.4.1　图形处理

Graphics 类在 java.awt 包中,它是 Applet 进行绘制的关键类。Graphics 类支持绘图,例如输出文字、画线、绘制矩形和圆等几何图形,另外还支持图像的显示。Applet 显示所用到的方法 update() 和 paint() 都使用由浏览器传递的 Graphics 类对象。

Graphics 类中提供的绘图方法分为两类:一类是绘制图形,另一类是文本控制和显示。下面分别介绍。

1. Graphic 类的图形绘制方法

public void drawLine(int startX, int startY, int endX, int endY)　在起点(startX, startY)和终点(endX, endY)之间画一条直线。

public void drawRect(int x, int y, int width, int height)　绘制左顶点为(x,y),宽为 width,高为 height 的直角矩形边框。

public void fillRect(int x, int y, int width, int height)　使用当前颜色填充指定矩形。参数含义同 drawRect() 方法。

public void drawRoundRect(int x, int y, int width, int height, int arcWidth, int arcHeight)　绘制左顶点坐标为(x,y),宽为 width,高为 height,在 x 轴方向上圆边半径为 arcWidth,在 y 轴方向上圆边半径为 arcHeight 的圆角矩形的边框。

　　public void fillRoundRect(int x,int y,int width,int height,int arcWidth,int arcHeight)
用当前颜色填充指定的圆角矩形。参数含义同 drawRoundRect()方法。

　　public void drawOval(int x,int y,int width,int height)　　绘制椭圆边框。其中参数 x 和 y 用来指定椭圆的位置,即(x,y)为椭圆外切矩形左上角坐标(这里简称为原点);参数 width 和 height 指定了椭圆的宽度和高度,即为椭圆长轴和短轴的两倍。当椭圆的宽度和高度的数值相等时,就变成了圆。

　　public void fillOval(int x,int y,int width,int height)　　使用当前颜色填充外接矩形框的椭圆。参数含义同 drawOval()方法。

　　public void drawArc(int x,int y,int width,int height,int startAngle,int endAngle)　　绘制一个覆盖指定矩形的圆弧或椭圆弧边框。方法中前 4 个参数确定了弧的尺寸和形状,其含义同 drawOval()方法的参数;后两个参数分别代表圆弧的起始角和张角。起始角指定了圆弧的起始位置,张角则决定了圆弧的大小。张角的值为正表示逆时针方向,为负表示顺时针方向。当然,张角的取值大于 360°时,就是椭圆了。

　　public void fillArc(int x,int y,int width,int height,int startAngle,int endAngle)　　填充覆盖指定矩形的圆弧或椭圆弧。参数含义同 drawArc()方法。

　　public void drawPloygon(int[ ] xPoints, int[ ] yPoints, int numPoints)　　绘制一个由 x 和 y 坐标数组定义的闭合多边形。xPoints 代表 x 坐标的整形数组,yPoints 代表 y 坐标的整形数组,numPoints 代表所有点数的整数,当然 x 数组和 y 数组应该具有相同数目的元素。每对 (x, y) 坐标定义一个点。

　　public void fillPloygon(int[ ] xPoints, int[ ] yPoints, int numPoints)　　使用当前颜色填充由 x 和 y 坐标数组定义的闭合多边形。

　　【例 9.7】利用 Graphic 类绘制各种图形。

```
import java.awt. * ;
import java.applet. * ;
public class DrawShape extends Applet{
    public void paint(Graphics g)   {
        //画直线
        g.drawLine(10,10,400,10);
        //画直角矩形和圆角矩形
        g.drawRect(20,20,40,50);
        g.fillRect(100,20,40,50);
        g.drawRoundRect(200,20,40,50,10,10);
        g.fillRoundRect(300,20,40,50,10,10);
        //画圆和椭圆
        g.drawOval(0,100,50,50);
        g.fillOval(100,100,50,50);
        g.drawOval(200,100,60,40);
        g.fillOval(300,100,60,40);
        //画弧和扇形
```

```
g.drawArc(0,200,80,80,0,90);
g.fillArc(100,200,80,80,0,90);
g.drawArc(200,200,80,60,30,-180);
g.fillArc(300,200,80,60,30,120);
//画多边形
int xArr[] = {10,100,150,50,80,};
int yArr[] = {300,300,330,350,320 };
int numPoints = xArr.length;   //获得 x,y 坐标对数组的长度
g.drawPolygon( xArr, yArr, numPoints);
    }
}
```

上述程序利用 AppletViewer 运行结果如图 9.8 所示。

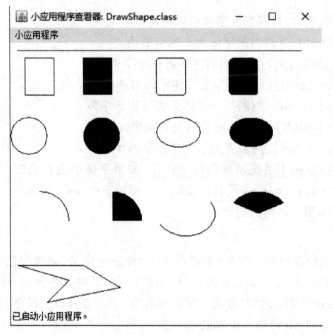

图 9.8   例 9.7 在小应用程序查看器中运行结果

2. Graphic 类显示文本方法

在 Java 中绘图方法不仅能绘制图形,而且还可以处理输出各种效果的文本,通过设定字体、风格和大小,实现了文字输出的多样性。在 Graphics 类中,Java 提供了 3 种文字输出的方法,分别为:

public abstract void drawString(String string,int x,int y)   字符串输出方法。

public void drawChars(char chars[],int offset,int number,int x,int y)   字符数组输出方法。

public void drawBytes(byte bytes[],int offset,int number,int x,int y)   字节数组输出方法。

上述3种方法使用当前的颜色和字体分别绘制字符串、字符和字节数据。参数(x,y)与要绘制文本的左上角坐标对应。参数 offset 是数组的起始下标，参数 number 是要绘制的元素个数。其中 drawString()是最为常用的方法。

3. 设置字体

为了在屏幕上显示不同效果的文本，首先要创建字体 Font 对象。Font 类的构造函数为：

public Font (String name, int style,int size)

其中参数 name 为字体名称，有 Courier、Helvetica、Times New Roman 或宋体、楷体等；style 为字体风格即字的外观，有 Font. PLAN(正常字体)、Font. BOLD(黑体)、Font. ITALIC(斜体)3 种字体风格，而且它们三者可以相互组合使用；size 为字体大小，是以点来衡量的，一个点(point)是 1/72 英寸。

使用 Graphics 类的方法 void setFont(Font f)设置字体。另外，经常使用的 Font 类的方法有：

public int getStyle()：返回当前字体的风格的整数值。

public int getSize()：返回当前字体大小的整数值。

public String getName()：返回当前字体名称的字符串。

public String getFamily()：返回当前字体家族名称的字符串。

public boolean isPlain()：判断当前字体是否是正常字体。

public boolean isBold()：判断当前字体是否是黑体。

public boolean isltalic()：判断当前字体是否是斜体。

程序指定的字体取决于系统所安装的字体库，如果系统中没有指定的字体，Java 会用默认的字体(通常是 Courier 字体)来代替。我们可以利用 java. awt. Toolkit 类中提供的相关方法得到当前系统中可用字体库的列表。

4. 设置颜色

通过 Color 类来处理颜色。Color 类提供了 13 种颜色常量、创建颜色对象的构造函数以及多种获取颜色信息的方法。Java 采用 24 位颜色标准，每种颜色由红、绿和蓝三值组成，即 RGB 的取值范围在 0 至 255 之间，理论上可以组合成 1600 万种以上的颜色，实际上要考虑需要和可能性。一般地，Java 的调色板保证 256 色。

程序员除了可使用 Color 类提供的 13 种颜色常量(如 Color. red 等)外，还可通过调配三原色的比例创建自己的 Color 对象，Color 类主要有以下几种常见构造方法：

public Color(float r,float g,float b)　指定三原色的浮点值，每个参数取值范围在 0.0 至 1.0 之间。

public Color(int r,int g,int b)　指定三原色的整数值，每个参数取值范围在 0 至 255 之间。

public Color(int rgb)　指定一个整数代表三原色的混合值，16~23 比特位代表红色，8~15 比特位代表绿色，0~7 比特位代表蓝色。

在创建颜色对象后，使用 Graphics 类的方法 void setColor(Color c)设置颜色。

【例 9.8】文本控制和颜色设置。

```
import java.awt. * ;
```

```
import java.applet.*;
public class DrawText extends Applet{
    public void paint(Graphics g) {
        //创建三个字体对象
        Font f1 = new Font("Times New Roman",Font.PLAIN,20);
        Font f2 = new Font("Times New Roman",Font.BOLD, 20);
        Font f3 = new Font("Times New Roman",Font.BOLD + Font.ITALIC, 28);
        //采用系统默认的颜色(黑色),用 f1 字体绘制字符串
        g.setFont(f1);
        g.drawString("This is a plain font",10,30);
        //设置前景色为红色,用 f2 字体绘制字符串
        g.setColor(Color.red);
        g.setFont(f2);
        g.drawString("This is a Bold font", 10,60);
        //用自定义颜色,用 f3 字体绘制字符串
        Color c = new Color(0,200,255);
        g.setColor(c);
        g.setFont(f3);
        g.drawString("This is a Bold and italic font", 10,100);
        g.drawRect(10,120,80,30);//用当前颜色绘制矩形
    }
}
```

上述程序利用 AppletViewer 运行结果如图 9.9 所示。

图 9.9　例 9.8 在小应用程序查看器中运行结果

9.4.2　图像显示

目前 Java 支持的图像格式有 GIF、JPEG 和 PNG。插图和图标经常使用 GIF 图像格式，相片图像经常使用 JPG 图像格式，PNG 常用于 Java 程序和网页中。

为了显示一幅图像，必须首先将其加载到计算机内存中，然后显示该图像。Applet 类提供了 getImage()方法用于加载图像文件。显示图像使用 Graphics 类中的 drawlmage()方法。

1. 加载图像

public Image getImage(URL url)

public Image getImage(URL url,String name)

上述方法用于加载图像文件,返回 java. awt. Image 对象。其中第一个方法中参数 url 是包含图像文件名的绝对 URL。第二个方法中参数 url 是图像文件所在目录的 URL,当 Applet 与图像文件在同一个目录下时,可以使用 getCodeBase()方法获取该 URL;而当图像文件与 Applet 嵌入的 HTML 文件在同一个目录下时,可以使用 getDocumentBase()方法获得该 URL。参数 name 是相对于 URL 参数指定目录的文件名。

在加载图像文件时,getImage()方法不是等到图像完全加载完毕才返回,而是立即返回,由 Java 新生产的一个线程在后台异步地完成图像加载任务。另外,为了节省时间和空间,只有当图像需要显示在屏幕上时,获取图像的行为才开始进行。

2. 显示图像

显示图像使用的是 Graphic 类中的 drawImage()方法。Graphic 类定义了如下 4 种方法:

public boolean drawImage(Image img, int x, int y, ImageObserver observer)

public boolean drawImage(Image img, int x, int y, int width, int height, ImageObserver observer)

public boolean drawImage(Image img, int x, int y, Color bgcolor, ImageObserver observer)

public boolean drawImage(Image img, int x, int y, int width, int height,Color bgcolor, ImageObserver observer)

上述方法用来绘制显示图像。参数 img 表示已被加载的 Image 对象;x、y 是要显示图像的左上角坐标,以像素为单位;bgcolor 表示图像的背景色;observer 是实现 ImageObserver 接口类的对象,这使得该对象成为要显示图像的图像观察器。由于 Applet 类已经实现了 ImageObserver 接口,因此,可以作为加载图像时的图像观察器。

【例 9.9】绘制简单图像。

```java
import java.awt. * ;
import java.applet. * ;
public class DrawImage extends Applet{
    Image img;
    //Applet 的初始化方法
    public void init(){
        //从当前 HTML 文件所在的目录加载图像
        img = getImage(getDocumentBase(),"moto.jpg");
    }
    public void paint(Graphics g){
        int w = img.getWidth(this);
        int h = img.getHeight(this);
        g.drawImage(img,20,10,this);                    //原图
```

```
        g.drawImage(img,20 + w,10,w/2,h/2,this);    //缩小一半
        g.drawImage(img,20,10 + h,w * 2,h/3,this);   //宽扁图
    }
}
```

上述程序利用 AppletvViewer 运行结果如图 9.10 所示。

图 9.10　例 9.9 在小应用程序查看器中运行结果

9.4.3　播放声音

java.applet 包中的 Applet 类和 AudioClip 接口提供了播放声音的基本支持。Java 平台支持的音频文件的种类包括 au、aif、midi、wav、rfm 等。

1. 与播放声音相关的 Applet 类的方法

1)加载声音文件

AudioClip 类是播放声音的接口,为了得到 AudioClip 对象,首先使用 Applet 类中的 getAudioClip()方法加载指定 URL 的声音文件,并返回一个 AudioClip 对象。

AudioClip getAudioClip(URL url)

AudioClip getAudioClip(URL url,String name)

上述第一种方法中参数 url 是包含声音文件名的绝对 URL。第二种方法中参数 url 是声音文件所在目录的 URL,当 Applet 与声音文件在一个目录下时,可以使用 getCodeBase()方法获取该 URL;而当声音文件与 Applet 嵌入的 HTML 文件在同一个目录下时,可以使用 getDocumentBase()方法获得该 URL。参数 name 是相对于 URL 参数指定目录的声音文件名。

如果 getAudioClip()方法没有找到指定的声音文件,就返回一个 null 值。所以在调用 AudioClip 类的方法前,应该先检查得到的 AudioClip 对象是不是 null,如果在 null 对象上调用方法将导致出错。

2)直接播放指定 URL 中的文件

Applet 类中提供了 play()方法可以将声音文件的加载和播放一起完成。

public void play(URL url)

public void play(URL url, String name)

上述方法中参数含义与 getAudioClip()方法相同。

play()方法只能将声音播放一遍,如果想循环播放某声音作为背景音乐,就需要使用 AudioClip 类,从而更有效地管理声音的播放操作。AudioClip 类被定义在 Applet 包中,所以使用的时候可以通过 import java. Applet. AudioClip 引入。

2. 利用 AudioClip 接口中定义的方法

在得到 AudioClip 对象以后,就可以调用 AudioClip 类中所提供的各种方法来操作其中的声音数据,以下 3 种方法用于演播声音:

public void play()　　开始播放声音文件,这个方法每次被调用时,都是对声音文件从头播放。

public void loop()　　开始声音文件的循环播放。

public void stop()　　停止播放声音文件。

一般在 Applet 中,声音文件的加载只需要进行一次,一般放在 init()方法中。而声音文件的播放和停止可能进行多次,所以可放在 start()与 stop()方法中,或者通过相应的动作按钮进行控制。

另外在 Java 2 之前的版本中,只有在 Applet 中才能播放声音,而 Application 不能播放。而在 Java 2 中增加了在 Application 中支持演播声音,主要是使用 Applet 类中定义的一个静态方法:

public static AudioClip newAudioClip(URL url)

在 Application 中使用上述静态方法从指定的 URL 获得一个 AudioClip 的对象,该对象中包含要演播的声音文件,然后通过该对象调用 AudioClip 类的 play()、loop()和 stop()播放声音文件。

【例 9.10】在 Applet 中播放声音文件。

```java
import javax.swing. * ;
import java.applet. * ;
import java.awt.event. * ;
public class AudioAppletDemo extends JApplet implements ActionListener{
    JButton playButton;
    JButton stopButton;
    AudioClip ac;
    public void init() {
        //创建 AudioClip 对象
        ac = getAudioClip(getDocumentBase(),"imy.wav");
        JPanel control = new JPanel();
        //把功能按钮加入到 Applet 容器中,并显示
        playButton = new JButton("Play");
        stopButton = new JButton("Stop");
        //给功能按钮添加事件监听器
        playButton.addActionListener(this);
        stopButton.addActionListener(this);
```

```
        control.add(playButton);
        stopButton.setEnabled(true);
        control.add(stopButton);
        stopButton.setEnabled(false);
        this.add(control,"North");
    }
    public void stop(){
        //在 Applet 停止时关闭音乐
        if(ac! = null)   ac.stop();
    }
    public void actionPerformed(ActionEvent e) {
        //如果 AudioClip 对象为空,则直接返回
        if( ac = = null ){
        System.out.println("AudioClip object is not created!");
        return;
    }
        //获取用户激活的按钮
        Object cmd = e.getSource();
        if ( cmd = = playButton ){
            ac.loop();//循环播放
            playButton.setEnabled(false);
            stopButton.setEnabled(true);
        }else if( cmd = = stopButton ){
            ac.stop();
            playButton.setEnabled(true);
            stopButton.setEnabled(false);
        }
    }
}
```

上述程序利用 AppletViewer 运行结果如图 9.11 所示。当点击 Play 按钮开始循环播放指定的歌曲,单击 Stop 按钮就会停止播放,可以反复地在播放和停止间切换。

图 9.11　例 9.10 在小应用程序查看器的运行结果

9.5　Applet 与 Application

　　Applet 与 Application 是 Java 的两种应用程序形式。在 Java 中可以编写同时具有 Applet 和 Application 特征的程序，这样的程序既可以用 AppletViewer 或浏览器加载执行，也可利用 Java 解释器启动运行，使得程序具有灵活多样的运行方式，适应不同的使用环境。

　　编写这种程序的思想是使该程序同时具有 Applet 与 Application 的特征。具体方法是：作为 Application 要定义 main()方法，并且把 main()方法所在的类定义为一个 public 类。为使该程序成为一个 Applet，main()方法所在的这个 public 类必须继承 Applet 或 JApplet，并重写 Applet 类的 init()、start()、paint()等方法。如下面的代码：

```
public class ClassName extends JApplet{
    pubic void init(){
        ⋮
    }
        ⋮
    public static void main(String[] args){
        ClassName app = new ClassName();
        ⋮
        app.init();
        ⋮
    }
}
```

　　在上面的代码中，作为一个 Application，main()方法在调用 ClassName 的方法之前，需要创建一个所在类的对象，然后就像完成普通 Application 一样即可。而 Applet 类的方法如 init()、start()等作为这个类的普通成员方法，可以在需要的时候调用。程序作为 Applet 运行时，像普通的 Applet 运行一样，不必在意 main()方法的存在，而且 main()方法一般是不被调用的。

　　【例 9.11】既是 Applet 又是 Application 的应用程序。

```
import javax.swing. * ;
import java.awt. * ;
import java.awt.event. * ;
public class FindMaxNum extends JApplet implements ActionListener {
    private JLabel result;
    private JTextField op1,op2,op3;
    JButton button;
    public void init(){
        this.setLayout(new FlowLayout());
        result = new JLabel("请输入三个待比较的整数");
        op1 = new JTextField(6);
        op2 = new JTextField(6);
        op3 = new JTextField(6);
```

```
            button = new JButton("比较");
            button.addActionListener(this);
            this.add(op1);
            this.add(op2);
            this.add(op3);
            this.add(button);
            this.add(result);
        }
    public void actionPerformed(ActionEvent e) {
        int a = Integer.parseInt(op1.getText());
        int b = Integer.parseInt(op2.getText());
        int c = Integer.parseInt(op3.getText());
        int max;
        if(a>b)
            max = (a>c? a:c);
        else
            max = (b>c? b:c);
        result.setText("3 个数中最大值是:" + max);
    }
    public static void main(String[] args) {
        FindMaxNum fmn = new FindMaxNum();
        JFrame frame = new JFrame("找最大值");
        fmn.init();
        frame.add(fmn);
        frame.setVisible(true);
        frame.setSize(300,150 );
        frame.setDefaultCloseOperation(JFrame.EXIT_ON_CLOSE);
    }
}
```

上述程序分别在 AppletViewer 和 Java 解释器中运行,运行结果分别如图 9.12(a)和9.12(b)所示。

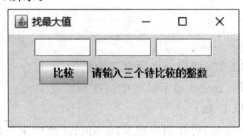

(a)作为 Java Application 运行结果

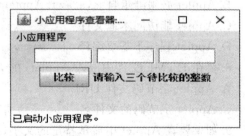

(b)作为 JApplet 运行结果

图 9.12　例 9.11 运行结果

小　结

Java Applet 实现了 Java 应用的计算分布，广泛应用于 Web 应用中。本章介绍了 Applet 的生命周期、关键方法和 Applet 的相关属性，并且对 Applet 创建方法和步骤、Applet 图形化用户界面、图形处理和多媒体技术等相关知识进行了详细讲解。通过本章的学习，在掌握 Applet 基本理论基础上，结合 Swing 技术，用户可以创建出更好的 Applet 小程序，给 Web 应用带来更丰富的显示效果。

习　题

一、选择题

1. 下列方法中(　　)不是 Applet 的生命周期方法。

A. stop()　　　　　　B. wait()　　　　　　C. destroy()　　　　　　D. start()

2. 当浏览器暂时离开含 Applet 程序的页面时，以下选项中的(　　)方法将被执行。

A. init()　　　　　　B. start()　　　　　　C. destroy()　　　　　　D. stop()

3. 下列说法中错误的一项是(　　)。

A. getDocumentBase()用于获取包含 Applet 的 HTML 文件的 URL

B. getCodeBase()用于获取 Applet 主类的 URL

C. getParameter(String name)用于获取<PARAM>标记中的指定参数的值

D. 若指定参数在 HTML 中没有说明，则 Applet 将停止运行

4. 下面哪个方法与 Applet 的显示无关？(　　)

A. draw()　　　　　　B. update()　　　　　　C. repaint()　　　　　　D. paint()

5. Applet 的默认布局管理器是(　　)。

A. FlowLayout　　　　B. BorderLayout　　　　C. GridLayout　　　　D. BoxLayout

6. 在 Java applet 程序中，用户自定义的 Applet 子类常常覆盖父类的(　　)方法来完成 Applet 界面的初始化工作。

A. start()　　　　　　B. stop()　　　　　　C. init()　　　　　　D. paint()

7. 下面关于 Applet 的说法正确的是(　　)。

A. Applet 也需要 main()方法

B. Applet 必须继承自 java. awt. Applet

C. Applet 能访问本地文件

D. Applet 程序不需要编译

8. 要在 HTML 文件中嵌入 Applet，在<APPLET>标记中必须定义的是(　　)。

A. Applet 字节码文件 URL　　　　　　B. Applet 显示区域的高度和宽度

C. Applet 字节码的文件名　　　　　　D. B 和 C

9. 如果要在 Applet 中显示特定的文字、图形等信息，可在用户定义的 Applet 类中重写的方法是(　　)。

A. paint()　　　　　　B. update()　　　　　　C. drawString()　　　　　　D. drawLine()

10. 如果用户定义的 Applet 类中没有 init()方法,则该程序(　　　)。

A. 必须定义一个 main()方法　　　　　　B. 无法通过编译

C. 可通过编译,但运行时将出错　　　　　D. 可通过编译,并且能正常运行

11. 在编写 Java Applet 程序时,若需要对发生的事件作出响应和处理,一般需要在程序的开头写上(　　　)语句。

A. import java. awt. * ;　　　　　　　　B. import java. applet. * ;

C. import java. io. * ;　　　　　　　　　D. import java. awt. event. * ;

12. 下列关于 Java Application 与 Applet 的说法中,正确的是(　　　)。

A. 都包含 main()方法　　　　　　　　　B. 都通过"appletviewer"命令执行

C. 都通过"javac"命令编译　　　　　　　D. 都嵌入在 HTML 文件中执行

13. 下列哪个选项是 javax. swing. JApplet 的父类?(　　　)

A. java. awt. panel　　　　　　　　　　B. java. apple. Applet

C. java. awt. Frame　　　　　　　　　　D. java. awt. Window

二、上机测试题

1. 编写一个 Applet,访问并显示指定 URL 地址处的图像和声音资源。

2. 编写一个 Applet,运行时从 HTML 文件的 Applet 单元中获取参数,参数标记及其相应的值如下:

```
<Applet code = "ParamDemo" width = 300   height = 80>
<param name = fontName value = Courier>
<param name = fontSize value = 14>
<param name = leading   value = 2>
<param name = accountEnabled value = true>
</Applet>
```

3. 编写基于 Swing 的 JApplet 电子相册。用户使用下拉列表选择要浏览的图片名,当用户选择后,在 JApplet 上显示出选择的图片。

4. 编写一个基于 Swing 的 JApplet 小程序,使其可以进行简单的加减运算。

第10章 多线程

现在大型应用程序都需要高效地完成大量任务,其中使用多线程就是一个提高效率的重要途径。支持多线程的程序开发是Java语言的重要特征之一,是Java的一种高级实用技术。特别是随着多核CPU的问世,使得多线程程序在开发中占有了更重要的地位。本章将对Java中多线程的概念与创建方法、线程的并发控制、线程同步等知识进行介绍。

10.1 线程概述

10.1.1 程序、进程和线程

程序是一段静态的代码,它是应用软件执行的蓝本。进程是程序的一次动态执行过程,它对应了从代码加载、执行至执行完毕的一个完整过程,这个过程也是进程本身从产生、发展至消亡的过程。每一个进程都有自己独立的一块内存空间、一组系统资源。在进程概念中,每一个进程的内部数据和状态都是完全独立的。并且,进程是操作系统中的概念,由操作系统调度,通过多进程使操作系统能同时运行多个任务程序。

线程是比进程更小的执行单位。线程是进程中可独立执行的子任务,一个进程可以产生多个线程,形成多条执行流。每个执行流即每个线程也有它自身的产生、存在和消亡的过程,也是一个动态的概念。进程和线程的区别:进程空间大体分为数据区、代码区、栈区、堆区,多个进程的内部数据和状态都是完全独立的;而线程共享进程的数据区、代码区、堆区,只有栈区是独立的,所以线程切换比进程切换代价小。

多线程是指一个程序中包含多个执行流,它是实现并行的一种有效手段。多线程程序设计允许单个进程创建多个并行执行的线程来完成多个子任务。很多程序语言需要利用外部的线程支持库来实现多线程,此方式的缺陷是很难保证线程的安全性。而Java却在语言级支持多线程,提供了很多线程操作需要的类和方法,极大地方便了程序员,有效地减少了多线程并行程序设计的困难。

操作系统使用分时方式管理各个进程,按时间片轮流执行每个进程。Java的多线程就是在操作系统每次分时给Java程序一个时间片的CPU时间内,在若干个独立的可控制的线程之间切换。如果计算机有多个CPU处理器,那么JVM就能充分利用这些CPU,使得Java程序在同一时刻能获得多个时间片,Java程序就可以获得真实的线程并行执行效果。

10.1.2 Java中线程模型

线程是程序中的一个执行流。一个执行流是由CPU运行程序代码并操纵程序的数据所形成的。因此,线程被认为是以CPU为主体的行为。Java中线程的模型就是一个CPU、程序

代码和数据的封装体,其中代码与数据构成了线程体,定义了线程的行为。

(1)虚拟的 CPU。

(2)CPU 执行的代码:代码与数据是相互独立的,代码可以与其他线程共享,也可不共享,当两个线程执行同一个类的实例代码时,它们共享相同的代码。

(3)代码所操作的数据:数据与代码是独立的。数据也可被多个线程共享,当两个线程对同一个对象进行访问时,它们将共享数据。

线程模型在 Java 中是由 java. lang. Thread 类进行定义和描述的。虚拟的 CPU 是在创建线程时由系统自动封装进 Thread 类的实例中,而线程体是由线程类的 run()方法定义。程序中的线程都是 Thread 的实例。因此用户可通过创建 Thread 的实例或定义并创建 Thread 子类的实例建立和控制自己的线程。

10.2 线程创建

10.2.1 Thread 类构造方法

Thread 类是多线程程序设计的基础。它封装了一个线程需要拥有的属性和方法。线程创建是通过调用 Thread 类的构造方法实现的。Thread 类常用构造方法为:

public Thread()

public Thread(String name)

public Thread(Runnable target)

public Thread(Runnable target,String name)

public Thread(ThreadGroup group,Runnable target,String name)

调用上述构造方法可创建线程。参数 name 指定线程的名称,Java 中的每个线程都有自己的名称,线程的默认名称由系统指定为"Thread-整数值",如 Thread-0、Thread-1 等。参数 target 指定提供线程体的对象,实现 Runnable 接口(定义 run()方法)的类的对象可以提供线程体,线程启动后调用该对象的 run()方法。参数 group 指明该线程所属的线程组。

线程创建中,线程体的构造是关键。任何实现 Runnable 接口的对象都可作为 Thread 类构造方法中的 target 参数,而 Thread 类本身也实现了 Runnable 接口,因此可有两种方式提供 run()方法的实现:实现 Runnable 接口和继承 Thread 类。

10.2.2 通过实现 Runnable 接口创建线程

Runnable 接口只有一个方法 run(),它定义了线程体的具体操作。run()方法能被 Java 运行系统自动识别和执行。具体地说,当线程开始执行时,就是从 run()方法开始执行,就像 Java Application 从 main()开始,Applet 从 init()开始一样。当使用 Thread(Runnable thread)创建线程对象时,需为其传递一个实现了 Runnable 接口的对象即提供线程体的对象。通过实现 Runnable 接口创建线程的具体步骤如下。

(1)定义实现 Runnable 接口的类。在该类中提供 run()方法的实现,即定义线程体。

```
public class Mythread implements Runnable {
    ⋮
```

```
        public void run(){
                ⋮
        }
    }
```

(2)将该类的实例作为参数传给 Thread 类的构造方法,从而创建线程。

```
    Mythread   one = new Mythread ();
    Thread t = new Thread(one);
```

(3)通过调用线程对象的 start 方法启动线程。

```
    t. start();
```

【例 10.1】通过实现 Runnable 接口创建线程。

```
    class MyThread implements Runnable {
        private int i;          //线程的数据
        public void run(){     //实现 run()方法即线程体
            while(true){
                if(i = = 4) break;
                System. out. println(Thread. currentThread(). getName() + "循环次
                    数:" + (i + +));
            }
        }
    }
    //定义主类
    public class ThreadTest{
        public static void main(StringargsS[]){
            System. out. println("Main thread starting.");
            Thread  t1 = new Thread( new MyThread() ); //创建线程
            Thread  t2 = new Thread( new MyThread() ); //创建线程
            t1. start();    //启动线程
            t2. start();
            System. out. println("Main thread ending.");}
    }
```

在主线程 main()方法中以 MyThread 的两个匿名对象作为线程体分别创建线程 t1 和 t2,启动线程后,从 MyThread 对象的 run()方法开始执行,每个线程分别输出线程名及循环次数。上述程序运行结果如下所示。因为 Java 虚拟机根据当前 CPU 资源随机调度执行线程,所以同一程序每次运行的输出结果可能不相同。

```
    Main thread starting.
    Main thread ending.
    Thread-0 第 0 次循环。
    Thread-1 第 0 次循环。
    Thread-0 第 1 次循环。
```

　　　　　Thread-0 第 2 次循环。

　　　　　Thread-1 第 1 次循环。

　　　　　Thread-1 第 2 次循环。

　　　　　Thread-1 第 3 次循环。

　　　　　Thread-0 第 3 次循环。

　　一个线程是 Thread 类的一个实例。线程是从一个传递给线程的 Runnable 实例的 run()方法开始执行。线程所操作的数据是来自于该 Runnable 类的实例。另外,新建的线程不会自动运行,必须调用线程的 start()方法,该方法的调用把嵌入在线程中的虚拟 CPU 置为可运行状态,意味着它可被调度运行,但这并不意味着线程会立即运行。

　　每个 Java 程序都有一个默认的主线程,对于 Application,主线程是 main()方法执行的线索;对于 Applet,主线程是指挥浏览器加载并执行 Java 小程序的线索。要想实现多线程,必须在主线程中创建新的线程对象。如果 main()方法中没有创建其他的线程,那么当 main()方法执行完最后一个语句,JVM 就会结束 Java 应用程序。如果 main()方法中创建了其他线程,那么 JVM 就要在主线程和其他线程之间轮流切换,保证每个线程都有机会使用 CPU 资源,main()方法即使执行完最后的语句,JVM 也不一定会结束程序,JVM 一直要等到程序中的所有线程都结束之后,才结束 Java 应用程序。

10.2.3　通过继承 Thread 类创建线程

　　Thread 类本身实现了 Runnable 接口。用户自定义线程类只需要继承 Thread 类,并重写 Thread 类的 run()方法即可。通过继承 Thread 类创建线程的步骤如下。

　　(1)从 Thread 类派生子类,并重写其中的 run()方法来定义线程体。

```
public class Mythread extends Thread{
    ⋮
public void run(){
    ⋮
    }
}
```

　　(2)创建该子类的对象创建线程,并启动该线程。

```
Mythread  t = new  Mythread ();
t.start();
```

　　【例 10.2】通过创建 Thread 类的子类来实现线程。

```
//定义 Thread 类的子类 MyThread
class MyThread extends Thread{
    //重写 run()方法,实现线程体
    public void run(){
        while(true){
            if(i = = 4) break;
            System.out.println(Thread.currentThread().getName() +"循环次数:"
                +(i + +));
```

```
            }
        }
    }
    //定义主类
    public class TestThread{
        public static void main(StringargsS[]){
            MyThread  t1 = new MyThread() ;   //创建线程
            MyThread  t2 = new MyThread() ;   //创建线程
            t1.start();   //启动线程
            t2.start();
            System.out.println("main is over!");
        }
    }
```

10.3　线程的生命周期与状态

　　线程有它自身产生、存在和消亡的过程,是一个动态概念。线程创建后,就开始了它的生命周期。在不同的生命周期阶段线程有不同的状态。对线程调用各种控制方法,就使线程从一种状态转换为另一种状态。线程的生命周期通常包含新建状态、可运行状态、运行状态、阻塞状态和终止状态,如图 10.1 所示。

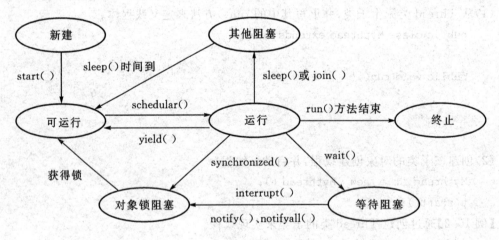

图 10.1　线程的生命周期

1. 新建状态(new)

　　当 Thread 类或其子类的对象被声明并创建时,新生的线程对象就处于新建状态,表示系统已经为该线程对象分配了内存空间,新建的线程调用 start()方法后就处于可运行状态。注意:不能对已经启动的线程再次调用 start()方法,否则会抛出 IllegalThreadStateException异常。

2. 可运行状态（runnable）

可运行状态又称就绪状态。处于可运行状态的线程已经具备了运行的条件，进入线程就绪队列（尽管采用队列形式，事实上称为可运行池，因为 CPU 调度不一定按照先进先出的原则来调度）等待分配 CPU 时间片。在多线程程序设计中，系统中往往会有多个线程同时处于 runnable 状态，它们相互竞争有限的 CPU 资源，由运行系统根据线程调度策略进行调度。

提示：如果希望子线程调用 start()方法后立即执行，可以使用 Thread. sleep()方式使主线程休眠一会，转去执行子线程。

3. 运行状态（running）

当可运行状态的线程被调度并获得 CPU 资源时，便进入运行状态。它将自动执行自己的 run()方法。此时线程状态的变迁有三种情况。

（1）如果线程正常执行结束或应用程序停止运行，线程将进入终止状态。

（2）如果当前线程执行了 yield()方法，或者当前线程因调度策略（执行过程中，有一个更高优先级的线程进入可运行状态，这个线程立即被调度执行，当前线程占有的 CUP 被抢占；或在分时方式时，当前执行线程执行完当前时间片）由系统控制进入可运行状态。

（3）如果发生下面几种情况，线程就进入阻塞状态。

- 线程调用 wait()方法时，由运行状态进入阻塞状态。
- 线程调用了 sleep()方法或 join()方法，由运行状态进入阻塞状态。
- 如果线程中使用 synchronized 来请求对象锁未获得，进入阻塞状态。
- 如果线程中有输入/输出操作，也将进入阻塞状态，待输入/输出操作结束后，线程进入可运行状态。

4. 阻塞状态（blocked）

阻塞状态是指线程因为某些原因放弃 CPU，暂时停止运行。当线程处于阻塞状态时，Java 虚拟机不会给线程分配 CPU，直到线程重新进入就绪状态，它才有机会得到运行。阻塞状态根据产生的原因又可分为对象锁阻塞（blocked in lock pool）、等待阻塞（blocked in wait pool）和其他阻塞（otherwise Blocked）。状态相应变迁如下：

（1）线程调用 sleep()方法或 join()方法时，线程进入其他阻塞状态。由于调用 sleep()方法而进入其他阻塞状态的线程，睡眠时间到时将进入可运行状态；由于调用 t. join()方法而进入其他阻塞状态的线程，当 t 线程结束或等待时间到时，进入可运行状态。

（2）线程调用 wait()方法时，线程由运行状态进入等待阻塞状态。在等待阻塞状态下的线程若被 notify()或 notifyAll()唤醒、被 interrupt()中断或者等待时间到，线程将进入对象锁阻塞状态。

（3）如果线程中使用 synchronized 来请求对象的锁但未获得，线程进入对象锁阻塞状态。当该状态下的线程获得对象锁后，将进入可运行状态。

5. 终止状态（dead）

终止状态是线程执行结束的状态，没有任何方法可改变它的状态。

10.4 线程控制

线程对象创建后,可使用线程对象提供的方法对线程进行有效控制和管理,而所有线程的操作方法都在 Thread 类中定义。Thread 类常用的方法如下:

public void start() 启动线程对象,使之从新建状态转入就绪状态。

public void run() 线程所执行的代码即线程体。当从 run()返回,线程运行结束。

public final String getName() 返回线程的名字。

public final void setName(String threadName) 设置线程的名字。

public static Thread currentThread() 返回当前线程对象的引用。

public final boolean isAlive() 判断线程是否活着(即线程已经启动,但运行还未结束)。

public final int getPriority() 返回线程优先级。

public final void setPriority(int newPriority) 设置线程优先级。

public static void sleep(long milis) 让当前线程睡眠一段时间,此期间线程不消耗 CPU 资源,以毫秒为时间单位。

public final void join() 等待线程结束。

public void interrupt() 中断线程。若线程处于阻塞状态,调用该方法会使阻塞状态结束而进入就绪状态。此方法将抛出 InterruptedException 异常。

public boolean isInterrupted() 判断线程中断状态。

10.4.1 线程优先级与线程调度策略

Java 中每个线程都有一个优先级,所有处于就绪状态的线程根据优先级存放在可运行队列中,优先级低的线程获得较少的运行机会,优先级高的线程可获得较多的运行机会,而优先级的高低反映线程的重要或紧急程度。优先级用整数表示,取值范围是 1~10,Thread 类有以下 3 个静态常量。

- MAX_PRORITY:取值为 10,表示最高优先级。
- MIN_PRIORITY:取值为 1,表示最低优先级。
- NORM_PRIORITY:取值为 5,表示默认优先级。

新建线程将继承创建它的父线程的优先级。父线程是指执行创建新线程的语句所在线程,它可能是程序的主线程,也可能是另一个用户自定义的线程。一般情况下,主线程具有默认优先级。可以通过 getPriority ()方法来获得线程的优先级,也可通过 setPriority(int)方法来设定线程的优先级。

Java 线程的调度策略是一种基于优先级的抢先式调度。这种策略的含义是 Java 首选优先级高的线程执行,在当前线程运行过程中,如果有较高优先级别的线程处于就绪状态,则正在运行的较低级别的线程将被挂起,系统转去执行较高优先级的线程,直到结束后才会执行原来被挂起的线程。相同级别的线程轮流占用 CPU 时间,执行每个线程。

【例 10.3】创建多个线程实例,并分别为其设置不同的优先级。

```
class ThreadDemo extends Thread {
    public ThreadDemo ( String name ) {
```

```
            super(name);           //调用 Thread 类构造方法
        }
        public void run() {
            System.out.println( this.getName() + ":" + this.getPriority() );
                                                        //输出线程名及优先级
        }
    }
    public class TestPriority{
        public static void main(String[] args) {
            Thread t1 = new ThreadDemo("T1");          //创建线程名为 T1
            Thread t2 = new ThreadDemo("T2");          //创建线程名为 T2
            Thread t3 = new ThreadDemo("T3");          //创建线程名为 T3
            t1.setPriority( Thread.MIN_PRIORITY );     //设置最小优先级
            t2.setPriority( Thread.NORM_PRIORITY );    //设置中等优先级
            t3.setPriority( Thread.MAX_PRIORITY );     //设置最大优先级
            t1.start();                                //启动线程
            t2.start();
            t3.start();
            //输出主线程名及优先级
            System.out.println(Thread.currentThread().getName() + ":" + Thread.cur-
                rentThread().getPriority());
        }
    }
```

在主线程 main()方法中创建 3 个独立的线程 t1、t2 和 t3,分别设置最小、中等和最大优先级,并启动线程。线程根据优先级决定哪个线程先获得 CPU 资源,但运行结果不一定按照所设置的优先级执行,这与 CPU 调度和个数有关。上述程序运行结果如下:

```
    T1:1
    T3:10
    T2:5
    main:5
```

除了线程的优先级外,还有许多因素会影响线程获得 CPU 时间。尽管在许多情形下设置线程的优先级有所帮助,但通常最好都使用默认优先级。其中原因之一在于,在当今的多核环境下,增加或减少线程的优先级对其运行特性几乎没有影响。况且,也不能试图使用线程的优先级设置来管理线程间的交互。为了处理线程间的交互,必须使用线程同步。

10.4.2　线程的休眠

在线程执行的过程中,调用 sleep()方法可以让线程休眠一段指定的时间,并进入阻塞状态,等指定时间到达后,线程将进入可运行状态等待执行。在线程休眠时间内,释放占用的 CPU 资源。这是使正在执行的线程让出 CPU 的最简单方法之一。

【例 10.4】sleep()方法的应用。

```java
class MyThread implements Runnable{
    public void run(){
        for(int i = 0;i<4;i + +){
            try{
                System.out.println(Thread.currentThread().getName() + "休眠 0.
                    5 秒!");
                Thread.sleep(500);
            }catch(InterruptedException e){}
        }
    }
}

public class ThreadSleepDemo {
    public static void main(String[] args) {
        MyThread mt = new MyThread ();
        Thread th = new Thread(mt,"线程 A");
        th.start();
        try{
            Thread.sleep(2000);//主线程休眠 2 秒
        }catch(InterruptedException e){}
        System.out.println("主线程已经休眠 2 秒!");
    }
}
```

上述程序运行结果如下。

线程 A 休眠 0.5 秒!

线程 A 休眠 0.5 秒!

线程 A 休眠 0.5 秒!

线程 A 休眠 0.5 秒!

主线程已经休眠 2 秒!

注意：sleep()方法是静态方法,最好不要用 Thread 的实例对象调用它,因为它休眠的始终是当前正在运行的线程,而不是调用它的线程对象,它只对正在运行状态的线程对象有效。

使用 sleep()休眠的时间结束,又重新进入到就绪状态,而从就绪状态进入到运行状态,是由系统控制的,用户不可能精准地去干涉它。

10.4.3 判断线程是否终止

在前面的例子中,主线程结束了,其子线程还在运行。为了让主线程在其他子线程都结束后再终止,关键在于如何判断子线程何时终止。Thread 类中提供了 isAlive()方法可判断一个线程是否已经终止。该方法返回 true 表示线程仍在运行。

【例 10.5】使用例 10.2 中的 MyThread 线程类判断线程是否终止。

```
public class ThreadisAliveDemo {
    public static void main(String[] args) {
        System.out.println("Main thread starting.");
        MyThread mt1 = new MyThread ();
        MyThread mt2 = new MyThread ();
        mt1.start();
        mt2.start();
        do{
          try{
                Thread.sleep(100);   //主线程休眠 100 毫秒
          }catch(InterruptedException e){}
        }while(mt1.isAlive()||mt2.isAlive());   //判断子线程是否结束
        System.out.println("Main thread ending.");
    }
}
```

在上述程序中,主线程 main()方法在子线程 mt1、mt2 和 mt3 运行结束后终止。程序运行结果如下所示。

```
Main thread starting.
Thread-0 第 0 次循环。
Thread-0 第 1 次循环。
Thread-1 第 0 次循环。
Thread-1 第 1 次循环。
Thread-1 第 2 次循环。
Thread-1 第 3 次循环。
Thread-0 第 2 次循环。
Thread-0 第 3 次循环。
Main thread ending.
```

10.4.4　线程合并

线程的合并含义就是将几个并行的线程合并为一个单线程执行,通常用在一个线程必须等待另一个线程执行完才能执行的场合。Thread 类提供了 join()方法来完成这个功能,常用的形式有 join()和 join(long millis)。当前线程向线程 t 发送 t.join()消息表示当前线程将等待线程 t 结束后恢复到就绪状态;当前线程向线程 t 发送 t.join(m)消息(m 为指定毫秒)表示当前线程将等待线程 t 最多 millis 毫秒,在该时间内线程 t 没有执行完毕,线程 t 被终止,而当前线程恢复到就绪状态。

【例 10.6】join()方法的应用。

```
class MyThread extends Thread{
    public void run(){
        for(int i = 0;i<20;i++)
```

```
            System.out.println("当前运行线程:" + this.getName() + "" + i);
        }
    }
    public class ThreadJionDemo {
    public static void main(String[] args) {
        MyThread mt = new MyThread ();
        mt.setName("线程 B");
        mt.start();
        for(int i = 0;i<10;i + + ){
          System.out.println("主线程:" + i);
          if(i>1){
            try{
                mt.join();  //合并执行线程 mt
                }catch(InterruptedException e){}
          }
        }
    }
  }
```

在主线程即当前线程 main()方法中,当循环变量大于 1 时,向线程 mt 发送 mt.join()消息,执行子线程 mt,直到该线程结束,然后主线程恢复就绪状态,等待获得 CPU 资源进入运行状态。上述程序运行结果如下所示。由于篇幅限制,省略了部分输出结果。

```
主线程:0
主线程:1
主线程:2
当前运行线程:线程 B 0
...//省略了线程 B 序号 1~18
当前运行线程:线程 B 19
主线程:3
...//省略了主线程序号 4~8
主线程:9
```

10.4.5　中断线程

Java 没有提供一种安全直接的方法来停止某个线程,但是 Java 提供了中断机制。Java 中断机制是一种协作机制,就是设置被中断线程的中断状态。也就是说通过中断不能直接终止一个线程,而需要被中断的线程自己处理中断。

Java 虚拟机内部为每个线程维护了一个 boolean 类型的中断状态标识,代表是否有中断请求。但应用程序不能直接访问这个中断状态,必须通过 Thread 类提供的方法操作。boolean isInterrupted()获取线程的中断状态值,并不改变中断状态;void interrupt()设置中断状态为 true;static boolean interrupted()清除中断状态,并返回上一次中断状态的值。

通常情况下,调用线程的 interrupt()方法并不能中断线程,只是将线程中断状态设置为 true。例如,当线程 t1 想中断线程 t2,只需要在线程 t1 中将线程 t2 对象的中断状态标识设置为 true 即 t2. interrupt(),然后线程 t2 可以在合适的时候调用 interrupted 或 isInterrupted 方法来检测中断状态并进行相应的处理,甚至可以不理会该请求。若一个线程在调用 wait()方法、sleep()方法或 join()方法时被阻塞,就无法检测中断状态,也就无法通过检查中断状态来进行处理。但是这些阻塞线程的方法在检查到中断状态为 true 时,重置中断状态并抛出 InterruptedException 异常。此时可通过捕获 InterruptedException 异常来终止线程的执行,具体可以通过 return 语句或改变共享变量的值来终止线程。

【例 10.7】使用 interrupt ()方法的中断线程应用。

```java
public class ThreadInterruptedDemo {
    public static void main(String[] args) {
        MyThread thread = new MyThread();
        thread. start();
        try {
            Thread. sleep(4000);         // 主线程睡眠 4 秒
        } catch (InterruptedException e) {         }
        thread. interrupt();              //中断线程
        System. out. println("Main thread ending!");
    }
}
class MyThread extends Thread {          //阻塞线程
    public void run() {
        int i = 0;
        while (true) {
            System. out. println(this. getName() + ":执行第" + ( + + i) + "次。");
            try {
                Thread. sleep(1000);        //子线程休眠 1 秒
            } catch (InterruptedException e) {
                    System. out. println(this. getName() + "线程被终止!");
                    return;                //退出线程
            }
        }
    }
}
```

程序开始运行后主线程先休眠 4 秒,在这期间子线程 thread 每执行一次休眠 1 秒,当主线程休眠时间到后,执行中断 thread。此时子线程 thread 在调用 sleep()方法时检测到中断状态为 true 就抛出 InterruptedException 异常,然后捕获该异常终止线程。上述程序运行结果如下:

Thread-0:执行第 1 次。

Thread-0:执行第 2 次。

Thread-0:执行第 3 次。

Thread-0:执行第 4 次。

Main thread ending!

Thread-0 线程被终止!

10.5　线程同步

在多线程程序中,当多个线程并发执行时,虽然各个线程中语句的执行顺序是确定的,但线程之间相对执行顺序是不确定的。有些情况下,这种因多线程并发执行而引起的执行顺序的不确定性对程序运行结果无影响。但在有些情况下如多线程对共享数据并发时,线程间运行顺序的不确定性将会导致运行结果的不确定性,使共享数据的一致性受到破坏。因此需要引入线程同步机制来控制多线程对共享数据的并发操作,保证共享数据的一致性。

10.5.1　对象锁

多线程同步就是指并发执行的多个线程在某一时间内只允许一个线程在执行访问共享数据。为了实现多线程同步,保证共享数据的一致性,Java 语言引入了传统封锁技术。

一个程序的各个并发线程中对同一对象进行访问的代码段称为临界区。在 Java 语言中,临界区是用关键字 synchronized 修饰的一个语句块或一个方法。临界区所操作的共享数据称为临界资源。

临界区的控制通过对象锁实现。Java 中每个对象都有一个内置锁,称为对象锁(monitor)。对象锁是一种独占的互斥锁,也称同步锁。当一个线程访问某个对象的临界区时,Java 虚拟机就会自动锁上该对象,其他任何线程都无法访问该对象的临界区,直到该线程释放掉这个对象锁,其他线程才有可能再去访问该对象的临界区。

临界区的两种表示方式:关键字 synchronized 修饰的语句块和方法,前者是同步语句块,后者是同步方法。

1. 同步语句块

同步语句块是由关键字 synchronized 标识需要同步的程序代码。其语法格式为:

```
synchronized(object){
    ⋮        //访问共享数据的临界区
}
```

其中的 object 是同步对象的引用,表示当前线程取得该对象的锁。线程进入临界区时,首先通过 synchronized(object)语句测试是否可获得 object 对象锁,只有获得对象锁才能继续执行临界区中的代码,否则将进入等待状态。注意:对象锁必须是需要同步的多个线程并发访问的共享对象的锁。

2. 同步方法

同步方法是由关键词 synchronized 修饰的需要同步的方法。其语法格式为:

[修饰符] synchronized 返回类型 方法名(参数列表){

```
    ⋮                //方法体 即临界区
}
```

同步方法与同步语句块的原理基本相似,只是后者的作用范围变小,它只锁住语句块而不是完整的方法体,它还指定所要获得锁的对象而不是调用方法的对象。

【例10.8】有一门票销售系统,它有 3 个售票窗口,共销售 10 张门票。用多线程模拟该系统。

```
class Tickets{                                //门票类定义
    private int saledticket = 0;              //已售票数
    private int totalticket = 10;             //总票数
    public synchronized  boolean sale()       //临界区
    {
        if(saledticket<totalticket){
            saledticket = saledticket + 1;    //更改票数
            System. out. println(Thread. currentThread(). getName() + ":卖出第"
                + saledticket +"张票");
            return true;
        }else
            return false;
    }
}
class SaleTicket extends Thread{              //售票线程
    private Tickets ticket;                   //同步对象即共享对象
    public SaleTicket(String name,Tickets t){
        super(name);                          //调用父类构造方法给线程命名
        ticket = t;
    }
    public void run(){                        //线程体
        while(ticket.sale()){
            try{
                Thread. sleep(1000);          //线程休眠 1 秒
            }catch(InterruptedException e){}
        }
    }
}
//主线程
public class ThreadSyncDemo {
    public static void main(String[] args) {
        Tickets t = new Tickets();            //创建同步对象
        //三线程访问同一对象 t
```

```
SaleTicket a0 = new SaleTicket("窗口 A",t);
SaleTicket a1 = new SaleTicket("窗口 B",t);
SaleTicket a2 = new SaleTicket("窗口 C",t);
a0.start();
a1.start();
a2.start();
System.out.println("Main thread is over!");
    }
}
```

Tickets 类中 sale()方法采用封锁机制进行控制,实现了多线程并发有效控制,保证了共享数据 ticket 的一致性,上述程序运行结果如图 10.2(a)所示。如果 sale()方法不采用封锁,共享数据 ticket 的一致性被破坏,程序运行结果如图 10.2(b)所示。从输出结果可知,不同售票窗口会重复出售同一张门票,这显然不符合要求。问题原因在于多线程没有同步。

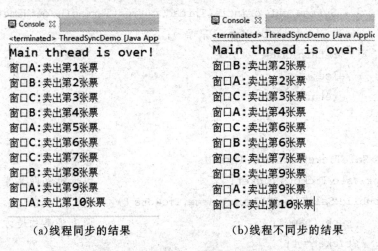

(a)线程同步的结果   (b)线程不同步的结果

图 10.2 例 10.8 程序运行结果

Java 内存模型规定了所有变量(实例域、静态域和数组元素,不包括局部变量、方法参数以及异常处理参数)都存储在主内存中。所有线程共享主内存,每条线程都有自己的工作内存,线程的工作内存保存了该线程以读/写变量的主内存副本,线程对变量的所有操作(读取、赋值等)都必须在工作内存中进行。线程执行的时候用到某变量,首先要将变量从主内存拷贝到自己的工作内存,然后对变量进行操作:读取、修改、赋值等,操作完成后再将变量写回主内存;而不能直接读写主内存中的变量。不同线程也不能直接访问对方工作内存中的变量,线程间变量值的传递均需要通过主内存来完成。一个线程执行同步(互斥)代码过程如下:

(1)获得同步锁;

(2)清空工作内存;

(3)从主内存拷贝对象副本到工作内存;

(4)执行代码(计算或者输出等);

(5)刷新主内存数据;

(6)释放同步锁。

3. 关键字 synchronized 的说明

(1)对象锁在如下情况由持有线程返还。

· 当 synchronized 修饰的语句块或方法执行完或抛出异常。

· 当持有锁的线程调用该对象的 wait()方法。此时该线程将释放对象锁,而被放入对象的 wait pool 中,等待某种事件的发生。

(2)对共享数据所有访问的代码必须作为临界区,使用 synchronized 进行加锁控制。这样保证所有的操作都能够通过对象锁机制进行控制,因而保证了 synchronized 修饰代码块或方法操作的原子性。如果非 synchronized 语句块或方法访问共享数据,则这种操作将绕过对象锁控制,很可能破坏共享数据的一致性。

(3)用 synchronized 保护的共享数据必须是私有的。将共享数据定义为私有,使线程不能直接访问,必须通过对象的方法。而对象的方法中带有 synchronized 标识的临界区,实现对并发操作的多线程控制。

(4)任何时刻,一个对象锁只能被一个线程所拥有。若多个线程锁定不是同一个对象,则它们的 synchronized 代码块可以互相交替穿插并发执行。若多线程锁定同一个对象,则 synchronized 代码块之间是串行操作的;而 synchronized 代码块与非 synchronized 代码块之间以及非 synchronized 代码块与非 synchronized 代码块之间都是互相交替穿插并发执行的。

(5)对象锁具有可重入性。Java 运行系统中,一个线程在持有某对象锁的情况下,可以再次请求并获得该对象的锁,这就是对象锁具有可重入性的含义。

【例 10.9】对象锁的可重入性。

```
class Reetrant {                             //共享对象的类
    public synchronized void a(){            //同步方法
        b();
        System.out.println("Here,I'm in a()");
    }
    public synchronized void b(){            //同步方法
        System.out.println("Here,I'm in b()");
    }
}

class ThreadReetrant implements Runnable{    //操作共享对象的线程
    private Reetrant r;                       //共享对象
    public ThreadReetrant(Reetrant r){
        this.r = r;
    }
    public void run(){
        r.a();                                //执行同步方法
    }
}

public class ReetrantDemo {
    public static void main(String[] args){
```

```
                Reetrant rt = new Reetrant();                 //创建共享对象
                ThreadReetrant tr = new ThreadReetrant(rt);
                Thread th = new Thread(tr);
                th.start();
            }
        }
```

在主线程 main()方法中启动线程 th,在线程体 run()方法内调用 Reentrant 类的实例对象 r 的 a()方法。线程 th 将首先请求并获得 r 的锁,然后调用 b()方法。要执行 b()方法,线程 th 需要首先获得 r 的对象锁才能运行该方法。而此时 r 的锁已经由线程 th 获得,根据对象锁的可重入性,该线程将再次获得 r 的锁,并执行 b()方法。上述程序的运行结果如下:

```
        Here,I'm in b()
        Here,I'm in a()
```

10.5.2　多线程间防死锁

如果程序中多个线程互相等待对方持有的锁,而在得到对方锁之前都不会释放自己的锁,由此导致这些线程不能继续运行,这就是死锁。

例如,线程 t1 和 t2 要同时访问 A、B 两个对象的数据,它们都必须获得每个对象的锁才能进行访问。如果在某一时刻,线程 t1 获得 A 的锁并请求 B 的锁,而线程 t2 获得 B 的锁并请求 A 的锁,这时,线程 t1、t2 都获得了部分资源,而在等待其他资源,如果不获得等待的资源,两个线程都无法继续运行也不可能释放已持有的资源,这就造成两个线程无限期地互相等待,即发生了死锁。

Java 中没有检测与避免死锁的专门机制。对于大多数的 Java 程序员来说,防止死锁是一种较好的选择。应用程序中防止死锁发生的一般措施是:若多个线程要访问多个共享数据,则首先从全局考虑定义一个获得锁的顺序,并在整个程序中都遵守这个规则;释放锁时,要按加锁的逆序来进行。

10.5.3　使用方法 wait()、notify()和 notifyAll()进行线程间通信

在很多情况下,仅仅线程同步是不够的,还需要线程之间的通信。例如,在有些情况下,当一个线程 T 进入 synchronized 块后,需要访问的共享数据不满足当前需要,它要等待其他线程将共享数据改变为它所需要的状态后才能继续执行。但由于它占有了该对象的锁,其他线程无法对共享数据进行操作。此时就需要依赖线程之间的通信,先让线程 T 暂时放弃控制对象锁,当共享数据满足要求时,再通知线程 T,恢复它的运行。Object 类提供了 wait()、notify()和 notifyAll()方法来支持线程之间的通信,这些方法是 final 方法,因此每个 Java 对象都默认拥有它们。这三种方法的格式如下:

public final void wait() throws InterruptedException 线程等待。

public final void notify() 随机唤醒一个等待线程。

public final void notifyAll() 唤醒全部等待线程。

在 Java 中,每个对象都有两个池:锁池(lock pool)和等待池(wait pool)。锁池是用来存放因竞争同步对象的锁而等待的线程。等待池是用来存放因调用 wait()方法而释放掉对象

锁的线程。若线程 A 已经拥有了某个对象(注意:不是类)的锁,而其他的线程想要调用该对象的 synchronized 方法(或者 synchronized 块),由于这些线程在进入对象的 synchronized 方法之前必须先获得该对象的锁,但是该对象的锁目前正被线程 A 拥有,所以这些线程就进入了该对象的锁池中。若线程 A 调用了对象 X 的 wait()方法,线程 A 就会释放 X 的锁,同时线程 A 就进入到了对象 X 的等待池中。如果另外的一个线程调用了相同对象 X 的 notifyAll()方法,那么处于对象 X 等待池中的线程就会全部进入 X 的锁池中,准备争夺锁的拥有权。如果另外一个线程调用了相同对象 X 的 notify()方法,那么对象 X 等待池中仅有一线程进入该对象的锁池,一旦该线程获得对象 X 的锁便可继续执行。

因此用 wait()和 notify()方法可以实现线程的同步。当某线程需要在 synchronized 块中等待共享数据状态改变时,可调用 wait()方法,这样该线程等待并暂时释放共享数据的对象锁,其他线程可以获得该对象的锁并进入 synchronized 块对共享数据进行操作。当其操作完后,只要调用 notify()方法就可以通知正在等待的线程重新占有锁并运行。

使用 wait()、notify()和 notifyAll()方法时需注意:

(1)必须保证每一个 wait()都有对应的 notify()或 notifyAll()。

(2)wait()、notify()和 notifyAll()是每个 Java 对象都具有的方法,但是只有拥有对象锁的线程才能调用 wait()、notify()、notifyAll()方法。

(3)wait()、notify()和 notifyAll()方法只能放在 synchronized 代码块或方法中。

(4)线程 A 调用对象 K 的 wait()方法进入对象 K 的锁等待队列时,只释放它所拥有的对象 K 的锁,它所拥有的其他对象的锁并不会释放。

系统中使用某类资源的线程一般称为消费者,生成或释放同类资源的线程称为生产者。生产者和消费者问题是关于线程交互与同步的一般模型。

在生产者和消费者的关系模型中,生成者和消费者是两个同时运行的线程。应用程序中的生产者将产生数据,而消费者将使用生产者产生的数据。生产者生产的数据放在共享缓冲区中,消费者从这个共享缓冲区中读取数据。生产者线程产生的数据在放入共享缓冲区时,要检查缓冲区是否已满,若满,则调用 wait()方法使自己等待;若不满,则将数据放入缓冲区,并调用 notify()方法使处于等待状态的消费者线程转为可运行状态。消费者线程在从共享缓冲区读取数据时,应检查缓冲区是否为空,若为空,则调用 wait()方法使自己等待;若不为空,则从缓冲区读取数据,并调用 notify 方法使处于等待状态的生产者线程转为可运行状态。

下面以生产者和消费者的关系模型为例,介绍多线程同步与通信问题。

【例 10.10】 多线程同步通信。

```
import java.util. * ;
class SyncStack{//同步堆栈类
    private  Vector<Character> vector = new Vector<Character>();  //存放共享
                                                                     数据
    public synchronized void push(char c){          //同步方法
        vector.addElement(c);                       //数据进栈
        this.notify();                              //唤醒等待线程
    }
    public synchronized char pop(){                 //同步方法
```

```java
          while(vector.isEmpty()){                //堆栈无数据
            try{
                this.wait();                       //线程等待
            }catch(InterruptedException e){}
          }
          char c = vector.remove(vector.size() - 1);
          return c;                                //数据出栈
        }
    }
    class Producer implements Runnable{            //生产者类
      SyncStack   theStack;                        //同步对象
      public Producer(SyncStack s){
        theStack = s;
      }
      public void run(){
        char c;
        for(int i = 0; i<20; i++){
          c = (char)(Math.random() * 26 + 'A');    //随机产生20个字符
          theStack.push(c);                        //把字符入栈
          System.out.println(Thread.currentThread().getName() + ":" + c);
          try{
              Thread.sleep(1000);                  //线程睡眠1秒
          }catch(InterruptedException e){}
        }
      }
    }
    class Consumer implements Runnable{            //消费者类
      SyncStack theStack;                          //同步对象
      public Consumer(SyncStack s){
        theStack = s;
      }
      public void run(){
        char c;
        for(int i = 0;i<20;i++){
          c = theStack.pop();                      //从堆栈中读取字符
          System.out.println(Thread.currentThread().getName() + ":" + c);
          try{
              Thread.sleep(1000);                  //线程睡眠1秒
          }catch(InterruptedException e){}
```

```
                }
            }
        }
    public class SyncTest{
        public static void main(Stringargs[]){
            SyncStack stack = new SyncStack();              //创建共享对象
            //生产者类对象和消费者类对象操作同一个同步堆栈对象
            Runnable p = new Producer(stack);
            Runnable c = new Consumer(stack);
            Thread t1 = new Thread(p);                      //创建生产者线程对象
            Thread t2 = new Thread(c);                      //创建消费者线程对象
            t1.setName("Thread Producer");
            t2.setName("Thread Consumer");
            t1.start();                                     //生产者线程启动
            t2.start();                                     //消费者线程启动
        }
    }
```

本例中,共享缓冲区为堆栈 SyncStack。pop()方法中,wait()调用放在循环中的目的是:当线程的等待被中断时,如果堆栈仍然为空,线程可以继续等待。这样可以有效保证线程执行出栈操作时,堆栈一定有数据;push()方法中,notify()把当前堆栈对象锁的等待池中的一个线程释放到锁池中,等待获得该堆栈对象的锁以便运行。类 Producer 是生产者模型,其中的run()方法中定义了生产者线程所进行的操作,即循环调用 push()方法,将产生的 20 个字符送入堆栈中,每次执行完 push 操作后,调用 sleep()方法睡眠 1 秒,以给其他线程执行的机会。类 Consumer 是消费者模型,其中的 run()方法中定义了消费者线程所进行的操作,即循环调用 pop()方法,从堆栈中取出 1 个数据,一共取 20 次,每次执行完 pop 操作后,调用 sleep()方法睡眠 1 秒,以给其他线程执行的机会。上述程序运行结果如下:

```
    Thread Producer:Z
    Thread Consumer:Z
    Thread Producer:H
    Thread Consumer:H
    Thread Producer:S
    Thread Consumer:S
    Thread Producer:U
    Thread Consumer:U
        ⋮
```

小 结

进程是运行中的程序,线程是进程中的一个执行流程,一个进程可以由多个线程组成。

Java 支持多线程编程,采用多线程能够提高系统的运行效率和资源的利用率。

线程既可以通过继承 Thread 类来实现,也可以采用实现 Runnable 接口来实现,而后者更适合实现资源共享。多线程的执行代码是 run()方法,而 run()方法是通过调用 Thread 对象的 start()方法来运行的。通过 Thread 提供的方法可实现对线程的基本控制:线程优先级设置、线程睡眠、线程中断、线程合并等。线程调度是指按照特定的机制为多个线程分配 CPU 的使用权。JVM 负责线程的调度,线程调度模式采用了抢占式模式。抢占式调度是根据线程的优先级别来获取 CPU 的使用权。

在多线程程序中,当多个线程并发执行而引起执行顺序的不确定性对程序运行结果有影响时,必须对多线程的并发操作进行控制。Java 中对共享数据操作的多线程并发控制是采用传统的封锁技术。Java 中每个对象都有一个内置锁,通过内置锁来控制线程对共享数据操作的代码即 synchronized 标识的代码块或方法,从而实现多线程间的同步。另外在有些情况下仅仅线程同步是不够的,还需要线程之间的通信。Object 类提供的 wait()、notify()方法支持多线程之间的通信。

习 题

一、选择题

1. 关于 Runnable 接口,错误的说法是( )。

A. Thread 类实现了 Runnable 接口

B. Runnable 只定义了一个 run()方法

C. 实现 Runnable 接口就可以用 start()方法启动

D. 可以用实现了 Runnable 接口的类的对象作为 Thread()参数创建线程对象

2. 下面说法中错误的是( )。

A. Java 中线程可以共享数据　　　　B. Java 中线程可以共享代码

C. Java 中线程是抢占式　　　　　　D. Java 中线程是分时的

3. 不属于线程生命周期中状态的是( )。

A. 可运行状态　　　B. 阻塞状态　　　　C. 唤醒状态　　　　D. 运行状态

4. 下面属于 Java 线程同步方法的有( )。

A. yield()　　　　　B. wait()　　　　　C. interrupt()　　　　D. sleep()

5. 下列哪一个包给出了 Runnable 接口的定义?( )

A. java. util　　　　B. java. io　　　　C. java. 1ang　　　　D. java. sql

6. 下列方法中可用于定义线程体的是( )。

A. start()　　　　　B. run()　　　　　C. init()　　　　　D. destroy()

7. 下列关于线程的说法中正确的是( )。

A. 一个线程一旦被创建,就立即开始运行

B. 使用 start()方法可使一个线程成为可运行的,但是它不一定立即开始运行

C. 当处于运行状态的线程调用了 yield()方法后,该线程一定会转为可运行状态

D. 当因等待对象锁而被阻塞的线程获得锁后,将直接进入运行状态

8. 如果使用 Thread test＝new Test()语句创建一个线程,则下列叙述正确的是( )。

A. Test 类要实现 Runnable 接口

B. Test 类是 Thread 类的子类

C. Test 类是 Runnable 的子类

D. Test 类是继承 Thread 类并且实现 Runnable 接口

9. 下列方法中，声明抛出 InterruptedException 异常的方法是（　　　）。

A. notify ()　　　　　B. join()　　　　　C. sleep()　　　　　D. start()

10. 如果线程正处于运行状态，可使该线程进入阻塞状态的方法是（　　　）。

A. yield()　　　　　B. interrupt()　　　　C. wait()　　　　　D. notify()

11. 如果线程正处于阻塞状态，不能够使线程直接进入可运行状态的情况是（　　　）。

A. sleep()方法的时间到　　　　　　　　　B. 获得了对象的锁

C. 线程在调用 t. join()方法后，线程 t 结束　　　D. wait()方法结束

12. 下列关于 Java 多线程并发控制机制的叙述中，错误的是（　　　）。

A. Java 中对共享数据操作的并发控制是采用加锁技术

B. 线程之间的交互，提倡采用 suspend()/resume()方法

C. 共享数据的访问权限都必须定义为 private

D. Java 中无提供检测与避免死锁的专门机制，但程序可采用某些策略防止死锁的发生

13. 下面关于对象加锁的叙述错误的是（　　　）。

A. 当一个线程获得了对象的锁后，其他任何线程不能对该对象进行任何操作

B. 对象锁的使用保证了共享数据的一致性

C. Java 中的对象锁是共享锁

D. 对象锁只对临界区操作才有意义

14. 关于线程的死锁，下面的说法正确的是（　　　）。

A. 若程序中存在线程的死锁问题，编译时不能通过

B. 线程的死锁是一种逻辑运行错误，编译器无法检测

C. 实现多线程时死锁不可避免

D. 为了避免死锁，应解除对资源以互斥的方式进行访问

二、上机测试题

1. 编写程序创建 3 个线程，分别显示 3 个不同的字符串。用继承 Thread 类以及实现 Runnable 接口两种方式实现。

2. 设计一个程序，演示线程的并发执行过程。程序的实现过程如下：

(1)定义 Runnable 接口的实现类，类中包括数据成员、构造方法及 run()方法；

(2)在 main()方法中以不同的参数创建并启动两个线程。对这两个线程设置不同的优先数，通过程序的输出结果来观察线程的并发执行过程。

3. 设计一个超市货架程序，该货架可摆放 5 件商品。若有空位则可以放商品，若有商品则可销售。

提示：利用线程同步及线程通信实现。

第 11 章　数据库编程技术

数据库的应用几乎无处不在。作为一个开发人员,数据库应用程序的开发是必须掌握的技能之一。Java 语言提供的 JDBC 技术负责连接数据库系统,完成对数据的存储、查询和更新等功能,为数据库应用开发提供了良好的支持。JDBC 具有良好的跨平台性,即进行数据库开发时不必特别关注连接的是哪个厂商的数据库系统,大大提高了开发的方便性与应用程序的可维护性、可扩展性。本章介绍 JDBC 数据库编程方面的相关知识。

11.1　JDBC 概述

JDBC(Java Database Connectivity,Java 数据库连接)是一种用于执行 SQL 语句的 Java API,它由一组用 Java 语言编写的类和接口组成,可以为多种关系数据库提供统一访问。使数据库开发人员能够用纯 Java API 编写数据库应用程序。

11.1.1　JDBC 体系结构

目前流行的关系数据库管理系统产品很多,如 MySQL、Oracle、Sybase、MS SQL Server 等。对于不同产品的数据库服务器,客户端要使用不同的数据库访问协议,这给应用系统的移植和重用带来许多困难。JDBC 技术的主要思想就是为应用程序访问数据库提供统一的接口,屏蔽各种数据库之间的异构性,保证 Java 程序的可移植性。为此 JDBC 采用了如图 11.1 所示的体系结构。

JDBC Driver Manager 既负责管理针对各种类型 DBMS 的 JDBC 驱动程序,也负责和用户的应用程序交互,为 Java 应用程序建立数据库连接,可确保正确的 JDBC 驱动程序来访问每个数据源。该驱动程序管理器能够支持连接到多个异构数据库的多个并发的 JDBC 驱动程序。

在 JDBC 技术中,Java 应用程序通过 JDBC API 向 JDBC 驱动管理器发出要加载的 JDBC 驱动程序类型和数据源的请求。驱动管理器会根据这些要求加载合适的 JDBC 驱动程序并使该驱动程序与相应的数据源建立连接。一旦连接成功,该 JDBC 驱动就会负责 Java 应用与该数据源的通信,即作为中间翻译将 Java 应用中对 JDBC API 的调用转换成特定的 DBMS 所能理解的命令,同时,将数据库返回结果转换为 Java 程序所能识别的数据。

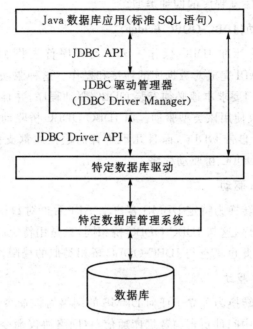

图 11.1　JDBC 的体系结构

11.1.2　JDBC 驱动类型

目前各个数据库管理系统都支持数据库语言标准 SQL-92，但各个数据库厂商在实现该标准时进行了不同程度的扩展和改进，因此在实际开发中选择适当的 JDBC 驱动程序对于提高软件系统的性能有重要影响。不同类型的 JDBC 驱动程序的特性和应用环境有所区别，目前比较常用的 JDBC 驱动程序有四种类型，如图 11.2 所示。

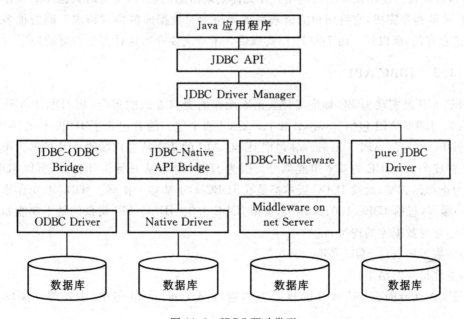

图 11.2　JDBC 驱动类型

　　下面分别介绍 JDBC 驱动程序的四种类型。

1. JDBC-ODBC 桥驱动(JDBC-ODBC bridge)

　　它是 Sun 公司提供的标准 JDBC 操作。该驱动程序首先将 JDBC API 转化为 ODBC API,然后再利用 ODBC API 完成对数据库的连接和操作。这种驱动使 Java 应用可以访问所有支持 ODBC 的 DBMS,但要求本地必须安装 ODBC 驱动程序,并且需要进行转换,因此性能较差,在实际开发中不建议使用该类型驱动。但 JDBC-ODBC 桥驱动在 Windows 环境中比较常用,因为 Windows 本身自带 ODBC,而且几乎所有的数据库都支持 ODBC。说明:从 JDK 1.8 以后不再支持 JDBC-ODBC 桥驱动程序。

2. 本地 API 部分 Java 驱动

　　该驱动把 JDBC API 转换为特定 DBMS 客户端 API 后再对数据库进行操作。要求本地必须安装好特定的驱动程序,这与 JDBC-ODBC 桥相同,只是用特定的 DMBS 客户端取代 JD-BC-ODBC 桥和 ODBC,因此也具有与 JDBC-ODBC 桥相类似的局限性。

3. 网络协议完全 Java 驱动

　　该驱动将 JDBC API 转换为独立于任何 DBMS 的网络协议命令,并发送给一个网络服务器中的数据库中间件。由中间件负责与数据库通信,将网络协议命令转换成某种 DBMS 所能理解的操作命令。这种数据库中间件通常捆绑于网络服务器软件中,并且支持多种 DBMS。由于网络协议是平台无关的,使用这种类型驱动的 Java 应用可以与服务器端完全分离,具有相当大的灵活性。同时,由于这种驱动不调用任何本地代码,完全用 Java 语言实现,所以使用这种驱动的 Java 程序是纯 Java 程序。

4. 纯 JDBC 驱动程序

　　这种类型的驱动直接将 JDBC API 转换为特定 DBMS 所使用的网络协议命令,并且完全由 Java 语言实现。使用该类型的应用程序无需安装附加的软件,所有对数据库的操作都直接由 JDBC 驱动程序完成,它将用户的请求直接转换为对数据库的协议请求。因为很多这样的协议都是专有的,所以往往由 DBMS 厂商提供。本章主要介绍这种类型的驱动程序。

11.1.3　JDBC API

　　JDBC API 是实现 JDBC 标准支持数据库操作的类与方法的集合,从 JDK 1.6 开始支持 JDBC 4.0。JDBC API 包括 java.sql 和 javax.sql 两个包。前者包含了 JDBC 核心 API,后者包含了 JDBC 可选的 API。javax.sql 包把 JDBC API 的功能从客户端的 API 扩展为服务器端的 API,并成为 Java EE 的基本组成部分。因为 JDBC 标准从开始设计良好,所以 JDBC 1.0 到目前为止都没有变,后续 JDBC 版本都是在 JDBC 1.0 基础上扩展。JDBC 4.0 合并以前所有 JDBC 版本,包括 JDBC 1.0、JDBC 2.0 和 JDBC 3.0。JDBC API 提供的基本功能如下:

　　(1)建立与数据库的连接;

　　(2)向数据库发送 SQL 语句;

　　(3)处理得到的结果。

　　实现上述功能的 JDBC API 的核心类和接口都在 java.sql 包中,主要类和接口的功能如下。

1. 驱动程序管理

Driver 接口：提供数据库驱动程序信息，是每个数据库驱动器类都要实现的接口。

DriverManager 类：提供管理 JDBC 驱动程序所需的基本服务，包括加载所有数据库驱动器，以及根据用户的连接请求驱动相应的数据库驱动器建立连接。

DrivePropertylnfo 类：提供驱动程序与建立连接相关的特性。

2. 数据库连接

Connection 接口负责维护 Java 应用程序与数据库之间的连接。通过连接执行 SQL 语句并获取 SQL 语句执行结果。

3. 执行 SQL 语句

Statement 接口：用于执行静态 SQL 语句并返回语句执行后产生的结果。

PreparedStatement 接口：创建可编译 SQL 语句的对象，该类对象可用来多次执行对应的 SQL 语句，并提高语句的运行效率。

CallableStatement 接口：用于执行 SQL 的存储过程。

4. 数据

ResultSet 接口：表示数据库结果集的一个数据表，一般是通过执行 SQL 查询语句产生的结果集。

5. 异常

SQLException：表示数据库访问异常或其他异常。提供异常的相关信息。

SQLWarning：表示数据库访问中的警告，提供相关警告信息。

11.1.4　利用 JDBC 访问数据库一般步骤

在 Java 中，访问数据库的基本步骤如下：

（1）加载 JDBC 驱动程序；

（2）建立数据库连接；

（3）执行 SQL 语句；

（4）处理结果集；

（5）关闭结果集、断开连接。

本章以 MySQL 作为数据库，介绍利用 JDBC 访问数据库的方法。

11.2　连接数据库

11.2.1　配置数据库驱动程序

在加载相应数据库的 JDBC 驱动程序（jar 文件）之前，首先要对数据库驱动 JAR 包进行配置。该驱动 JAR 包的配置分两种情况。

（1）若使用命令行方式编译和执行 Java 程序，一般将驱动 JAR 包放置于 JDK 中的 lib 目录下，并在系统的环境变量 CLASSPATH 的值中添加"jdk 安装路径/lib/驱动文件.jar"，并用分号(;)和已有的路径分隔。

（2）若使用 Eclipse 开发 Java 程序,此时配置 CLASSPATH 不会起作用,必须在项目的属性中配置指定驱动 JAR 包。配置流程为:项目文件夹点右键→属性→Java Build Path→Libraries→Add External JARS→选择驱动 JAR 文件,点击确认即可。

11.2.2 加载驱动程序

在配置好数据库驱动程序后,就可以使用 java. lang. Class 类的 forName 方法动态加载并注册 JDBC 数据库驱动。该方法是 Class 类的静态方法,参数是以字符串形式表示驱动程序类全名,可能抛出 ClassNotFoundException 异常,所以在调用该方法时要进行异常处理。

不同的数据库 JDBC 驱动类全名不一样。常用的 JDBC 驱动类全名如下。

MySQL 的 JDBC 驱动:com. mysql. jdbc. Driver。

Oracle 的 JDBC 驱动:oracle. jdbc. driver. OracleDriver。

SQL Server 的 JDBC 驱动:com. microsoft. sqlserver. jdbc. SQLServerDriver。

【例 11.1】加载驱动程序。

```
public class LoadDriverDemo {
    public static void main(String[] args) {
        String sqldriver = "com.mysql.jdbc.Driver";
        try{
            Class.forName(sqldriver);//加载 MySQL 数据库 JDBC
        ·}catch(ClassNotFoundException e){
            e.printStackTrace();
        }
    }
}
```

上述程序若可以正常运行,则说明数据库驱动程序已经配置成功。如数据库驱动程序配置有问题,则会抛出 ClassNotFoundException 异常。

11.2.3 建立数据库连接及关闭数据库

在数据库的驱动程序正常加载后,就可以使用 DriverManager 类连接数据库。该类提供的连接数据库的常用方法如下:

public static Connection getConnection(String url) throws SQLException

public static Connection getConnection(String url, String user, String password) throws SQLException

上述方法是通过连接地址连接数据库,并返回 Connection 连接对象。参数 url 是数据库的连接地址字符串,参数 user 和 password 分别是连接数据库所需的用户名和密码。

JDBC 虽然提供了与平台无关的数据库操作,但是各数据库的连接地址是有差异的。JDBC 提供的连接地址格式为:jdbc:<子协议>:<子名称>,其中子协议表示数据库的类型,如 odbc、oracle、sqlserver 或 mysql 等;子名称表示数据源的名称或数据库来源地址和连接端口。常用的数据库连接地址如下。

- Oracle 数据库连接地址：

url＝ "jdbc:oracle:thin:@localhost:1521:数据库名"

- SQL Server 2005 及更高版本数据库连接地址：

url ＝ "jdbc:sqlserver://localhost:1433;databaseName＝数据库名;user＝用户名;password＝密码;"

- MySQL 数据库建立连接地址：

url＝ "jdbc:mysql://localhost:3306/数据库名? user＝root&password＝密码"

有关更详细的数据库连接地址描述，请读者参阅下载的 JDBC 驱动程序中的帮助文档。

【例 11.2】连接 MySQL 数据库。

```java
import java.sql. * ;
public class DBConnectionDemo {
    public static void main(String[] args) {
        String strDriver = "com.mysql.jdbc.Driver";
        String strUrl = "jdbc:mysql://localhost:3306/mysql";//mysql 是 MySQL
                                                系统数据库
        String user = "root";
        String password = "123456";      //要设置成自己的密码
        Connection con = null;
        try{
            Class.forName(strDriver); //加载驱动程序
            con = DriverManager.getConnection(strUrl, user, password);
                                    //连接数据库
            System.out.println(con);
        }catch(ClassNotFoundException e){
            e.printStackTrace();
        }catch(SQLException e){
            e.printStackTrace();
        }finally{
            try{
                con.close();             //关闭数据库
            }catch(SQLException e){}
        }
    }
}
```

上述程序运行结果为

```
com.mysql.jdbc.JDBC4Connection@fa5d3
```

程序运行结果不为空，说明连接数据库成功。

说明：因数据库的资源非常有限，开发者在操作完数据库之后必须将其关闭。

11.3　Statement 接口

数据库连接后,即可进行数据库操作。若要对数据库进行操作,则要使用 Statement 接口。Statement 用于将 SQL 语句发送到数据库中,执行对数据库的数据查询或更新。下面介绍 Statement 对象创建及其常用方法。

1. Statement 对象创建

Statement 对象使用 Connection 接口提供的方法来实例化。

public Statement createStatement() throws SQLException　创建 Statement 对象,且由该对象产生默认 ResultSet 对象。

public Statement createStatement(int resultSetType, int resultSetConcurrency) throws SQLException　创建 Statement 对象,且由该对象产生具有给定类型和并发性的 ResultSet 对象。参数 resultSetType 设置 ResultSet 对象的游标是否可滚动;参数 resultSetConcurrency 设置是否可以更新 ResultSet 对象中的数据到数据库。

public Statement createStatement(int resultSetType, int resultSetConcurrency, int resultSetHoldability) throws SQLException　创建 Statement 对象,前两个参数同上;参数 resultSetHoldability 表示事务提交后,是否需要关闭 ResultSet。

2. Statement 接口常用方法

public ResultSet executeQuery(String sql) throws SQLException　执行数据库查询操作,返回 ResultSet 对象。

public int executeUpdate(String sql) throws SQLException　执行数据库更新 SQL 语句。若参数 sql 是 SQL 数据操作语言的语句,如 INSERT、UPDATE、DELETE 语句,返回操作所影响的记录数;若参数 sql 是 SQL 的 DDL 语句,如 CREATE、ALTER、DROP 等,返回 0。

public void addBatch(String sql) throws SQLException　增加待执行的 SQL 语句。

public int[] executeBatch() throws SQLException　批量执行 SQL 语句。

public void close() throws SQLException　关闭 Statement 操作。

为了详细介绍 JDBC 数据库的插入、修改、删除和查询操作。在 MySQL 系统数据库 mysql 中创建 Student 表。创建表的 SQL 语句如下:

```
CREATE  TABLE Student(      //创建 Student 表
  id  INT  AUTO_INCREMENT PRIMARY KEY,      //主键
  name  VARCHAR(30)  NOT NULL,
  password  VARCHAR(32) NOT NULL,
  age  INT NOT NULL,
  sex  VARCHAR(2)  DEFAULT ´男´,
  birthday  DATE    //MySQL 日期格式默认为 yyyy-mm-dd
);
```

【例 11.3】mysql 数据库中的 student 表执行更新操作。

```java
import java.sql.*;
public class StatementDemo {
    public static void main(String[] args)  {
    try{
        Class.forName("com.mysql.jdbc.Driver");
        String strUrl = "jdbc:mysql://localhost:3306/mysql?" + "user='root'
          &password='123456'";
        Connection con = DriverManager.getConnection(strUrl);
        Statement stmt = con.createStatement();
        String sql = "insert into Student(name,password,age,sex,birthday)"
            + "values('张靓','22222',20,'女','1995-7-10')";//插入记录 SQL
          语句
        stmt.executeUpdate(sql);    //执行数据库更新操作
        stmt.close();                  //操作关闭
        con.close();                   //数据库关闭
    }catch(SQLException e){
        System.out.println(e.getMessage());
    }catch(ClassNotFoundException e){
        System.out.println(e.getMessage());
    }
    }
}
```

上述程序运行后,在控制台查询 mysql 数据库的 student 表,得到如图 11.3 所示结果。

图 11.3　执行插入两个学生信息后 student 表内容

将例 11.3 程序中的插入 sql 语句用下面的更新 sql 语句替换,运行程序后,再次查询 student 表发现数据库中数据已经被修改了,如图 11.4 所示。另外,还可将插入 sql 语句用删除 sql 语句替换,请大家自己练习。

```java
String nm = "张强";
int age = 22;
String sql = "update student set name = '" + nm + "',age = " + age + ",sex = '女'
    where id = 2";
```

注意:在字符串 SQL 语句中,字段的值若是字符串,则一定要用"'"括起来;若是数字,则

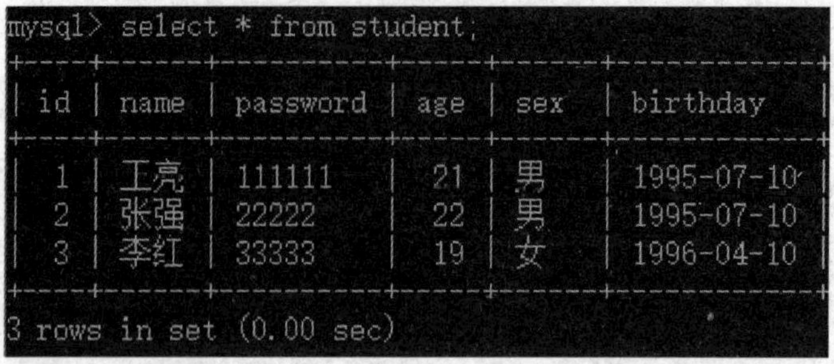

```
mysql> select * from student;
+----+------+----------+-----+------+------------+
| id | name | password | age | sex  | birthday   |
+----+------+----------+-----+------+------------+
|  1 | 王亮 | 111111   |  21 | 男   | 1995-07-10 |
|  2 | 张强 | 22222    |  22 | 男   | 1995-07-10 |
|  3 | 李红 | 33333    |  19 | 女   | 1996-04-10 |
+----+------+----------+-----+------+------------+
3 rows in set (0.00 sec)
```

图 11.4 执行修改 id 是 2 的学生信息后 student 表内容

不需要“'”；若是日期，按照 MySQL 标准日期格式 yyyy-mm-dd 表示，且用“'”括起来。

在数据库操作中都存在关闭方法，一般来说数据库连接只要一关闭，其他的所有操作都会关闭。但是在开发 JDBC 代码时一般习惯按照顺序关闭，即先打开的后关闭。如先关闭 stmt.close()再关闭 con.close()。

11.4 ResultSet 接口

ResultSet(结果集)表示数据库结果集的一个数据表，通常通过执行查询数据库的语句生成，可以说是一个存储查询结果的对象。在结果集中通过游标(cursor)控制具体记录的访问，游标指向结果集中的当前记录。默认的 ResultSet 对象不可更新不可滚动，仅有向前移动的游标。下面介绍 ResultSet 接口提供的属性、方法以及如何创建 ResultSet 对象。

11.4.1 ResultSet 的属性和方法

1. 常量属性

TYPE_FORWARD_ONLY：指定数据库游标在结果集中只能向前移动。

TYPE_SCROLL_INSENSITIVE：指定数据库游标可以在结果集中前后移动，并且当前数据库用户获取的记录集对其他用户的操作不敏感。就是说，当前用户正在浏览结果集中的数据，与此同时，其他用户更新了数据库中的数据，但是当前用户所获取的结果集中的数据不会受到任何影响。

TYPE_SCROLL_SENSITIVE：该常量的作用与 TYPE_SCROLL_INSENSITIVE 相反。

CONCUR_READ_ONLY：指定当前结果集中的数据不可更新。

CONCUR_UPDATABLE：指定当前结果集中的数据可更新。

HOLD_CURSORS_OVER_COMMIT：表示当调用 commit()后，ResultSet 将不会关闭，一般用于只读的结果集中。

CLOSE_CURSORS_AT_COMMIT：表示当调用 commit()后，ResultSet 将会关闭。

注意：并不是所有的数据库都支持这些属性，可以使用描述数据库综合信息的 DatabaseMetaData 接口提供的方法 supportsResultSetConcurrency(int type, int concurrency)、supportsResultSetConcurrency(int type)以及 supportsResultSetHoldability(int holdability)查看数据库对 ResultSet 属性的支持情况。

2. 游标移动方法

public boolean absolute(int row)　将游标移动到指定的行,参数 row 指定了目标行号。

public boolean relative(int rows)　将游标相对于当前行移动若干行,参数 rows 表示移动的行数可正可负。

public boolean first()　将游标移动到结果集中第一行。

public boolean last()　将游标移动到结果集中最后一行。

public void afterLast()　将游标移动到结果集最后一行的后面。

public void beforeFirst()　将游标移动到结果集的第一行的前面。

public boolean previous()　将游标向前移动一行。

public void moveToInsertRow()　将游标移动到插入行,当前的游标位置会被记住。插入行是一个与可更新结果集相关联的特殊行。它实际上是一个缓冲区,将行插入到结果集前可以通过调用更新方法在其中构造新行。当游标位于插入行时,仅能调用更新方法、获取方法以及 insertRow()方法。每次在调用 insertRow()之前调用此方法时,必须为结果集中的所有列分配值。

public void moveToCurrentRow()　将游标移动到当前行。若没有使用 insert 操作,该方法无效;若使用了 insert 操作,该方法用于将游标返回到 insert 操作之前的那一行,离开插入行。

3. 数据获取和更新常用方法

public xxx getXxx(int columnIndex)

public xxx getXxx (String columnName)

public void updateXxx(int columnIndex,xxx x)

public void updateXxx(String columnName,xxx x)

上述方法以列名或列的索引为参数获取或更新列对应的值,其中列索引是从 1 开始递增;参数 x 表示更新的值;xxx 表示各种 Java 数据类型如 int、float、String、Date 等,且必须可以映射为 JDBC 数据类型。另外,ResultSet 中所有类型的数据都可以通过 getString()方法获取。调用 updateXxx()方法并不对数据库中的数据执行更新,只有执行 insertRow()方法或者 updateRow()方法以后,结果集和数据库中的数据才能够真正更新。

4. 行操作常用方法

public void insertRow()　将插入行的内容插入到结果集和数据库中。

public void updateRow()　用当前行的新内容更新底层数据库。

public void deleteRow()　删除结果集和底层数据库中当前行。

public void refreshRow()　刷新结果集中的数据,将最新变化反映到数据库中。

public void cancelRowUpdates()　取消行更新。该方法在 updateXxx()方法之后,updateRow()方法之前执行有效。

11.4.2　ResultSet 对象创建

数据库更新操作通过 Statement 接口中的 executeUpdate()方法实现,而数据库查询操作通过 Statement 接口中的 executeQuery()方法实现,并将查询结果保存在 ResultSet 对象中。

也就是说 ResultSet 对象是通过 Statement 对象调用 executeQuery()方法执行后产生的。因此,ResultSet 对象所具有的特点完全取决于 Statement 对象。下面介绍创建具有不同特点的 ResultSet 对象的方法。

1. 默认的 ResultSet 对象

该类型 ResultSet 对象是不可滚动、不可更新的,只能使用 next()方法从第一行到最后一行顺序读取结果集中的数据,不能够前后移动游标读取数据。这种 ResultSet 对象创建方式如下:

　　　Statement st = con.createStatement()//con 表示已创建的 Connection 对象,
下同

　　　ResultSet rs = st.excuteQuery(sqlStr);//sqlStr 表示 SQL 查询语句,下同

使用该 Statement 对象 st 调用 executeQuery()方法执行 SQL 查询语句得到的 ResultSet 对象是不可滚动、不可更新的。

【例 11.4】对 mysql 数据库中的 student 表执行查询操作。

```
import java.sql.*;
public class ResultSetDemo {
    public static void main(String[] args)   throws Exception {
        ⋮   //省略连接数据库代码请参考例 11.3
        Statement stmt = con.createStatement();
        ResultSet rs = stmt.executeQuery("select * from student");
                                        //默认 ResultSet 对象
        while(rs.next()){
            System.out.print(rs.getString(1) + "\t");
            System.out.print(rs.getString(2) + "\t");
            System.out.print(rs.getString(3) + "\t");
            System.out.print(rs.getString(4) + "\t");
            System.out.print(rs.getString(5) + "\t");
            System.out.println(rs.getString(6));
        }
        stmt.close();
        con.close();
    }
}
```

上述程序运行结果如图 11.5 所示。在程序中根据列的索引获取数据,当然也可以根据列的名称获取值。

2. 可滚动、可更新的 ResultSet 对象

可滚动的 ResultSet 对象支持使用 next()、previous()、relative(int n)、absolute(int n)等方法前后滚动或精确定位游标来读取数据;可更新的 ResultSet 对象支持对数据库中表的数据进行修改。这种 ResultSet 对象创建方法如下:

```
<terminated> ResultSetDemo [Java Application] C:\Program Files\Java\jre1.8.0_40\bin\javaw.exe (2016年
1        王亮        111111    21        男        1995-07-10
2        张强        22222     22        男        1995-07-10
3        李红        33333     19        女        1996-04-10
4        王芳        44444     22        女        1994-07-06
```

图 11.5　查询 student 表的内容

```
Statement st = con. createStatement (ResultSet. TYPE_SCROLL_INSENSITIVE,
    ResultSet. CONCUR_UPDATABLE);
 ResultSet rs = st. excuteQuery(sqlStr);
```

使用该 Statement 对象 st 调用 executeQuery()方法执行 SQL 查询语句得到的 ResultSet 对象是可滚动和可更新的。另外,给 createStatement()方法中参数取不同的值,对于相同的 SQL 查询语句,产生的 ResultSet 对象具有的特点也不一样。

【例 11.5】创建可滚动、可更新的 ResultSet 对象。

```
    import java. sql. * ;
    public class ScrollResultSetDemo {
        public static void main(String[] args) throws Exception {
            ⋮      //省略连接数据库代码请参考例 11.3
            Statement stmt = con. createStatement(ResultSet. TYPE_SCROLL_INSENSITIVE,
                ResultSet. CONCUR_UPDATABLE);
            ResultSet rs = stmt. executeQuery("select * from student");
            rs. absolute(2);            //游标滚动到第 2 行
            System. out. println("第 2 行第 2 列修改前内容:" + rs. getString(2));
            rs. updateString(2,"张强");   //修改第 2 行第 2 列的内容
            rs. updateRow();              //更新数据库中表的数据
            System. out. println("第 2 行第 2 列修改后内容:" + rs. getString(2));
            rs. first();                  //游标滚动到第 1 行
            System. out. println("第 1 行第 2 列内容:" + rs. getString(2));
            stmt. close();
            con. close();
        }
    }
```

当 ResultSet 对象可滚动、可更新时,可以利用游标移动方法随意访问数据,也可更新数据库中的数据。不同的数据更新操作方法总结如下。

• 数据库插入新行的操作流程

(1)调用 moveToInsertRow()方法;

(2)调用 updateXxx()方法指定插入行各列的值;

(3)调用 insertRow()方法往数据库中插入新的行。

• 更新数据库中某个记录的值(某行的值)操作流程

(1)定位到需要修改的行(使用 absolute()、relative()等方法定位);

(2)使用相应 updateXxx()方法设定某行某列的新值;如果希望 rollback 该项操作,请在调用 updateRow()方法以前,使用 cancelRowUpdates()方法;

(3)使用 updateRow()方法完成更新操作。

• 删除结果集中某行(亦即删除某个记录)的操作流程

(1)定位到需要删除的行;

(2)使用 deleteRow()方法删除数据库中的行。

【例 11.6】利用可滚动、可更新的 ResultSet 对象实现数据库的更新操作。

```java
import java.sql.*;
public class ResultSetUpDateDemo {
    public static void printResultSet(ResultSet rs) throws SQLException{
        while(rs.next()){
            System.out.print(rs.getString(1) + "\t");
            System.out.print(rs.getString(2) + "\t");
            System.out.print(rs.getString(3) + "\t");
            System.out.print(rs.getString(4) + "\t");
            System.out.print(rs.getString(5) + "\t");
            System.out.println(rs.getString(6));
        }
    }
    public static void main(String[] args) throws Exception{
        ⋮//省略 Connection 对象、Statement 对象和 ResultSet 对象创建参考例 11.5
        printResultSet(rs);                //输出表中更新前所有记录
        //插入行操作
        rs.moveToInsertRow();              //游标移动到插入行
        rs.updateString(2, "John");        //更新行中每列值
        rs.updateString(3,"zzzzz");
        rs.updateInt(4, 18);
        rs.updateString(5, "女");
        rs.updateString(6, "1980 - 09 - 12");
        rs.insertRow();                    //更新数据库
        printResultSet(rs);                //输出表中插入行后所有记录
        //删除行操作
        rs.absolute(5);                    //定位到第 5 行
        rs.deleteRow();                    //删除数据库中的第 5 行记录
        rs.beforeFirst();                  //滚动游标到首行之前
        printResultSet(rs);                //输出表中删除行所有记录
        stmt.close();
        con.close();
```

```
        }
    }
```

说明：调用 updateRow()或 insertRow()方法完成对数据库的数据更新之前，必须保证游标没有离开当前要更新的行，否则更新操作将不会被提交。另外，使用 CONCUR_UPDAT-ABLE 参数来创建 Statement，得到的结果集也并非一定是"可更新的"。如果你的结果集来自于合并查询，即该查询的结果来自多个表格，那么这样的结果集就可能不是可更新的结果集。通常使用 ResuleSet 类的 getConcurrency()方法来确定结果集是否可更新。

11.5 JDBC 高级特征

上面介绍的仅是 JDBC 最基本的数据库访问方法，JDBC 中还提供了一些高级的特性，如预编译语句、CallableStatement 接口、批处理、事务处理等。下面将分别介绍。

11.5.1 预编译语句

预编译语句 PreparedStatement 是 Statement 的子接口。通过 Statement 对象执行 SQL 语句时，需要将 SQL 语句发送给 DBMS，由 DBMS 首先进行编译然后再执行。PreparedState-ment 与 Statement 不同，在创建 PreparedStatement 对象时将指定的 SQL 语句发送给 DBMS 进行编译并保存在内存中，在执行时 DBMS 不需重新编译该 SQL 语句就可直接运行。因此 PreparedStatement 对象的执行效率高于 Statement 对象，在实际开发中一般使用前者。特别是当一个 SQL 语句需要多次执行时，使用预编译语句可大大缩短执行时间，提高执行效率。

1. 预编译语句的创建

预编译语句的创建由 Connection 接口提供的方法完成。

PreparedStatement prepareStatement(String sql) throws SQLException

PreparedStatement prepareStatement(String sql, int reSetType, int reSetConcurrency) throws SQLException

上述方法表示创建预编译 SQL 语句的 PreparedStatement 对象。参数 sql 是包含参数占位符"?"的 SQL 语句；参数 reSetType 和 reSetConcurrency 的取值同创建 Statement 对象。

例如，创建预编译语句对象的语句如下：

```
    String  sql = "UPDATE student SET age = ? WHERE id = ? ";
    PreparedStatement  updateage = con. prepareStatement(sql) ;
```

2. 设置参数值方法

public void setInt(int parameterIndex, int x) throws SQLException

public void setFloat(int parameterIndex, float x) throws SQLException

public void setDouble(int parameterIndex, double x) throws SQLException

public void setString(int parameterIndex, String x) throws SQLException

public void setDate(int parameterIndex, Date x) throws SQLException

上述方法中，参数 paramlndex 是 SQL 语句中参数占位符"?"的位置序号；参数 x 是要设置的参数值。另外，在 setDate()方法中参数 x 类型 Date 是 java. sql. Date，而不是 java. util. Date。

例如:设置参数值语句。

　　updateage. setInt(l, 19) ; //设置第一个参数占位符"?"对应字段 age 的值为 19

　　updateage. setString(2, 3) ; //设置第二个参数占位符"?"对应字段 id 的值为 3

注意:预编译语句中的参数经过设置后,其值将一直保留,直到被设为新的值或调用了该预编译语句的 clearParameters()方法将所有的设置清除。

3. 执行预编译 SQL 语句方法

一般在需要反复使用一个 SQL 语句时,应使用预编译语句。因此预编译语句执行常常放在一个 for 或 while 循环中使用,通过循环反复设置参数从而多次使用该 SQL 语句。常用的预编译语句执行方法为:

```
public int executeUpdate() throws SQLException
public ResultSet executeQuery() throws SQLException
```

【例 11.7】通过预编译语句实现对 student 表的插入、更新、删除操作。

```java
import java.sql. * ;
import java.text. * ;
public class PreparedStatementDemo {
    public static void main(String[] args) throws Exception {
        Class. forName("com. mysql. jdbc. Driver");
        String strUrl = "jdbc:mysql://localhost:3306/mysql? user = 'root'
            &password = '123456'";
        Connection con = DriverManager. getConnection(strUrl);
        //插入操作
          String sqlInsert = " insert into student (name, password, age, sex,
              birthday)" + "values(?,?,?,?,?)";
          PreparedStatement pstmt = con. prepareStatement(sqlInsert);
                                               //预编译语句对象
          SimpleDateFormat sdf = new SimpleDateFormat("yyyy-MM-dd");
          java. util. Date temp = sdf. parse("2007 - 02 - 12"); //将日期字符串转换
                                                为 Date 类型
          Date date = new Date(temp. getTime());
          pstmt. setString(1,"赵亮");
          pstmt. setString(2, "666666");
          pstmt. setInt(3, 21);
          pstmt. setString(4, "男");
          pstmt. setDate(5, date);
          pstmt. executeUpdate();      //执行预编译 SQL
          pstmt. close();
          con. close();
    }
}
```

上述程序运行后,在控制台查询 student 表得到的结果如图 11.6(a)所示。

（a)执行插入操作的结果　　　　　　　　　　（b)执行更新操作的结果

(c)执行删除操作的结果

图 11.6　例 11.7 程序执行结果

另外,将例 11.7 中插入操作代码分别用下面的更新和删除操作代码替换,程序执行后,查询 student 表的结果分别如图 11.6(b)和图 11.6(c)所示。

```
//更新操作,将 student 表中的名字赵亮更新为朱琳
String sqlupdate = "update student set name = ? where name = ?";
PreparedStatement pstmt = con.prepareStatement(sqlupdate);
                                                      //预编译 SQL 语句对象
pstmt.setString(1,"朱琳");   //设置第一个参数"?"的值
pstmt.setString(2,"赵亮");   //设置第二个参数"?"的值
pstmt.executeUpdate();
//删除操作,将 student 表中名字是朱琳的记录删除
String sqldelete = "delete from student where name = ?";
PreparedStatement pstmt = con.prepareStatement(sqldelete);
                                                      //预编译 SQL 语句对象
pstmt.setString(1,"朱琳");
pstmt.executeUpdate();
```

11.5.2　CallableStatement 接口

常用操作数据库语言的 SQL 语句在执行时需要先编译后执行。存储过程(Stored Procedure)是一组完成特定功能的 SQL 语句集,经编译后存储在数据库中,用户通过指定存储过程的名字并给定参数(如果该存储过程带有参数)来调用执行它。

CallableStatement 是 PreparedStatement 子接口,用于执行 SQL 存储过程。JDBC API 提供了调用存储过程标准 SQL 语法即{[? =] call ＜procedure-name＞[(＜arg1＞,＜arg2＞,...)]},该语法允许对所有 RDBMS 存储过程使用标准方式调用。此语法有两种形式:带结果参数和不带结果参数。结果参数是一种输出参数,是储存过程的返回值。两种形式都可

带有数量可变的输入(IN)、输出(OUT)或输入和输出(INOUT)参数。参数是根据索引编号按顺序引用的,第一个参数的索引编号是 1。下面介绍 CallableStatement 接口创建及其常用方法。

1. CallableStatement 对象创建

CallableStatement 对象是通过 Connection 对象提供的方法创建的。创建该对象的常用方法如下。

public CallableStatement prepareCall(String sql) throws SQLException

public CallableStatement prepareCall(String sql,int resultSetType,int resultSetConcurrency) throws SQLException

上述方法创建包含调用存储过程的 CallableStatement 对象。参数 sql 表示调用存储过程标准 SQL 语句字符串;参数 resultSetType 和 resultSetConcurrency 取值同创建 PreparedStatement 对象的方法参数。

2. CallableStatement 接口常用方法

该接口提供的方法用来设置、获取调用存储过程标准 SQL 语句中的参数值以及注册参数的数据类型。

public xxx getXxx(int parameterIndex)throws SQLException　　获取指定序号的参数值。其中 xxx 为 Java 数据类型,下同。

public xxx getXxx(String parameterName)throws SQLException　　获取指定参数名的参数值。

public void setXxx(int parameterIndex, xxx x)throws SQLException　　设置指定序号的参数值。

public void setXxx(String parameterName, xxx x)throws SQLException　　给参数名是 parameterName 的参数设置 x 值。

public void registerOutParameter(int parameterIndex, int sqlType)throws SQLException　　为指定序号的参数注册数据类型 sqlType,参数 sqlType 取值为 java. sql. Types 中指定的 JDBC 类型。

public void registerOutParameter(String parameterName, int sqlType)throws SQLException　　为指定名称的参数注册类型 sqlType,参数 sqlType 取值同上。

由于 SQL 数据类型和 Java 数据类型是不同的,因此需要某种机制在使用 Java 数据类型的应用程序和使用 SQL 数据类型的数据库之间来读写数据。为此,JDBC 提供了 getXxx()和 setXxx()方法集、registerOutParameter()方法和 Types 类。

Types 类中定义了一系列的常规 SQL 数据类型标识符,又称 JDBC 数据类型。这些类型可用于表示那些最为常用的 SQL 数据类型。在用 JDBC API 编程时,程序员通常可以使用这些 JDBC 数据类型来引用一般的 SQL 数据类型,而无需关心目标数据库所用的确切 SQL 数据类型的名称。registerOutParameter()方法为参数注册 JDBC 数据类型。ResultSet、CallableStatement 和 PreparedStatement 提供的 getXxx()和 setXxx()方法所操作的数据类型 Xxx 是 Java 数据类型。对于 setXxx()方法,驱动程序先把 Java 数据类型转换为 JDBC 数据类型,再把它送到数据库中;而对于 getXxx()方法,驱动程序先把数据库返回的 JDBC 数据类型转换为 Java 数据类型,再把它返回给 getXxx()方法。

3. 利用 CallableStatement 调用存储过程的方法

很多 DBMS 都支持存储过程,但不同 DBMS 之间存储过程的语法和功能都相差很大。下面以 MySQL 5.5 数据库的存储过程为例,介绍 CallableStatement 接口调用存储过程的方法。

1)创建 MySQL 存储过程的方法

```
CREATE PROCEDURE 存储过程名 ([IN|OUT|INOUT] 参数名 数据类型[,[IN|OUT|IN-
OUT] 参数名 数据类型,...])
BEGIN
MySQL 语句代码块
END
```

说明:参数类型有 IN (输入)参数、OUT(输出)参数和 INOUT(输入输出)混合参数。

IN 参数:此类型参数值在调用之前必须被指定,用于从外部传递给存储过程使用,在存储过程中可被修改但不能返回。该类型是默认参数类型。

OUT 参数:此类型参数值可在存储过程内部被修改,并可返回。

INOUT 混合参数:此类型参数值调用时指定,并且可被改变和返回。

若仅把数据传给 MySQL 存储过程,就使用 IN 类型参数;若仅从 MySQL 存储过程返回值,则使用 OUT 类型参数;若需要把数据传给 MySQL 存储过程,还要经计算后再返回,则使用 INOUT 类型参数。

例 1. 在数据库 mysql 中创建无参数的存储过程 query_student。该存储过程实现查询 student 表中所有记录,其 SQL 代码如下:

```
create procedure query_student ()
begin
    select * from student;
end
```

例 2. 在数据库 mysql 中创建带 IN 参数的存储过程 insert_student。该存储过程实现向 student 表插入记录,其 SQL 代码如下:

```
create procedure insert_student( IN stu_name VARCHAR(30),
    IN stu_password VARCHAR(32), IN stu_age INT, IN stu_sex VARCHAR(2),
    IN stu_birth DATE)
begin
    INSERT INTO student(name,password,age,sex,birthday)
    VALUES(stu_name,stu_password,stu_age,stu_sex,stu_birth);
end
```

例 3. 在数据库 mysql 中创建带有 INOUT 参数和 OUT 参数的存储过程 query_student_name,该存储过程根据学生的 id 返回 id 及其对应姓名,其 SQL 代码如下:

```
CREATE PROCEDURE query_student_name(
    INOUT stuID INT,OUT stu_name VARCHAR(30))˝
BEGIN
    //将查询到的 name 保存在 stu_name
```

```
            select name into stu_name from student where id = stuID;
        END
```

2）CallableStatement 接口调用存储过程的方法

JDBC API 调用存储过程标准 SQL 语句是｛call ＜procedure-name＞[(＜arg1＞,＜arg2＞,...)]｝。其中参数使用占位符"?"来表示,并根据占位符的索引号来绑定输入参数和注册输出参数。

在 Java 程序中通过 JDBC 调用存储过程时,首先通过数据库连接 Connection 的 prepareCall()方法创建包含调用存储过程 SQL 语句的 CallableStatement 对象。在执行存储过程之前,对 IN 参数使用继承自 PreparedStatement 的 set()方法进行设置;对 OUT 参数使用 registerOutParameter()方法为其注册 JDBC 数据类型。然后调用 CallableStatement 的 executeUpdate()或 execute()或 executeQuery()方法执行存储过程,并通过 CallableStatement 提供的 get()方法获取输出类型参数的值。若存储过程返回 ResultSet 结果集,则按传统的方式获取结果集中的数据。下面将对创建 MySQL 存储过程方法中定义的带有不同类型参数的存储过程调用进行介绍。

【例 11.8(a)】CallableStatement 调用存储过程 query_student。

```java
import java.sql.*;
public class StoreProcedureDemo {
    public static void main(String[] args) throws Exception {
        Class.forName("com.mysql.jdbc.Driver");
        String strUrl = "jdbc:mysql://localhost:3306/mysql? user = 'root'
            &password = '123456'";
        Connection con = DriverManager.getConnection(strUrl);
        String procStr = "{callquery_student ()}"; //调用存储过程 call SQL 字符串
        //创建包含调用存储过程的 CallableStatement 对象
        CallableStatement callstmt = con.prepareCall(procStr);
        ResultSet rs = callstmt.executeQuery();        //执行存储过程
        while(rs.next()){
            System.out.print(rs.getString(1) + "\t");
            System.out.print(rs.getString(2) + "\t");
            System.out.print(rs.getString(3) + "\t");
            System.out.print(rs.getString(4) + "\t");
            System.out.print(rs.getString(5) + "\t");
            System.out.println(rs.getString(6));
        }
        callstmt.close();
        con.close();
    }
}
```

执行上述程序后,将输出 student 表中所有记录。

【例 11.8(b)】CallableStatement 调用存储过程 insert_student。

```
import java.sql. * ;
public class StoreProcedureWithIN {
    public static void main(String[] args) throws Exception {
        ⋮        //省略创建数据库连接
        //创建包含带参数的存储过程的 CallableStatement 对象
        CallableStatement callstmt = con.prepareCall("CALL insert_student
            (?,?,?,?,?)");
        //按占位符? 的索引编号设置 IN 参数的值
        callstmt.setString(1,"李艳");        //为第一个"?"设置参数值
        callstmt.setString(2,"123456");        //为第二个"?"设置参数值
        callstmt.setInt(3, 19);
        callstmt.setString(4,"女");
        callstmt.setString(5,"1985 - 3 - 12");
        callstmt.executeUpdate();            //执行存储过程完成添加记录
        callstmt.close();
        con.close();
    }
}
```

执行上述程序后,将向 student 表中添加一条记录。

【例 11.8(c)】CallableStatement 调用存储过程 query_student_name。

```
import java.sql. * ;
public class StoreProceduerWithOUT {
    public static void main(String[] args)throws Exception {
        ...//省略创建数据库连接
        String procStr = "{call query_student_name(?,?)}";
        CallableStatement callstmt = con.prepareCall(procStr);
        callstmt.setInt(1, 3);                        //设置第一个"?"的值
        callstmt.registerOutParameter(1, Types.INTEGER);//注册 OUT 参数类型
        callstmt.registerOutParameter(2, Types.VARCHAR);//注册 OUT 参数类型
        callstmt.executeUpdate();                    //执行存储过程
        int stu_id = callstmt.getInt(1);            // 获取 OUT 参数的值
        String stu_name = callstmt.getString(2);    //获取 OUT 参数的值
        System.out.println("学号:" + stu_id);
        System.out.println("姓名:" + stu_name);
        callstmt.close();
        con.close();  }
}
```

上述程序运行后,输出学生的学号及其对应的学生姓名。

说明:INOUT 参数是即支持输入又接收输出的参数,除了调用适当的 setXxx()方法为其设置参数值,还要调用 registerOutParameter()方法为其注册 JDBC 数据类型。然后,再调用 getXxx()方法检索输出值。注意:为 INOUT 参数注册的 JDBC 数据类型必须是 INOUT 参数作为 IN 参数的 Java 数据类型所对应的 JDBC 数据类型。

11.5.3　批处理

当需要向数据库发送多条 SQL 语句时,应避免向数据库一条一条地发送,而应采用 JDBC 的批处理机制,以提升执行效率。JDBC 实现批处理的方式有两种:Statement 的 addBatch(sql)和 PreparedStatement 的 addBatch()。

1. 使用 Statement 实现批处理

1)实现批处理流程

(1)addBatch(sql):添加要批量执行的 SQL 语句。

(2)executeBatch():执行批处理命令。

(3)clearBatch():清除当前 Statement 对象中 SQL 命令。

例如,向 student 表中添加和更新学生记录的批处理代码如下:

```
    ⋮
    Statement stmt = con. createStatement();
    String sql1 = "insert into Student(name,password,age,sex,birthday)" +
            "values('王芳','44444',22,'女','1994 - 7 - 6')";
    String sql2 = "update student set name = '张强',age = 21,sex = '男'where id = 2";
    stmt. addBatch(sql1);
    stmt. addBatch(sql2);
    stmt. executeBatch();
    stmt. clearBatch();
    ⋮
```

2)优缺点

可以向数据库发送多条不同的 SQL 语句。但是,SQL 语句没有预编译,执行效率低;特别是当向数据库发送多条且仅参数不同的 SQL 语句时,需重复写多条 SQL 语句。

2. 使用 PreparedStatement 实现批处理

1)实现批处理流程

(1)addBatch():添加已编译的 SQL 语句。

(2)executeBatch():执行批处理命令。

(3)clearBatch():清除当前 PreparedStatement 对象中 SQL 命令。

例如,向 student 表中添加若干条女学生记录的批处理代码如下:

```
    ⋮
    PreparedStatement pstmt = con. prepareStatement(sql);
    String stu_name[] = {"Tom","Rose","Joe"};
    String stu_password[] = {"010101","111111","222222"};
```

```
int stu_age[] = {19,20,21};
String stu_birthday[] = {"1997 - 1 - 1","1996 - 4 - 10","1995 - 7 - 11"};
for(int i = 0;i<3;i + + ){
    pstmt.setString(1, stu_name[i]);
    pstmt.setString(2, stu_password[i]);
    pstmt.setInt(3, stu_age[i]);
    pstmt.setString(4, "女");
    pstmt.setString(5, stu_birthday[i]);
    pstmt.addBatch();
}
pstmt.executeBatch();
pstmt.clearBatch();
    ⋮
```

2)优缺点

发送的是预编译后的 SQL 语句,执行效率高。但是,只能应用在 SQL 语句相同、但参数不同的批处理中。因此此种形式的批处理经常用于在同一个表中批量插入数据,或批量更新表的数据。

11.5.4 事务处理

对数据库进行并发操作时,为了避免由于并发操作带来数据不一致等问题,一般要将同一个任务中对数据库的相关操作置于一个事务之中。JDBC 也提供了对事务开发的支持,下面介绍 JDBC 事务管理。

1.事务介绍

事物是 SQL 中的单个逻辑工作单元,一个事务内的所有语句被作为整体执行,同一个事务中的所有操作要么全部执行成功,要么都不执行。遇到错误时,可以回滚该事务,取消事务所做的所有改变,从而可以保证数据库的一致性和可恢复性。

一个事务逻辑工作单元必须具有:原子性(Atomicity)、一致性(Consistency)、隔离性(Isolation)和永久性(Durability)四种特性。原子性是指一个事务必须作为一个原子单位,它所做的数据修改操作要么全部执行,要么全部取消。一致性是指当事务完成后,数据必须保证处于一致性的状态。隔离是指一个事务所做的修改必须能够跟其他事务所做的修改分离开来,以免在并发处理时发生数据错误。永久性是指事务完成后,它对数据库所做的修改应该被永久保持。

2.事务方法

JDBC 实现事务操作主要使用 Connection 对象中提供的方法。

(1)void setAutoCommit(boolean autoCommit) 设置事务的提交模式。若参数 auto-Commit 的值为 true,即自动提交模式;若参数 autoCommit 的值为 false,关闭自动提交事务。一个连接在创建后就采用一种自动提交模式,即每一个 SQL 语句都被看作是一个事务,在执行后其执行结果对数据库中的数据的影响将是永久的。要把多个 SQL 语句作为一个事务就要关闭这种自动提交模式,即通过当前的 Connection 对象调用 setAutoCommit(false)来实现。

(2)void commit() 提交当前的事务。当连接的自动提交模式被关闭后,SQL 语句的执行结果将不被提交,直到显式调用数据库连接的 commit()方法。从上一次 commit()方法调用后到本次 commit()方法调用之间的 SQL 语句被看作是一个事务。

(3)void rollback() 回滚当前的事务。当一个事务执行过程中出现异常而失败时,为了保证数据的一致性,该事务必须回滚。该方法将取消事务,并将事务已执行部分对数据的修改恢复到事务执行前的值。

(4)Savepoint setSavepoint() 设置事务的回滚点。savepoint 代表事务中保存点,是对事务中 SQL 语句子集完成的工作提供细化控制。运用 savepoint 可将事务分割为多个逻辑断点,以控制有多少事务需要回滚,这样当事务回滚时就不会回滚到事务的起始状态,而是回滚到指定的保存点 savepoint。一个事务中可运用多个 savepoint,通过调用 releaseSavepoint (savepoint)方法,或者通过提交事务、回滚整个事务来释放 savepoints。

3. 事务操作步骤

(1)首先关闭事务自动提交模式。

(2)若事务的操作都成功,则提交事务;一旦发生异常则回滚事务。

```
try{
    conn.setAutoCommit(false);//关闭事务自动提交
    ⋮                          //事务中语句
    conn.commit();            //提交事务
}catch(Exception e){
    ⋮
    conn.rollback();          //回滚事务
}
```

(3)关闭连接,最好放在 finally 代码块中,这样可以确保关闭链接的操作执行。

【例 11.9】假设在 MySQL 数据库中创建名为 userDB 的数据库,该数据库中有员工信息和员工地址明细两张表,其表结构如下。在事务中实现向 Employee 表和 Empl_Address 表插入记录。

Employee 表结构

序号	字段名	字段类型	长度	是否为空	说明
1	empid	int	11	否	关键字
2	name	varchar	10	是	姓名

Empl_Address 表结构

序号	字段名	字段类型	长度	是否为空	说明
1	empid	int	11	否	关键字
2	address	varchar	15	是	地址
3	city	varchar	10	是	城市
4	country	varchar	10	是	国籍

```java
import java.sql. * ;
public class TranscationProcessDemo {
    public static void main(String[] args) {
        Connection con = null;
        Statement stmt = null;
        try {
            Class. forName("com.mysql.jdbc.Driver");
            String strUrl = "jdbc:mysql://localhost:3306/userDB? user = 'root'
                &password = '1234567'";
            con = DriverManager.getConnection(strUrl);
            con.setAutoCommit(false);              //关闭事务自动提交
            stmt = con.createStatement();
            String insertemplsql = "insert into Employee (empId, name) values (1,'John')";
            String insertaddrsql = "insert into Empl_Address (empId, address,
                city, country) values" + "(1,'100 Washington Square East','New
                York','America')";
            stmt.executeUpdate(insertemplsql);     //向 Employee 插入数据
            stmt.executeUpdate(insertaddrsql);     //向 Empl_Address 插入数据
            con.commit();                          //提交事务
        } catch (SQLException e) {
            System.out.println(e.getMessage());
            try {
                con.rollback();
                System.out.println("JDBC Transaction rolled back successfully");
            } catch (SQLException e1) {   System.out.println(e.getMessage());    }
        }catch (ClassNotFoundException e) {   e.printStackTrace(); }
        finally {
            try {
                if(stmt!  = null) stmt.close();
                if(con!  = null)con.close();
            } catch (SQLException e) {   e.printStackTrace();    }
        }
    }    // main end
}       // class end
```

上述程序在向 Empl_Address 表插入数据时,由于插入的地址数据超过 address 字段的长度 15 而产生 SQLException 异常,该异常由 catch (SQLException e)语句捕获,并执行事务回滚。虽然事务中向 Employee 表插入数据成功,但由于事务回滚成功插入的数据被取消。当插入的数据长度小于表中字段要求的长度时,重新运行程序就能够把数据插到表中。注意:只有当事务中所有语句都成功执行后,连接才会提交事务。如果其中任何一个语句抛出异常,整个事务就会回滚。上述程序运行结果如下：

Data truncation：Data too long for column ′address′ at row 1

JDBC Transaction rolled back successfully

在执行事务回滚时，有时候不需要回滚整个事务，而是回滚部分事务即回滚到事务中某个点。JDBC 提供的 Savepoint(保存点)和 rollback 命令可以解决这个问题。保存点是事务过程中的一个逻辑点，可以将大量事务操作划分为较小的、更易于管理的组；rollback 命令可以撤销一组事务操作。保存点与回滚命令结合使用，允许用户在回滚事务时不必回滚整个事务。另外，事务回滚到一个保存点，会使其他所有保存点自动释放并变为无效。

【例 11.10】在例 11.9 中再创建一张记录员工信息保存成功的日志表 Employee_Logs，其表结构如下。因为它只用于日志记录，当插入日志表有任何异常时，不希望回滚整个事务。

Employee_Logs 表结构

序号	字段名	字段类型	长度	是否为空	说明
1	id	int	11	否	关键字,自动增加
2	message	varchar	20	是	信息

下面程序使用 JDBC 的 Savepoint 来实现事务部分回滚。

```java
import java.sql.*;
public class SavePointDemo {
    public static void main(String[] args) {
        Connection con = null;
        Statement stmt = null;
        Savepoint savepoint = null;
        try {
            ⋮ //省略代码同例 11.9
            String insertemplsql = "insert into Employee (empId, name) values
                (2,′张力′)";
            String insertaddrsql = "insert into Address (empId, address, city,
                country) values" + "(2,′河西区黄河道 13 号′,′天津′,′中国′)";
            String insertlogsql = "insert into Employee_Logs(message) values (′Em-
                ployee information saved successfully for ID 1)′)";
            stmt.executeUpdate(insertemplsql);
            stmt.executeUpdate(insertaddrsql);
            savepoint = con.setSavepoint();          //创建保存点
            stmt.executeUpdate(insertlogsql);
            con.commit();                            //提交事务
        } catch (SQLException e) {
            System.out.println(e.getMessage());
            try {
```

```
        if (savepoint = = null) {
        //向 Employee 或 Empl_Address 插入数据时产生 SQLException
         con. rollback();
         System. out. println("JDBC Transaction rolled back successfully");
        } else {
        //当向 Employee_Logs 表插入数据产生异常时,回滚到保存点
        con. rollback(savepoint);
        con. commit();                          //提交事务
        }
    }catch (SQLException e1) {
        System. out. println("SQLException in rollback" + e1. getMessage());
    }
    }catch (ClassNotFoundException e) { e. printStackTrace();     }
    finally {
        try {
            if(stmt! = null)stmt. close();
            if(con ! = null)con. close();
        } catch (SQLException e) { e. printStackTrace(); }
    }
}           //main end
}           //class end
```

上述程序在数据成功插入 Employee 表和 Empl_Address 表后,创建了一个 Savepoint。如果抛出 SQLException,而 Savepoint 为空,意味着在执行插入 Employee 或者 Empl_Address 表时发生了异常,需要回滚整个事务。如果 Savepoint 不为空,意味着 SQLException 由插入日志表 Employee_Logs 操作引发,只回滚事务到保存点,然后提交事务。此时查看数据库表,可以看到数据成功地插入到了 Employee 表和 Empl_Address 表。

上述程序运行时由于插入日志的信息长度超过表中字段 message 规定长度而引发异常,其运行结果为:

Data truncation: Data too long for column ´message´ at row 1

小　结

本章主要介绍了 JDBC 的概念和体系结构、JDBC 驱动类型和 JDBC API。重点阐述了利用 JDBC 访问数据库的一般步骤:包括加载数据库驱动、连接数据库和访问数据库。同时还介绍了预编译语句、存储过程访问、批处理和事务处理方面的相关知识。通过本章的学习,再结合 Java 的 GUI 编程,应能进行简单的数据库编程和开发。

习　题

一、选择题

1. JDBC API 对应的包为（　　　）。

A. java. net　　　　　　B. java. io　　　　　　C. java. sql　　　　　　D. java. jdbc

2. 使用 Class 类的（　　　）方法可载入一个数据库驱动。

A. getClass()　　　　　B. getName()　　　　　C. forClass()　　　　　D. forName()

3. 以下说法正确的是（　　　）。

A. executeQuery()方法可能会产生一个 SQLException 异常

B. 可使用 Statement 对象的 executeQuery()方法来更新数据库

C. 若结果集中某列的 SQL 类型为数字型,则可以使用 getInt()来获得该列对应的值

D. 以上都正确

4. 下列哪个 SQL 语句不能用于 executeUpdate()方法中？（　　　）

A. INSERT　　　　　　B. SELECT　　　　　　C. UPDATE　　　　　　D. DELETE

5. 使用 JDBC 时,必须先利用驱动程序管理器的静态方法获得一个（　　　）。

A. Connection　　　　　B. Statement　　　　　C. 驱动程序　　　　　D. ResultSet

6. Statement 对象实现（　　　）。

A. 数据库的连接　　　　　　　　　　　　B. 载入一个数据库驱动程序

C. 执行检索或修改数据库内数据的 SQL　　D. 以上答案都不对

7. 如果需要返回查询结果,JDBC 的 API 通过返回一个（　　　）对象来表达。

A. Connection　　　　B. PreparedStatement　C. Statement　　　　　D. ResultSet

8. 关于 Statement 常用的方法下列说法不正确的是（　　　）。

A. execute()和 executeQuery()一样都返回单个结果集

B. executeUpdate()用于执行 INSERT、UPDATE 或 DELETE 语句以及 SQLDDL 语句

C. execute()用于执行返回多个结果集、多个更新计数或二者组合的语句

D. executeQuery() 用于产生单个结果集的语句

9. 如果为下列预编译 SQL 的第 3 个问号赋值,那么正确的选项是（　　　）。

　　　　　UPDATE emp SET ename＝?,job＝?,salary＝? WHERE empno＝?;

A. pst. setInt("3",2000);　　　　　　　　B. pst. setInt(3,2000);

C. pst. setFloat("salary",2000);　　　　　D. pst. setString("salary","2000");

10. 下列描述中错误的是（　　　）。

A. Statement 的 executeQuery()方法会返回一个结果集

B. Statement 的 executeUpdate()方法会返回是否更新成功的 boolean 值

C. 使用 ResultSet 中的 getString()方法可以获得一个对应于数据库中 char 类型的值

D. ResultSet 中的 next()方法会使结果集中的下一行成为当前行

11. 下面有关 JDBC 事务的描述正确的是（　　　）。

A. JDBC 事务默认为自动提交,每执行一条 SQL 语句就会开启一个事务,执行完毕之后
自动提交事物,如果出现异常自动回滚事务

B.JDBC 的事务不同于数据库的事务,JDBC 的事务依赖于 JDBC 驱动文件,拥有独立于
　　数据库的日志文件,因此 JDBC 的事务可以替代数据库事务

C.如果需要开启手动提交事务需要调用 Connection 对象的 start()方法

D.如果事务没有提交就关闭了 Connection 连接,那么 JDBC 会自动提交事务

12.下面关于 PreparedStatement 的说法错误的是(　　　)。

A.PreparedStatement 继承了 Statement

B.PreparedStatement 可以有效地防止 SQL 注入

C.PreparedStatement 不能用于批量更新的操作

D.PreparedStatement 可以存储预编译的 Statement,从而提升执行效率

13.下列选项有关 ResultSet 说法错误的是(　　　)。

A.ResultSet 查询结果集对象,若 JDBC 执行查询语句没有查询到数据,那么 ResultSet
　　将会是 null 值

B.判断 ResultSet 是否存在查询结果集,可以调用它的 next()方法

C.若 Connection 对象关闭,则 ResultSet 也无法使用

D.若一个事务没有提交,则 ResultSet 中看不到事务过程中的临时数据

14.下面选项中哪个是正确的 MySQL 数据库 URL?(　　　)

A.jdbc:mysql://localhost/company

B.jdbc:mysql://localhost:3306:company

C.jdbc:mysql://localhost:3306/company

D.jdbc:mysql://localhost/3306/company

15.在下列选项中,哪一个可用于调用存储过程或函数?(　　　)

A.CallableStatement　　　　B.Statement　　　　C.PreparedStatement　　　　D.都不是

二、上机测试题

1.设某一计算机数据库中包含生产厂家和计算机信息两张表,每个表中字段类型和意义
如下所示。

生产厂家(Product)表结构

字段名	字段类型	描述
maker	Varchar(20)	生产厂家的代码
model	Number(4)	产品的型号(primary key)

计算机(Computer)表结构

字段名	类型	描述
model	Number(4)	产品的型号(primary key)
speed	Number(4)	计算机的时钟频率(MHz)
ram	Number(4)	内存容量(M)
hd	Number(3)	硬盘容量(G)
price	Number(6,2)	价格(RMB)

请按下面的要求编写 JDBC 数据库程序。

(1)使用 JDBC 在 MySQL 数据库中建立上述两个表。

(2)使用 JDBC 将下述数据添加到两个表中。

model	Maker	speed	ram	hd	price
1100	Dell	500	128	10	8 900
1101	Dell	677	128	20	12 000
1201	Compaq	677	128	10	11 500
1202	Compaq	733	128	20	15 000

(3)从数据库中查找硬盘容量为 20 G,生产厂家为 Compaq 的计算机型号和价格。

(4)将原先为 10 G 的 Dell 计算机的硬盘更换为 12 G,而价格不变。

(5)删除所有时钟频率小于或等于 500 MHz 的计算机。

(6)列出时钟频率大于 500 MHz 的 Compaq 计算机的平均价格。

第 12 章 Java 网络编程

Java 是一种网络编程能力很强的语言,它提供了功能强大的网络通信机制:访问网络资源的 URL 类和网络通信的 Socket 类,用来满足不同的需求。URL 类用于访问 Internet 网上资源;而基于 TCP/IP 协议的 Socket 类,是针对 Client/Server 模型的网络应用以及实现某些特殊协议的网络应用。本章首介绍有关网络编程基础知识以及 Java 对网络通信的支持,然后介绍 URL 的网络资源访问类、基于 TCP 通信 Socket 类和基于 UDP 通信 Socket 类。

12.1 网络编程基础

12.1.1 基本概念

Internet 的网络通信协议是一种四层协议模型:链路层(包括 OSI 七层模型中的物理层与数据链路层)、网络层、传输层与应用层,如图 12.1 所示。运行于计算机中的网络应用利用传输层协议(传输控制协议 TCP)或用户数据包协议(UDP)进行通信。

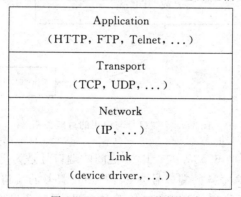

图 12.1 Internet 网络协议

实现网络通信的 Java 应用程序位于图 12.1 中的应用层。Java 提供了支持网络编程的类,使程序员在编写网络应用程序时,不需关心传输层中 TCP 与 UDP 的实现细节,只需要了解和使用 Java 提供的网络编程 API,就可编写独立于任何底层平台的应用程序。为了能够确定合适的类,并正确使用这些类,首先需要理解传输层中的几个重要概念。

1. TCP

TCP 是一种面向连接的协议,它为两个计算机之间提供了点到点的可靠数据流,保证从连接的一个端点发送的数据能够以正确的顺序无差错地到达连接的另一端。因此,TCP 是可靠的数据传输协议。基于 TCP 协议的应用层协议有 HTTP、HTTPS、FTP 以及 Telnet 等。

2. UDP

UDP 与 TCP 不同,是面向无连接的协议,它从一个计算机向另一个计算机发送独立的数据包称为数据报,各数据报之间是相互独立的,并且 UDP 不能保证数据报以正确的顺序到达目的主机,因此 UDP 是不可靠的数据传输协议。基于 UDP 协议的应用层协议有 SNMP、DNS 等。由于 UDP 具有资源消耗小、处理速度快的优点,所以通常音频、视频和普通数据在传送时大多使用 UDP,因为它们即使偶尔丢失一两个数据包,也不会对接收结果产生太大影响,比如聊天软件 QQ。

3. 端口(port)

计算机与网络间只有一条物理连接,发送给一个主机的所有数据都传送到该连接上。因此,一个主机上可能运行多个应用,如何确定连接上数据所对应的具体应用,是通过端口实现的。

Internet 上传输的数据都带有标识目的主机和端口号的地址信息。主机的地址由 32 位 IP 地址标识,IP 协议通过该地址把数据发送到正确的目的主机;端口号由一个 16 位的数字标识,TCP 与 UDP 协议用它把数据传递给正确的应用。因此,TCP 和 UDP 协议使用端口号把外来的数据映射到主机上运行的特定应用(进程),如图 12.2 所示。

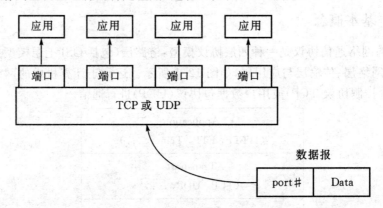

图 12.2　端口号与应用的对应关系

端口号的取值范围是 0~65535。0~1023 之间的端口号是为 HTTP、FTP 等协议和系统应用服务保留的,如 HTTP 服务的端口号为 80,Telnet 服务的端口号为 21,FTP 服务的端口号为 23。而用户应用程序一般使用 1024 以上的端口号,以防止发生冲突。

客户进程的端口一般由所在主机的操作系统动态分配,当客户进程要求与服务器进行 TCP 连接时,操作系统为客户进程随机分配一个还未被占用的端口,当客户进程与服务器断开连接时,该端口被释放。此外还要指出,TCP 和 UDP 都用端口来标识进程。在一个主机中,TCP 端口与 UDP 端口的取值范围是各自独立的,允许存在取值相同的 TCP 端口和 UDP 端口。

12.1.2　Java 网络通信支持机制

Java 是针对网络环境的程序设计语言,提供了强有力的网络支持。Java 提供了两个不同层次的网络支持机制,如图 12.3 所示。

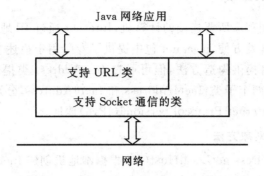

图 12.3 Java 网络通信支持机制

1. URL 层次

URL 是 Uniform Resource Location 的缩写,表示统一资源定位器。它是专为标识网络上资源位置而设的一种编址方式。Java 提供了使用 URL 访问网络资源的类,使得用户不需要考虑 URL 中标识的各种协议的处理过程,就可以直接获得 URL 资源信息。这种方式适用于访问 Internet 尤其是 WWW 上的资源。

2. Socket 层次

Socket 表示传输层向应用层提供的接口,Socket 封装了下层的数据传输细节,应用层的程序通过 Socket 来建立与远程主机的连接,以及进行数据传输。Socket 通信主要针对客户/服务器模式的应用和实现某些特殊协议的应用。通信过程是基于 TCP/IP 协议中的传输层接口 Socket 来实现,Java 提供了对应 Socket 机制的一组类,支持流和数据报两种通信过程。这种机制中,用户需要自己考虑通信双方约定的协议,虽然繁琐,但具有更大的灵活性和更广泛的使用领域。

支持 URL 的类实际上也是依赖于下层支持 Socket 通信的类来实现的,不过这些类中已有几种主要协议的处理,例如 FTP、HTTP 等。因此对于基于 WWW 或 FTP 的应用,用 URL 类较好。

总之,Java 的网络编程 API 隐藏了网络通信程序设计的一些繁琐细节,为用户提供了与平台无关的使用接口。

Java 支持网络通信的类在 java.net 包中。通过这些类,Java 网络程序能够使用 TCP 或 UDP 协议进行通信。URL 类、URLConnection 类、Socket 类和 ServerSocket 类都使用 TCP 实现网络通信;DatagramPacket 类、DatagramSocket 类、MulticastSocket 类都支持 UDP 通信方式。下面分别介绍 URL 通信机制与 Socket 通信机制。

12.2 URL 通信机制

URL 表示 Internet 上一个资源的引用或地址。Java 网络应用程序也使用 URL 来定位要访问的 Internet 上的资源。URL 在 Java 中由 java.net 包中的 URL 类表示。

12.2.1　InetAddress 类

为了确定网络中应用程序所要连接的计算机,Internet 通过 IP 地址或域名两种方式标识网络中的计算机。为了开发方便,java. net 包中提供了专门用于描述主机的域名或 IP 地址的 InetAddress 类,该类没有提供构造方法,但可通过 InetAddress 类提供的静态方法创建该类的对象。另外,该类还有两个子类:Inet4Address 和 Inet6Address,分别代表 Internet Protocol version4(IPv4)地址和 Internet Protocol version6(IPv6)地址。

1. 创建 InetAddress 对象方法

public static InetAddress getLocalHost()　根据本地机创建 InetAddress 对象。

public static InetAddress getByAddress(byte[] addr)　根据 IP 地址创建 InetAddress 对象。

public static InetAddress getByName(String host)　根据主机名创建 InetAddress 对象。

2. 常用方法

public String getCanonicalHostName()　获取此 IP 地址的完全限定域名。

public String getHostAddress()　获取 IP 地址。

public String getHostName()　获取主机名。

【例 12.1】InetAddress 类的创建及使用。

```java
import java.net. * ;
public class InetAddressDemo {
    public static void main(String[] args){
        try {
            //根据本地机创建 InetAddress 对象
            InetAddresslochostAdd = InetAddress.getLocalHost();
            System.out.println("本地主机名:" + lochostAdd.getHostName());
            System.out.println("本地主机 IP:" + lochostAdd.getHostAddress());
            //根据远程主机名机创建 InetAddress 对象
            InetAddress remhostAdd = InetAddress.getByName("www.oracle.com");
            System.out.println("远程主机名:" + remhostAdd.getHostName());
            System.out.println("远程主机 IP:" + remhostAdd.getHostAddress());
        }catch (UnknownHostException  e) {
            e.printStackTrace();
        }
    }
}
```

上述程序运行结果如图 12.4 所示。

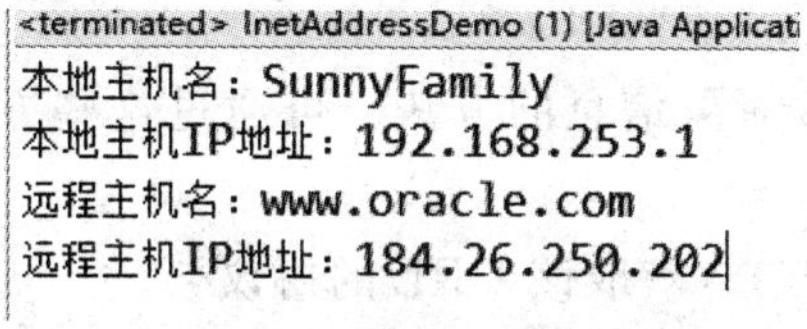

<terminated> InetAddressDemo (1) [Java Applicati
本地主机名: SunnyFamily
本地主机IP地址: 192.168.253.1
远程主机名: www.oracle.com
远程主机IP地址: 184.26.250.202

图 12.4　InetAddress 类应用

12.2.2　URL 类

URL(统一资源定位器)是指向互联网"资源"的引用或地址。资源可以是简单的文件或目录,也可以是更为复杂的对象引用。

1. URL 格式

通常情况,URL 是由一个字符串来描述的,包括协议标识和资源名两部分,这两部分用"://"进行分隔。格式为 protocal://resourceName。

(1)protocal(协议标识):表示访问资源所需的协议,如 HTTP、FTP 等。

(2)resourceName(资源名):表示要访问的资源地址。资源名的格式完全取决于所使用的协议,但多数协议的资源名包含如下内容。

· 主机名:资源所在主机的名称。

· 端口号:要连接的端口号,一般是可选的,用协议默认的端口号。

· 文件名:要访问的文件在主机上的路径及文件名。

· 引用:指向资源(文件)内部某个特定位置的引用。一般是可选的。

对于很多协议,需要指定主机名和文件名,而端口号和引用是可选的。

例如,URL 地址格式:

http://java. sun. com　　　　　协议名://主机名

http://news. sohu. com/guojixinwen. shtml　　　协议名://主机名+文件名

http://www. gamelan. com:80/Gamelan/network. html#BOTTOM

协议名://主机名+端口号+文件名+引用

2. URL 常用构造方法

public URL(String spec)　　用表示 URL 地址的 spec 创建 URL 对象。

public URL(URL context,String spec)　　用父地址 URL 和相对路径 spec 创建 URL 对象。

public URL(String protocol,String host,String file)　　通过协议名、主机名和文件名创建 URL 对象。

public URL(String protocol,String host,int port,String file)　　通过协议名、主机名、端口号和文件名创建 URL 对象。

说明:URL 类的每个构造方法在 URL 地址不对或无法解释时,都将抛出 Malforme-dURLException 异常,所以使用时需进行异常处理。另外,URL 对象一旦创建,它的任何属性包括协议、主机名或端口号都不能改变。

3. URL 解析方法

URL 类提供了访问 URL 对象信息的方法。可通过这些方法得到协议类型、主机名、端口号、文件名等信息。

public String getProtocol()　　获取该 URL 的协议名。

public String getHost()　　获取该 URL 的主机名。

public int getDefaultPort()　　获取与 URL 地址相关协议的默认端口号。

public int getPort()　　获取该 URL 的端口号,若没有设置端口号,则返回−1。

public String getFile()　　获取该 URL 的文件名。

public String getRef()　　获取该 URL 的引用。

public String getQuery()　　获取该 URL 的查询字符串部分。

【例 12.2】URL 对象创建及相关信息的获取。

```java
import java.net.*;
public class URLInfoDemo {
    public static void main(String[] args){
        try {
            URL url = new URL("http://www.oracle.com/technetwork/
                java/javase/downloads/index.html#downloading");
            System.out.println("protocol:" + url.getProtocol());
            System.out.println("host:" + url.getHost());
            System.out.println("port:" + url.getPort());
            System.out.println("defaultport:" + url.getDefaultPort());
            System.out.println("file:" + url.getFile());
            System.out.println("ref:" + url.getRef());
        }catch(MalformedURLException e){
            e.printStackTrace();
        }
    }
}
```

上述程序运行结果如下:

```
protocol:http
host:www.oracle.com
port:-1
defaultport:80
file:/technetwork/java/javase/downloads/index.html
ref:downloading
```

4. 利用 URL 直接读取资源方法

public final InputStream openStream() throws IOException 方法建立到 URL 所描述资源的连接,并返回一个用于从该连接读取数据的 InputStream 对象,利用该输入流可方便地读取 URL 地址所指向的数据。

【例 12.3】使用 URL 对象读取资源。

```
import java.io. * ;
import java.net.URL;
public class ReadURLInfo {
    public static void main(String[] args){
    try {
      URL url = new URL("http://mail.163.com/");
      InputStream in = url.openStream();//打开到 URL 的连接
      //利用输入字节转换流将 in 转为输入字符流,并与字符缓冲输入流嵌套
      BufferedReader bfr =
              new BufferedReader(new InputStreamReader(in));
      String line;
      while ((line = bfr.readLine())! = null) {
          System.out.println(line);
      }

          bfr.close();
      } catch (IOException e) {
       System.out.println("IOException 异常" + e.getMessage());
       e.printStackTrace();//追踪异常事件发生时执行堆栈的内容
      }
    }
  }
```

上述程序运行结果输出 URL 所表示页面的全部源代码。

12.2.3　URLConnection 类

对一个指定的 URL 数据访问,除了使用 URL 的 openStream()方法实现读取操作外,还可通过 URLConnection 类进行访问。URLConnection 是抽象类,它表示到 URL 所引用的远程对象的连接。此类的对象可对 URL 所表示的资源进行读写操作。下面介绍使用 URL-Connection 读写 URL 资源的过程。

(1)创建 URLConnection 对象。通过调用 URL 对象的 URLConnection openConnection()方法创建 URLConnection 对象。此时 URLConnection 对象未与远程对象建立连接状态,也不会与远程对象进行通信,直到有请求数据或明确地调用其 connect()方法。每次调用此方法都打开一个新的连接。

(2)设置 URLConnection 参数和一般请求属性的方法。在创建 URLConnection 对象之后,重点掌握对影响远程资源连接的参数设置的方法,而一般请求属性的方法可以忽略。

public void setDoInput(boolean doinput)　设置是否使用 URLConnection 进行输入即读操作。若参数 doinput 为 true,则表示进行读操作;否则设置为 false。默认为 true。

public void setDoOutput(boolean dooutput)　设置是否使用 URLConnection 进行输出

即写操作。若参数 dooutput 为 true,则表示进行写操作;否则设置为 false。

　　说明:默认情况下,建立连接后只会产生读取远程资源的输入流,并不会产生向远程资源进行写操作的输出流。如希望得到一个输出流需要将 setDoOutput 方法的参数设置为 true。

　　(3)使用 URLConnection 对象的 connect()方法建立到远程对象的实际连接。该方法打开到 URL 引用的资源的通信连接。如果在已打开连接(此时 connected 字段的值为 true)的情况下调用 connect()方法,则忽略该调用。URLConnection 对象经历两个阶段:首先创建对象,然后建立连接。在创建对象之后,建立连接之前,可指定各种选项(例如 doInput 和 Use-Caches)。连接后再进行设置就会发生错误。

　　(4)建立到远程对象的连接后,可以访问远程资源的 HTTP 头字段和内容。URLConnection 类提供很多访问远程资源的头字段和内容的操作方法,其中重要的方法是获取连接上的输入/输出流方法。

　　public InputStream getInputStream()　返回 URLConnection 对应的输入流,用于获取 URLConnection 响应的内容。

　　public OutputStream getOutputStream()　返回 URLConnection 对应的输出流,用于向 URLConnection 发送请求参数。该输出流是与服务器端 CGI 脚本的标准输入流相连的。

　　【例 12.3】使用 URLConnection 读取资源的数据。

```java
import java.net. * ;
import java.io. * ;
public class URLConnectionReader {
    public static void main(String[] args) throws Exception {
    URL bd = new URL("http://www.baidu.com/");
    URLConnection con = bd.openConnection();   //创建 URLConnection 对象
    con.connect();                             //建立与服务器的连接
    InputStream is = con.getInputStream();
    InputStreamReader isr = new InputStreamReader(is);
    BufferedReader in = new BufferedReader(isr);   //创建缓冲字符输入流
    String inputLine;
    while ((inputLine = in.readLine()) ! = null)
        System.out.println(inputLine);
      in.close();
    }
}
```

　　上述程序运行输出结果是 URL 所指定的网页代码。

　　【例 12.4】本例以 Tomcat 7.0 服务器根目录下的 webapps \ examples \ jsp \ num \ numguess.jsp 文件作为 Web 资源,其运行结果如图 12.5 所示。说明如何使用 URLConnection 向远程资源写数据。

```java
import java.io. * ;
import java.net. * ;
public class URLConnectionWriter{
```

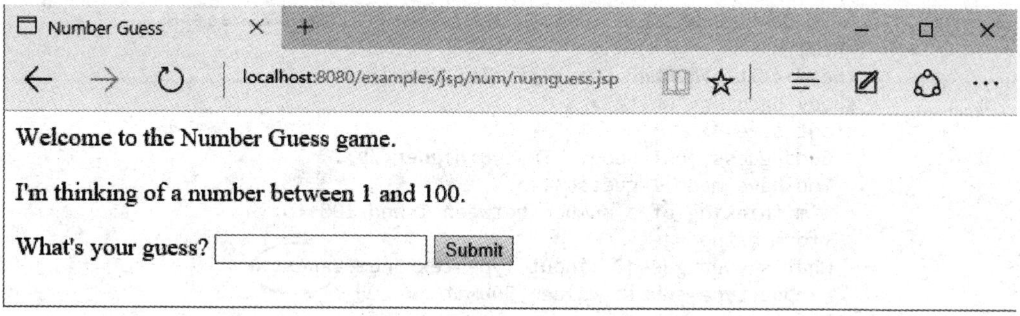

图 12.5　numguess.jsp 运行结果

```
public static void main(String args[]) throws Exception{
    String url = "http://localhost:8080/examples/jsp/num/numguess.jsp";
                                                    //资源 URL
    URL realUrl = new URL(url);
    URLConnection conn = realUrl.openConnection();
    conn.setDoOutput(true);
    conn.connect();
    //获取 URLConnection 对象对应的输出流
    PrintWriter out = new PrintWriter(conn.getOutputStream());
    out.print("guess = 60");            //发送数据
    out.flush();                        //flush 输出流的缓冲
    //定义 BufferedReader 输入流来读取 URL 的响应
    BufferedReader in = new BufferedReader(new
        InputStreamReader(conn.getInputStream()));
    String line;
    while ((line = in.readLine())! = null){
        if(line.isEmpty())continue;      //删除网页中的空行
        System.out.println(line);
    }
    out.close();
    in.close();
    }
}
```

上述程序运行结果是 URL 所指资源的响应结果,如图 12.6 所示。相当于在图 12.5 所示的页面中输入数据 60 后,点击 Submit 按钮后的运行结果。需要注意,本程序中发送数据是表单中"参数＝值"对即"guess＝值"。

URL 类和 URLConnection 类提供了 Internet 上资源的较高层次的访问机制。当需要编写较低层次的网络通信程序时,就需要使用 Java 提供的 Socket 通信机制。

```
<terminated> GetPostURLConnection [Java Application] C:\Program Files (x86)\Java\jre1.8.0_66\bii
<html>
<head><title>Number Guess</title></head>
<body bgcolor="white">
<font size=4>
  Good guess, but nope.  Try <b>higher</b>.
  You have made 1 guesses.<p>
  I'm thinking of a number between 1 and 100.<p>
  <form method=get>
  What's your guess? <input type=text name=guess>
  <input type=submit value="Submit">
  </form>
</font>
</body>
</html>
```

图 12.6 URLConnection 写数据后的响应结果输出

12.3 Socket 通信机制

12.3.1 Socket 通信机制概述

Socket 是两个程序进行双向数据传输的网络通信的端口,一般由一个地址加上一个端口号来标识。每个服务程序都在一个众所周知的端口上提供服务,而想使用该服务的客户端程序则需要连接该端口。Socket 通信机制是一种底层的通信机制,通过 Socket 的数据是原始字节流信息,通信双方必须根据约定的协议对数据进行处理与解释。

Socket 通信机制提供了两种通信方式:面向连接方式(TCP)和无连接方式(UDP 数据报)。面向连接方式中,通信双方的 Socket 在开始时必须进行一次连接过程,建立一条通信链路。通过链路提供可靠的、全双工的字节流服务。无连接方式中,通信双方不存在一个连接过程,一次网络输入输出以一个数据报形式进行,而且每次网络输入/输出可以和不同主机的不同进程进行。无连接方式开销低于有连接方式,但是所提供的数据传输服务不可靠,不能保证数据报一定到达目的地。

Java 同时支持面向连接和无连接通信方式。在这两种方式中都采用 Socket 对象表示通信过程中的端口。在面向连接方式中,java.net 包中的 Socket 类和 ServerSocket 类分别表示连接的 Client 端和 Server 端;无连接方式中,DatagramSocket 类表示发送和接收数据报的端口。当不同机器中的两个程序要进行通信时,无论是有连接还是无连接方式,都需要知道远程主机的 IP 地址以及端口号。通信中的 Server 端必须先运行程序等待连接或等待接收数据报。

12.3.2 基于 TCP 的 Socket 编程

基于 TCP 的 Socket 通信是一种面向连接的采用 I/O 流模式的数据通信。Socket 是两个进程间通信链路的端口,每个 Socket 有两个流:一个输入流和一个输出流。只要向 Socket 的输出流进行写操作,就可以通过网络连接向其他进程发送数据;同样,通过读 Socket 的输入流,就可以读取传输来的数据。

1. Socket 类

Socket 类是一个用来实现客户端套接字的类,可使用该类编写客户端程序。

1)常用构造方法

public Socket(InetAddress address,int port)

public Socket(String host,int port)

public Socket(InetAddress address,int port,InnetAddress localAddr,int localPort)

public Socket(String host,int port,InetAddress localAddr,int localPort)

上述方法建立与服务器的连接,若连接成功,则返回 Socket 对象;若连接失败就会抛出 UnknownHostException 或 IOException 异常。参数 address 和 host 和 port 分别表示服务器的 IP 地址、主机名和端口号;参数 localAddr 和 localPort 分别表示本机地址和端口号。一个 Socket 对象中既包含服务器地址也包含本地客户端地址,服务器或客户端地址由 IP 地址或主机名以及端口两部分组成。默认情况下,客户端 IP 地址来自于客户程序所在的主机,端口则由操作系统随机分配。其中前两个构造方法客户端地址是默认设置,而后两个构造方法中客户端地址是显示设置。

例如,设 IP 地址为 112.5.4.3 的主机上的客户程序要和 IP 地址为 112.5.4.45,端口为 8000 的主机上的服务程序通信。客户端的 Socket 对象创建代码如下:

InetAddress remoteAddr＝InetAddress. getByName("112.5.4.45");

InetAddress localAddr＝InetAddress. getByName("112.5.4.3");

Socket socket＝new Socket(remoteAddress,8000,localAddr,2345);

2)常用方法

public InetAddress getInetAddress()　获得服务器 IP 地址。

public int getPort()　获得服务器的端口号。

public InetAddress getLocalAddress()　获得客户端 IP 地址。

public int getLocalPort()　获得客户端的端口号。

public int getSoTimeout()　获得接收数据等待超时时间。

public InputStream getInputStream()　获得 Socket 对象的输入流。若 Socket 没有连接,或已经关闭,或已经通过 shutdownInput()方法关闭输入流,则此方法会抛出 IOExeption 异常。

public OutputStream getOutputStream()　获得 Socket 对象的输出流。若 Socket 没有连接,或已经关闭,或已经通过 shutdownOutput()方法关闭输入流,则此方法会抛出 IOExeption 异常。

public void close()　关闭 Socket,释放 Socket 占用的资源。

2. ServerSocket 类

ServerSocket 类是专门用来建立 Socket 服务器的类,负责接收客户端连接请求。而基于某端口创建的 ServerSocket 对象用于监听来自该端口的客户端的 Socket 连接请求,若无连接,它将一直处于等待状态。

1)常用构造方法

public ServerSocket(int port)

public ServerSocket(int port,int backlog)

public ServerSocket(int port, int backlog, InetAddress bindAddr)

上述构造方法用来创建 ServerSocket 对象。其中参数 port 指定服务器要绑定的端口（服务器要监听的端口）；参数 backlog 指定客户连接请求队列的长度，其值必须是大于 0 的正数，但在 backlog＝0 或构造方法无 backlog 参数时，backlog 取默认值 50；参数 bindAddr 指定服务器要绑定的 IP 地址。

利用构造方法创建 ServerSocket 对象时需注意以下问题：

(1)在绑定服务器端口时，若指定的端口无法绑定，会抛出 BindException。若把参数 port 设为 0，表示由操作系统来为服务器分配任意一个可用的端口。由操作系统分配的端口称为匿名端口。对于多数服务器，会使用明确的端口，因为客户程序需要事先知道服务器的端口，才能方便地访问服务器。

(2)当服务器进程运行时，可能会同时监听到多个客户的连接请求。例如，每当客户进程执行语句 Socket socket＝new Socket("192.168.1.112",1345)；就意味着在服务器 192.168.1.112 的 1345 端口上监听到一个客户的连接请求。管理客户连接请求的任务是由操作系统来完成的。操作系统把这些连接请求存储在一个先进先出的队列中。当队列中的连接请求达到队列的最大容量时，服务器进程所在的主机会拒绝新的连接请求。只有当服务器进程通过 ServerSocket 的 accept()方法从队列中取出连接请求，使队列腾出空位时队列才能继续加入新的连接请求。对于客户进程，若它发出的连接请求被加入到服务器队列中，就意味着与服务器的连接建立成功，客户进程从 Socket 构造方法中正常返回 Socket 对象。若客户进程发生的连接请求被服务器拒绝，Socket 构造方法会抛出 ConnectionException 异常。

(3)若服务器只有一个 IP 地址，默认情况下，服务器程序就与该 IP 地址绑定。若服务器有多个网卡，则需要在 ServerSocket 构造方法中显示指定服务器要绑定的 IP 地址。

2)常用方法

public Socket accept()　监听并接收来自客户端的连接请求，返回与该客户端进行通信的 Socket 对象。该方法在进行连接之前，一直处于阻塞状态。

public void setSoTimeOut(int timeout)　设置等待连接超时时间，该时间是 ServerSocket 调用 accept()方法的阻塞时间。如参数 timeout 为 0，则表示该超时时间为无穷大。

public InetAddress getInetAddress()　获得 ServerSocket 对象绑定的 IP 地址。

public int getLocalPort()　获得 ServerSocket 对象绑定的监听端口号。

public boolean isClosed()　判断 ServerSocket 对象是否已关闭。

public void close()　关闭 ServerSocket 对象。

3. 基于 TCP 的 Socket 通信过程

Java 支持的面向连接通信采用 I/O 流模式。面向连接 Socket 通信过程一般要经历下列四个基本步骤。

(1)创建 Socket 对象。利用 Socket 类和 ServerSocket 类分别在 Client 端和 Server 端创建相应的 Socket 对象。

(2)建立连接的过程。在 Client 端和 Server 端建立连接之前，Server 端程序将监听一个众所周知的端口。当 Client 端的连接请求到达时，如果 Server 同意建立连接，则将创建一个新的 Socket 并绑定到另一个端口，使用这个新创建的 Socket 与该 Client 建立连接，而 Server 将继续在原来的端口上监听，等待新的连接请求。利用 Socket 类和 ServerSocket 类建立连接的过程如图 12.7 所示。经过图中的步骤 1～4 将在 Client 与 Server 间建立连接。

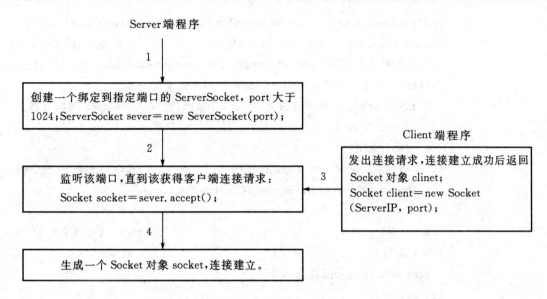

图 12.7　连接建立过程

（3）数据传输。连接建立后，要进一步获取连接上的输入/输出流，并通过这些流进行数据传输。Socket 类提供了 getInputStream() 和 getOutputStream() 方法来获取连接上的 I/O 流。为了便于读、写数据，可以将获取的 I/O 流与其他流进行嵌套使用。

（4）关闭 Socket。两个主机之间的通信结束时，要关闭连接。这是通过关闭连接的两个端点 Socket 来实现的。关闭 Socket 可以调用 Socket 类的 close() 方法，应先将与 Socket 相关的所有输入/输出流关闭，然后再关闭 Socket。

12.3.3　基于 TCP 的 Socket 网络编程应用

下面首先介绍基于 TCP 的单 Client 与 Server 通信程序，然后再介绍利用多线程实现的多 Client 端与 Server 并发通信的程序。

1. 单 Client 与 Server 通信应用

【例 12.5】创建 Client 端和 Server 端程序。这两个程序是在本机上运行的独立进程，所以连接的主机 IP 地址是 127.0.0.1。Client 向 Server 发送数据，Server 接收这些数据并将数据再返回给 Client，而且 Client/Server 都将接收到的对方数据在自己的控制台输出。

（1）客户端程序代码。

```java
import java.io. * ;
import java.net. * ;
public class ClientSocketDemo {
    public static void main(String[] args) throws Exception {
        Socket socket = new Socket("127.0.0.1", 1034);   //与 Server 端建立
                                        socket 连接
        System.out.println("连接 Server 端的" + socket);
        InputStream in = socket.getInputStream();   //获取 InputStream 对象
```

```java
            BufferedReader bfr = new BufferedReader(new InputStreamReader(in));
            OutputStream os = socket.getOutputStream();         //获取 OutputStream 对象
            BufferedWriter bfw = new BufferedWriter(new OutputStreamWriter(os));
            for(int i - 1;i< = 5;i+ +){//循环计算 1 到 5 的平方值
                bfw.write(i+"的平方值为" + Math.pow(i,2));//向 Server 端写数据
                bfw.newLine();
                bfw.flush();
                String line = bfr.readLine();               //读取 Server 端的数据
                System.out.println("Server 端的数据:" + line);
            }
            bfw.write("quit");                              //发送通信结束标识
            bfw.flush();
            System.out.println("连接结束");
            bfr.close();
            bfw.close();
            socket.close();                                 //关闭 socket
        }
}
import java.io. * ;
import java.net. * ;
public class ServerSocketDemo {
    public static void main(String[] args) throws Exception{
        ServerSocket serverSocket = new ServerSocket(1034);  //创建 Server-
                                                               Socket 对象
        System.out.println("Server 已启动等待连接请求。");
        Socket socket = serverSocket.accept();          //接收来自 Client 端的连接
                                                               请求
        System.out.println("接收 Client 端的" + socket + "连接请求。");
        InputStream in = socket.getInputStream();
        BufferedReader bfr = new BufferedReader(new InputStreamReader(in));
        OutputStream os = socket.getOutputStream();
        BufferedWriter bfw = new BufferedWriter(new OutputStreamWriter(os));
        String line;
        while(! (line = bfr.readLine()).equals("quit")){
            System.out.println("客户端的数据: " + line);
            bfw.write(line);               //向 Client 端写数据
            bfw.newLine();
            bfw.flush();
        }
```

```
        System.out.println("连接结束");
        socket.close();            //关闭 socket
        serverSocket.close();      //关闭 serverSocket
    }
}
```

先启动 Server 端程序,然后再运行 Client 端程序。建立连接后,Client 端向 Server 端发送数据,Server 端把接收到的数据再发送给 Client 端。当 Server 端接收到 Client 端发来的通信结束标识"quit"时,此次通信结束。其输出结果如图 12.8(a)、(b)所示。注意:端口号 1034 是 Server 侦听 Client 端连接请求的端口号,而端口号 5640 是 Client 端与 Server 端通信的端口号(系统自动分配)。

```
<terminated> ClientSocketDemo [Java Application] C:\Program Files (x86)\Java\jre1.8.0_66\bin\javaw.exe (
连接Server端的Socket[addr=/127.0.0.1,port=1034,localport=56400]
Server端的数据:1的平方值为1.0
Server端的数据:2的平方值为4.0
Server端的数据:3的平方值为9.0
Server端的数据:4的平方值为16.0
Server端的数据:5的平方值为25.0
连接结束
```

(a)Client 端输出结果

```
<terminated> ServerSocketDemo [Java Application] C:\Program Files (x86)\Java\jre1.8.0_66\bin\javaw.exe (2016年2月2
Server已启动等待连接请求。
接收Client端的Socket[addr=/127.0.0.1,port=56400,localport=1034]连接请求。
客户端的数据:1的平方值为1.0
客户端的数据:2的平方值为4.0
客户端的数据:3的平方值为9.0
客户端的数据:4的平方值为16.0
客户端的数据:5的平方值为25.0
连接结束
```

(b)Server 端输出结果

图 12.8　单 Client/Server 程序运行结果

2. 多 Client 与 Server 并发通信应用

例 12.5 中 Server 端的程序是单线程的,不能支持多个 Client 的并发访问。而实际应用中 Server 端需要同时为多个 Client 提供服务,支持多 Client 并发访问。这种访问模式的实现思想为:Server 端程序采用多线程。本例是对例 12.5 中的 Server 程序进行修改,使其能够支持多 Client 程序并发访问。本例 Client 端程序与例 12.5 相同,Server 端最大支持 5 个 Client。

【例 12.6】多 Client 并发访问 Server 端程序。

```
import java.io. * ;
import java.net. * ;
public class MultiClientServer implements Runnable {
    private static int SerialNum = 0;
```

```java
    private Socket socket;
    public MultiClientServer(Socket socket){
        this.socket = socket;
    }
    //Server 端通信线程的线程体
    public void run() {
        int threadNum = + + SerialNum;
        try{      //通过 Socket 获取连接上的输入/输出流
            InputStream in = socket.getInputStream();
            BufferedReader bfr = new BufferedReader(new InputStreamReader(in));
            OutputStream os = socket.getOutputStream();
            BufferedWriter bfw = new BufferedWriter(new OutputStreamWriter(os));
            while(true){
                String line = bfr.readLine();           //读取来自客户端的数据
                if(line.endsWith("quit")) break;
                System.out.println("客户端" + threadNum + "的数据:" + line);
                bfw.write(line);
                bfw.newLine();                        //写入行分隔符
                bfw.flush();
            }
            bfr.close();
            bfw.close();
            socket.close();
        }catch(Exception e){
            e.printStackTrace();
        }
    }
    public static void main(String[] args){
        int MaxClientCount = 5;
        try{
            ServerSocket serverSocket = new ServerSocket(1034);    //创建 Server-
                                                                   Socket 对象
            System.out.println("服务器已启动等待连接请求。");
            for(int i = 0;i<MaxClientCount;i + + ){
                Socket  socket = serverSocket.accept();   //接收来自客户端的套接字
                                                          请求
                System.out.println("接收来自" + socket + "连接请求。");
                Thread th = new Thread(new MultiClientServer(socket));
                th.start();
```

```
        }
        serverSocket.close();                        //关闭 serverSocket
    }catch(Exception e){
        System.out.println(e.getMessage());
    }
}
```

上述 Server 程序运行结果如图 12.9 所示。

```
MultiClientServer [Java Application] C:\Program Files (x86)\Java\jre1.8.0_66\bin\javaw.exe (2016年2月26日 下
服务器已启动等待连接请求。
接收来自Socket[addr=/127.0.0.1,port=56474,localport=1034]连接请求。
客户端1的数据：1的平方值为1.0
客户端1的数据：2的平方值为4.0
客户端1的数据：3的平方值为9.0
客户端1的数据：4的平方值为16.0
客户端1的数据：5的平方值为25.0
接收来自Socket[addr=/127.0.0.1,port=56475,localport=1034]连接请求。
客户端2的数据：1的平方值为1.0
客户端2的数据：2的平方值为4.0
客户端2的数据：3的平方值为9.0
客户端2的数据：4的平方值为16.0
客户端2的数据：5的平方值为25.0
接收来自Socket[addr=/127.0.0.1,port=56476,localport=1034]连接请求。
客户端3的数据：1的平方值为1.0
客户端3的数据：2的平方值为4.0
客户端3的数据：3的平方值为9.0
客户端3的数据：4的平方值为16.0
客户端3的数据：5的平方值为25.0
```

图 12.9　多线程 Server 程序运行结果

12.3.4　基于 UDP 的 Socket 编程

基于 UDP 的 Socket 通信是一种无连接的、发送独立数据报的通信。它在通信实体的两端各建立一个 Socket,但这两个 Socket 之间无需建立虚拟链路,而是直接将数据封装传向指定的目的地。在 java.net 包中提供了用于支持 UDP 通信的两个类:DatagramSocket 和 DatagramPacket。其中 DatagramSocket 作为数据报通信的 Socket,用于发送或接收数据报;而 DatagramPacket 用来表示数据报,它封装了数据、数据长度、数据报地址等信息。

1. DatagramPacket 类

DatagramPacket 用来表示数据报,它的构造方法分为两类:一类用于创建接收数据的 DatagramPacket 对象,一类用于创建发送数据的 DatagramPacket 对象。它们的主要区别是用于发送数据的构造方法需要设定数据报到达的目的地址。

1)常用构造方法

public DatagramPacket(byte[] buf, int length)

public DatagramPacket(byte[] buf, int offset, int length)

上述构造方法创建接收数据报。其中参数 buf 表示存放接收的数据;参数 offset 指定在 buf 中存放数据的起始位置;参数 length 指定所要接收的字节数。注意 length 必须小于等于 buf. length-offset,否则接收到的多余数据会被丢弃。

public DatagramPacket(byte[] buf, int length, InetAddress address, int port)

public DatagramPacket (byte[] buf, int offset, int length, InetAddress address, int port)

上述构造方法创建发送数据报。其中,参数 buf 表示要发送的数据;参数 offset 指定在 buf 中要发送数据的起始位置;参数 length 表示要发送的字节数;address 表示发送数据报目标地址;port 表示目标主机的端口。注意 length 必须小于等于 buf. length-offset。

说明:数据报中只能存放字节形式的数据。在发送方,需要把其他格式的数据转换为字节序列;在接收方,需要把字节序列转换为原来格式的数据。

例如,创建向目标机"PC-Dell"发送数据报的代码为:

```
String message = "UDP Datatgram!";//传送信息字符串
byte[] data = message.getBytes();//将发送数据转换为字节
InetAddress remoteAddr = InetAddress.getByName("PC-Dell");
DatagramPacket sdpacket = new DatagramPacket(data, data. length, remoteAddr, 5678);//创建发送数据报
```

例如,创建接收数据报的代码为:

```
byte[] buf = new byte[1024],
DatagramPacket rcpacket = new DatagramPacket(buf, buf. length) ;
```

2)获取或设置 DatagramPacket 属性的方法

public InetAddress getAddress()　　获得数据报中 IP 地址。

public int getPort()　　获得数据报中的端口号。

public int getLength()　　获得数据报中数据长度(字节数)。

public byte[] getData()　　获得数据报中的数据。

public void setAddress(InetAddress addr)　　设置数据报中 IP 地址。

public void setPort(int port)　　设置数据报中的端口号。

public void setLength(int length)　　设置数据报中数据长度,且 lengt 小于数组 buf 长度。

public void setData(byte[] data)　　设置数据报中数据。

DatagramPacket 对象除传输数据本身外,还包含地址和端口信息,其具体含义取决于是发送数据报还是接收数据报。若是发送数据报,DatagramPacket 对象中的地址是目的地址和端口号;若是接收数据报,DatagramPacket 对象中的地址是所接收信息的源地址和端口号。

2. DatagramSocket 类

DatagramSocket 对象是数据报通信的 Socket,应用程序通过该 Socket 接收或发送数据报。

1)常用构造方法

public DatagramSocket()　　创建绑定到本机上任意可用端口的 DatagramSocket。

public DatagramSocket(int port)　　创建绑定到本机和指定端口的 DatagramSocket。

public DatagramSocket(int port, InetAdderss iaddr)　　创建绑定到指定 IP 地址和指定端

口的 DatagramSocket。

2）常用方法

public void receive(DatagramPacket p)　将接收数据报存放在 p 中。在接收到数据报之前，该方法处于阻塞状态。需注意的是由于数据报是不可靠的数据通信方式，该方法不一定能读到数据，为了防止死锁，应设置超时时间。

public void send(DatagramPacket p)　发送数据报。

public int getSoTimeout()　获得超时时间。

public void setSoTimeout(int timeout)　设置超时时间，以毫秒为单位。当 timeout 设为非零的值时，该时间是指 DatagramSocket 调用 receive() 方法阻塞时间长度。

public void close()　关闭数据报套接字。

3. 基于 UDP 的 Socket 通信过程。

当 Client/Server 程序使用 UPD 协议时，实际上并没有明显的服务器端和客户端，因为双方都需先建立一个 DatagramSocket 对象，用来接收或发送数据报，然后使用 DatagramPacket 对象作为传输数据的载体。而且客户端的 DatagramSocket 与服务器端 DatagramSocket 不存在一一对应关系，两者无需建立连接就能交换数据报。每个 DatagramSocket 对象都会与一个本地端口绑定，在此端口监听发送过来的数据报。在服务器程序中，一般由程序显式地为 DatagramSocket 指定本地端口。在客户端程序中，一般由操作系统为 DatagramSocket 分配本地端口，这种端口也称为匿名端口。

服务器端和客户端采用数据报方式进行通信的过程如图 12.10 所示。服务端程序有一个线程不停地监听客户端发来的数据，等待客户请求。服务器只有通过客户端发来的数据报中

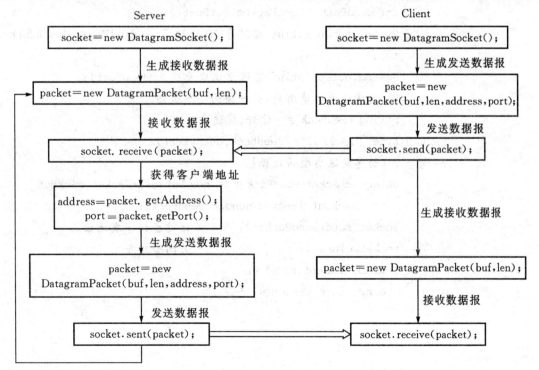

图 12.10　基于 UDP 的 DatagramSocket 通信过程

的信息才能得到客户端的地址和端口。

【例 12.7】一个简单的 UDP 通信程序,客户端程序和服务器端程序都在本地机上运行。客户端程序向服务器端程序发送任意的字符串,服务器端程序收到后,向客户端程序回送反馈信息。

(1)服务器端程序。

```java
import java.net. * ;
public class Receiver {
    public static void main(String[] args) {
        try {
            // 创建接收方的套接字,IP 默认为本地,端口号 8888
            DatagramSocket socket = new DatagramSocket(8888);
            byte[] buf = new byte[1024];  //创建存储接收数据报的缓存区
            // 创建接收数据报,数据将存储在 buf 中
            DatagramPacket getPacket = new DatagramPacket ( buf, buf.
            length);
            socket. receive(getPacket);    //通过套接字接收数据
            // 解析发送方传递的消息,并打印
            String message = new String(buf, 0, getPacket. getLength());
            System. out. println("发送方说:" + message);
            // 通过接收数据报得到发送方的 IP 和端口号,并打印
            InetAddress sendIP = getPacket. getAddress();
            int sendPort = getPacket. getPort();
            System. out. println("发送方 IP 地址:" + sendIP. getHostAddress
            ());
            System. out. println("发送方端口号:" + sendPort);
            // 向发送方反馈消息,并转换为字节数组
            String feedback = "你好,发送方!";
            byte[] backBuf = feedback. getBytes();
            // 创建发送类型的数据报
            DatagramPacket sendPacket = new DatagramPacket(backBuf,
                    backBuf. length, sendIP,sendPort);
            socket. send(sendPacket);    // 通过套接字发送数据
            socket. close();            // 关闭套接字
        } catch (Exception e) {
            e. printStackTrace();
        }
    }
}
```

(2)客户端程序。

```
import java.net. * ;
public class Sender{
public static void main(String[] args) {
    try {
        // 创建发送方的套接字,IP 默认为本地,端口号随机
        DatagramSocket sendSocket = new DatagramSocket();
        String mes = "你好,接收方!";      // 确定要发送的消息
        byte[] buf = mes.getBytes();     // 将发送数据转换为字节形式
        // 确定发送方的 IP 地址及端口号
        int port = 8888;
        InetAddress ip = InetAddress.getLocalHost();
        // 创建发送类型的数据报
        DatagramPacket sendPacket = new DatagramPacket(buf, buf.length,
            ip,port);
        sendSocket.send(sendPacket);     // 通过套接字发送数据
        byte[] getBuf = new byte[1024]; // 创建接收数据报中数据的缓冲区
        // 创建接收类型的数据报
        DatagramPacket getPacket = new DatagramPacket (getBuf, getBuf.
            length);
        sendSocket.receive(getPacket); // 通过套接字接收数据
        // 解析反馈的消息,并打印
        String backMes = new String(getBuf, 0, getPacket.getLength());
        InetAddress receiveIP = getPacket.getAddress();
        int receivePort = getPacket.getPort();
        System.out.println("接收方说:" + backMes);
        System.out.println("接收方 IP:" + receiveIP.getHostAddress());
        System.out.println("接收方端口:" + receivePort);
        sendSocket.close();              // 关闭套接字
    } catch (Exception e) {
        e.printStackTrace();
    }
}
}
```

上述程序在同一台计算机上执行,先运行 Receiver 程序,后运行 Sender 程序。运行结果如图 12.11 所示。

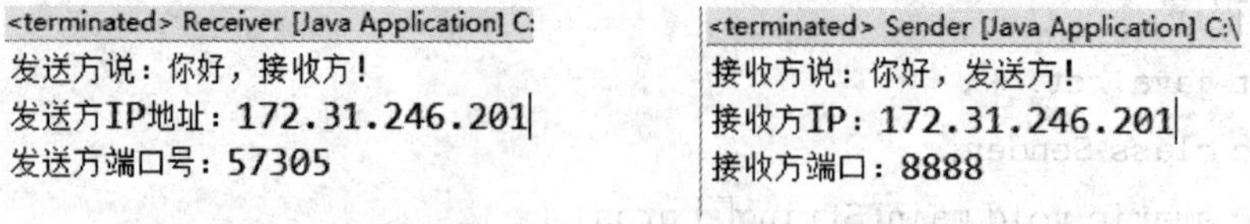

```
<terminated> Receiver [Java Application] C:
发送方说：你好，接收方！
发送方IP地址：172.31.246.201|
发送方端口号：57305
```

```
<terminated> Sender [Java Application] C:\
接收方说：你好，发送方！
接收方IP：172.31.246.201|
接收方端口：8888
```

     （a）服务器端程序运行结果   （b）客户端端程序运行结果

图 12.11   基于 UDP 的 Client/Server 程序运行结果

12.3.5   基于数据报的多播通信

DatagramSocket 类实现了程序间互相发送数据报。而 java.net 包中还提供了 Multicast-Socket 多播套接字，该类可将数据报以多播方式发送到多个客户端。

在多播通信中，需要让一个数据报标有一个多播组地址，当数据报发出后，整个组的所有主机都能收到该数据报。一个多播组由一个 D 类 IP 地址指定。D 类 IP 地址即组播地址，其范围是 224.0.0.1～239.255.255.255。每个 D 类地址并不代表某个特定主机的地址，而是代表一组主机。一个具有 A、B 或 C 类地址的主机要广播或接收数据，都必须加入到同一个 D 类地址。加入到同一个组播地址的主机可在某个端口上广播数据，也可在某个端口号上接收数据。要加入组播地址中，需要创建一个 MultiCastSocket 对象并绑定到指定端口，然后调用该类的 joinGroup(InetAddress groupAddr)方法。

MultiCastSocket 是 DatagramSocket 的一个子类，既可以将数据报发送到组播地址，也可以接收其他主机的广播信息。若要发送一个数据报，可使用随机端口创建 MultiCastSocket，也可使用指定端口来创建 MultiCastSocket。

1. 常用构造方法

public MulticastSocket()   创建绑定到本机随机端口的 MulticastSocket。

public MulticastSocket(int portNumber)   创建绑定到本机指定端口的 MulticastSocket。

public MulticastSocket(SocketAddress bindaddr)   创建绑定到指定套接字的 Multicast-Socket。

说明：若创建仅用于发送数据报的 MulticastSocket 对象，则使用默认地址、随机端口即可；若创建接收数据报的 MulticastSocket 对象，则该 MulticastSocket 对象必须具有指定端口，否则发送方无法确定发送数据报的目标端口。

2. 常用方法

public void joinGroup(InetAddress mcastaddr)   加入指定的多播组。

public void leaveGroup(InetAddress mcastaddr)   离开指定的多播组。

public int setTimeToLive(int ttl) throws IOException   设置在该 MulticastSocket 上发出的多播数据包的默认生存时间，以便控制多播的范围。ttl 必须在 $0 \leqslant ttl \leqslant 255$ 范围内，否则将抛出 IllegalArgumentException。当 ttl＝0 时，指定数据报应停留在本地主机；当 ttl＝1 时，指定数据报发送到本地局域网；当 ttl＝32 时，指定数据报只能发送到本站点的网络上；当 ttl＝64 时，指定数据报应保留在本地区；当 ttl＝128 时，指定数据报应保留在本大洲；当 ttl＝255 时，指定数据报可发送到所有地方。默认情况下，ttl 的值为 1。

MulticastSocket 收发数据报的方法请参阅 DatagramSocket 类。

public void setLoopbackMode(boolean disable) 启用/禁用多播数据报的本地回送。

public void setInterface(InetAddress inf) 设置多播网络接口地址。适用于本地机有多个网络接口。

public InetAddress getInterface() 获取多播数据包的网络接口地址。

【例 12.8】Server 端接收来自键盘的输入数据,并向多个 Client 广播数据,当输入数据为 "exit"时,Server 端停止广播数据,程序结束。Client 端将在一个多播的 MulticastSocket 上监 听 Server 端发送的广播数据报,当接收到的广播数据为"exit"时,退出广播组,结束程序。

(1)服务器端程序。

```java
import java.net. * ;
import java.io. * ;
import java.util. * ;
public class MulticastSender {
private int port;
private InetAddress groupIP;
private MulticastSocket ms;
public MulticastSender(String grouphost, int port) {
    try{
        this.groupIP = InetAddress.getByName(grouphost);
        this.port = port;
        ms = new MulticastSocket();
    }catch(Exception e){
        e.printStackTrace();
    }
}
public void send(String data) throws IOException{
        byte[] buf = data.getBytes();        //发送数据转换为字节形式
        DatagramPacket packet = new DatagramPacket(buf, buf.length,
            groupIP, this.port);        //创建包含组播地址的发送数据报
        ms.send(packet);                //发送数据报到组播地址
}
public void closeMulticast(){
    ms.close();                            //关闭多播套接字
}
public static void main(String[] args) throws Exception {
    int port = 1234;
    String grouphost = "224.0.0.1";    //组播地址
    MulticastSender ms = new MulticastSender(grouphost, port);
    Scanner scanner = new Scanner(System.in);
    System.out.println("开始广播数据...");
```

```
        while(true){
            String data = scanner.nextLine();
            ms.send(data);
            if(data.toLowerCase().equals("exit")){
                ms.closeMulticast();
                break;
            }
        }
        scanner.close();
    }
}
```

（2）客户端程序。

```
import java.net.*;
import java.io.*;
public class MulticastListener {
private InetAddress groupIP;
private MulticastSocket ms;
public MulticastListener(String grouphost, int port) {
    try{
        groupIP = InetAddress.getByName(grouphost);
        ms = new MulticastSocket(port);
        ms.joinGroup(groupIP);        //当前 ms 加入多播组
    }catch(Exception e){
        e.printStackTrace();
    }
}
public String   receiveMultiMessage() throws IOException{
        byte[] buf = new byte[256];
        DatagramPacket packet = new DatagramPacket(buf, buf.length);
        ms.receive(packet);         //接收数据报
        return new String(packet.getData(), 0, packet.getLength());
}
    public void closeMulticast() throws IOException{
        ms.leaveGroup(groupIP);      //离开多播组
        ms.close();                  //关闭多播套接字

    }
    public static void main(String[] args) throws Exception{
        int port = 1234;
```

```
String host = "224.0.0.1";
MulticastListener ml = new MulticastListener(host, port);
System.out.println("监听者启动...");
while (true) {
  String str = ml.receiveMultiMessage();
  if(str.equals("exit")){
    System.out.println("组播结束...");
    ml.closeMulticast();
    break;
  }
  System.out.println(str);
}
}
}
```

上述程序运行结果如图 12.12 所示。

```
<terminated> MulticastSender [Java
开始广播数据...
皑如山上雪,皎若云间月。
闻君有两意,故来相决绝。
今日斗酒会,明旦沟水头。
exit
```

```
<terminated> MulticastListener [Java
监听者启动...
皑如山上雪,皎若云间月。
闻君有两意,故来相决绝。
今日斗酒会,明旦沟水头。
组播结束...
```

(a)Server 端程序运行结果　　　　　　　　(b)Client 端程序运行结果

图 12.12　利用 MulticastSocket 类实现 Client/Server 多播通信程序运行结果

小　结

本章介绍了 Java 网络编程的基本技术和方法。Java 网络编程主要分为 URL 和 Socket 两个层次。

Java 强大的类库实现了网络的基本通信机制和协议。InetAddress 类实现了 IP 地址的表示,URL 类实现了对网络资源的单向访问,URLConnection 类实现了双向访问网络上的资源,Socket 类和 ServerSocket 类实现了基于 TCP 协议的网络通信,DatagramPacket 类和 DatagramSocket 类实现了基于 UDP 协议的网络通信,MulticastSocket 类实现了广播通信。准确地说,这些类只是帮助建立起连接机制,真正实现网络上的数据传输还要将网络连接转换成输入/输出流。因此,一旦建立连接后,就可使用流类的方法进行操作实现网络通信。

另外,还需注意这些类的特点。URL 及相关类支持某些应用层标准协议如 HTTP、FTP 等,因此非常适合用于访问互联网上的资源;支持 Socket 编程的 Java 类没有封装任何高层应用协议,可用于开发自定义通信协议的网络应用。基于 Socket 应用虽然要比 URL 的应用复杂,但具有很强的灵活性。在基于 Socket 通信中,可根据应用具体需要选择采用具有高可靠性的面向连接方式,或选择采用具有高传输效率但可靠性无保证的数据报方式。

习　题

一、选择题

1. 下列哪一项不属于 URL 资源名包含的内容？（　　　）

A. 传输协议名　　　　B. 端口号　　　　C. 文件名　　　　D. 主机名

2. Java 提供的类（　　）用来进行有关 Internet 地址的操作。

A. Socket　　　　B. ServerSocket　　　　C. DatagramSocket　　　　D. InetAddress

3. 为了获取远程主机的文件内容，当创建 URL 对象后，需要使用（　　）方法获取信息。

A. getPort()　　　　B. getHost()　　　　C. openStream()　　　　D. openConnection()

4. 当使用客户端套接字 Socket 创建对象时，需要指定（　　）。

A. 服务器主机名称和端口　　　　　　B. 服务器端口和文件

C. 服务器名称和文件　　　　　　　　D. 服务器地址和文件

5. Socket 类哪个方法返回 Socket 对象绑定的本地端口？（　　　）

A. getPort()　　　　B. getLocalPort()　　　C. getRemotePort()　　　D. 不存在这样的方法

6. 已知 URL u＝new URL("http://www.123.com");。如果该网址不存在，则返回（　　）。

A. http://www.123.com　　　　　　　B " "

C. null　　　　　　　　　　　　　　D. 抛出异常

7. 使用 UDP 套接字通信时，使用哪个类把要发送的信息封装？（　　　）

A. String　　　　　　　　　　　　B. DatagramSocket

C. MulticastSocket　　　　　　　　D. DatagramPacket

8. ServerSocket 的监听方法 accept() 的返回值类型是（　　　）。

A. void　　　　B. Object　　　　C. Socket　　　　D. DatagramSocket

9. 使用 DatagramPacket 对象的（　　）方法可以获取发送主机或目的主机的 IP 地址。

A. getAddress()　　　　　　　　　B. getInetAddress()

C. getLocalAddress()　　　　　　　D. getPort()

10. 在基于 UDP 的通信方式下，实现收发数据报的类是（　　）。

A. Socket　　　　B. ServerSocket　　　C. DatagramPacket　　　D. DatagramSocket

11. 下列关于面向连接的 Socket 通信描述中，错误的是（　　　）。

A. Socket 通信是基于 TCP 协议的通信

B. Java 提供 ServerSocket 和 Socket 类实现面向连接的 Socket 通信

C. 服务器端通过 ServerSocket 类的 getInputStream() 方法获得输入流

D. 客户端连接服务器端时，需指定服务器的地址和端口号

二、上机测试题

1. 编写一个程序从某个 Web 服务器上读取文件的信息，将文件的信息输出。

2. 编写 JApplet 程序显示或播放指定 URL 的图像和声音文件。

3. 利用 Socket 和 ServerSocket 编写 Client/Server 的 GUI 通信程序。要求：利用多线程。

4. 利用 DatagramSock 和 DatagramPacket 编写 GUI 聊天程序。

参 考 文 献

[1] Oracle. JDK8 API Specification[EB/OL].[2016 - 03 - 24]. http://docs. oracle. com/javase/8/docs/api/.

[2] Oracle. TheJavaTutorials[EB/OL].[2016 - 03 - 24]. http://docs. oracle. com/javase/tutorial/.

[3] 郎波. Java 语言程序设计[M]. 2 版. 北京:清华大学出版社,2010.

[4] 覃遵跃. 利用案例轻松学习 Java 语言[M]. 北京:清华大学出版社,2013.

[5] HORSTMANN C S, CORNELL G. Java 核心技术:卷Ⅰ:基础知识[M]. 周立新,陈波,叶乃文,等译. 北京:机械工业出版社,2014.

[6] 李兴华. Java 核心技术精讲[M]. 北京:清华大学出版社,2013.

[7] 李兴华. Java 开发实战经典[M]. 北京:清华大学出版社,2009.

[8] SCHILDT H, SKRIEN D. Java7 程序设计入门经典[M]. 肖智清,译. 北京:机械工业出版社,2013.

[9] NIEMEYER P,LEUCK D. Java 学习指南[M]. 李强,王建新,吴戈,译. 北京:人民邮电出版社,2014.

[10] 孙卫琴. Java 网络编程精解[M]. 北京:电子工业出版社,2007.

[11] 王鹏,何昀峰. Java Swing 图形界面开发与案例详解[M]. 北京:清华大学出版社,2008.